动物细胞培养技术

刘小玲　孙　鹂　主　编
吴宝金　副主编

化学工业出版社
·北京·

本书第一部分讲解了动物细胞培养的基本概念、基本知识、准备工作、基本技术和方法、应用研究，以及干细胞技术等，每个章节有单元小结、相关链接和复习思考题。第二部分是第一部分涉及的相关实验教程，包括经典实验和干细胞培养等技术实验。

本书是动物细胞培养技术的实用实训型教材，可供医学（临床，基础）、药学、生命科学等相关专业本科学生使用，也可作为相关专业研究生以及实验技术操作人员的参考用书。

图书在版编目（CIP）数据

动物细胞培养技术/刘小玲，孙鹂主编 . —北京：化学
工业出版社，2013.8（2023.2 重印）
ISBN 978-7-122-12217-9

Ⅰ.①动…　Ⅱ.①刘…②孙…　Ⅲ.①动物-细胞培养-
高等学校-教材　Ⅳ.①Q954.6

中国版本图书馆 CIP 数据核字（2011）第 179658 号

责任编辑：彭爱铭　　　　　　　　　装帧设计：韩　飞
责任校对：边　涛

出版发行：化学工业出版社（北京市东城区青年湖南街 13 号　邮政编码 100011）
印　　装：北京盛通数码印刷有限公司
787mm×1092mm　1/16　印张 12¼　字数 300 千字　2023 年 2 月北京第 1 版第 10 次印刷

购书咨询：010-64518888　　　　　　售后服务：010-64518899
网　　址：http：//www.cip.com.cn
凡购买本书，如有缺损质量问题，本社销售中心负责调换。

定　　价：39.00 元

本书编写人员名单

主　编　刘小玲　孙　鹂

副主编　吴宝金

参　编　（按姓氏汉语拼音为序）

陈功星　　陈建明　　成　璐

曹亦菲　　崔　春　　狄春红

何　平　　黄晓慧　　李铭源

李振华　　连福治　　刘小玲

宋维芳　　孙　鹂　　谭晓华

吴宝金　　吴　昭　　袁　红

钟石根　　朱　梁

前　　言

在多年的本科教育教学工作中，我们感觉现有的教学条件和教学方法已经很难适应越来越快的发展需要。由于缺乏适合本科生实用的《细胞培养技术》相关教材和实验指导材料，遂产生编写《动物细胞培养技术》教材的想法，目的是编写实用实训型教材，包括实验指导部分，这既符合医学等相关专业培养需要，又紧跟前沿领域技术，使学生更有效地掌握实验操作技能，从而具有可持续发展的空间。

本教材第一部分内容包括动物细胞培养的基本概念，动物细胞培养的基本知识，动物细胞培养的准备工作，动物细胞培养的基本技术和方法，动物细胞培养在医学研究领域的应用和特殊细胞培养，以及干细胞技术，包括诱导多能干细胞（iPS 细胞）技术等。第二部分包括每一部分涉及的主要实验实训材料。本教材创新之处主要体现在内容的广度，它涉及干细胞领域和人类诱导的多能干细胞（iPS 细胞）技术，使学生较早接触这个新型领域和前沿技术。

本教材适用于医学、药学、生命科学等相关专业本科学生，以及相关专业研究生教学训练，也可作为实验技术人员和自学入门者的参考书。

本书在编写过程中得到了杭州师范大学攀登工程基金（国家规划教材培育）、浙江省自然科学基金（编号 Y2080747）和杭州市科技发展计划项目基金（编号 20100333T15），杭州市重点实验室项目（实验动物科学实验室）的部分经费支持。杭州师范大学的同仁，上海复旦大学，澳门大学，山西医科大学和上海斯丹赛生物有限公司干细胞实验室的专家和教授参与了部分章节的编写和校对工作，在此一并致谢。

由于编写的时间和经验有限，疏漏之处在所难免，敬请读者批评指正。

刘小玲

2012 年 12 月

目　　录

第一部分
动物细胞培养技术

第一章　绪　　论

教学目的及要求

1. 掌握动物细胞培养的基本概念；
2. 熟悉动物细胞培养技术的应用；
3. 了解动物细胞培养技术的发展史。

第一节　动物细胞培养的基本概念

一、动物细胞培养的概念

从动物体内取出的组织或细胞，在体外模拟体内生理环境下建立无菌、适温和适宜营养的条件，使细胞生存和扩增，并维持其正常结构与功能的方法，称为动物细胞培养。

培养细胞常见的组织来源主要有猴、啮齿类、禽类的胚胎和脏器。根据需要选用不同的动物组织，经分散、酶消化、单层细胞培养等步骤，获得动物组织细胞系。在多数情况下，需利用原代细胞培养技术，即直接从动物活体内取出组织、细胞进行第一次的培养。与组织、器官培养不同的是，细胞培养采用的原始培养对象是单细胞悬液，而组织培养采用的是组织块或薄片，器官培养采用的是整个器官、器官的一部分或器官原基。

动物细胞培养技术目前已经发展到一个新的阶段，从不同组织得到的各类型细胞可在体外反复传代长期生长。源自动物和人的胚胎和成年组织、正常和肿瘤组织均可建立细胞系（cell line），类型包括上皮细胞和成纤维细胞等。有些在体内自身更新能力强的上皮细胞，通过改进培养技术可具备无限增殖能力，可成为永久性细胞系或株（continuous cell line or strain）；但大多数体外培养的正常组织细胞仅为有限期的传代，称有限细胞系或株（finite cell line or strain）。

啮齿类动物细胞在体外具有较高的转化率，经肿瘤细胞或 SV40 感染，以及化学物质处理后即可获得稳定的细胞系。美国 ATCC（American Type Culture Collection）保存有大量的细胞系，并能购买到。

干细胞（stem cells）技术是通过对干细胞进行分离、体外培养、定向诱导、甚至基因修饰等过程，在体外繁育出全新的、正常的甚至更年轻的细胞、组织或器官，并最终通过细胞组织或器官的移植实现对临床疾病的治疗。胚胎干细胞（embryonic stem cell，ES cell）与其他普通细胞相比有许多独特之处，其培养也有相应的特殊性。2006 年，日本科学家 Yamanaka 建立的诱导性多能干细胞（induced pluripotent stem cells，iPS）技术，以病毒载体、质粒等介导特定转录因子（如 Oct4、Sox2、c-Myc、Klf4）过表达，迫使体细胞重编程为类似于 ES cell 的多能干细胞状态，该技术的诞生为干细胞研究领域带来了重大的突破。

二、动物细胞培养的优点

1. 简化细胞生长环境

生物体内任何一个细胞不论是其生存环境还是其发挥功能的条件都非常复杂，不易研究。要想了解某一种细胞的生存条件和生物学功能，有效的方法就是将所研究的对象孤立出来单独分析。细胞培养技术使细胞在存活的基础上独立研究其生命活动、逐项研究细胞生存条件和细胞功能成为可能。

2. 方便控制实验因素

在培养条件下，细胞生存的理化环境如 pH 值、温度、CO_2 压力等都可以人为控制，并且可以做到很精确，并保持其相对的恒定。在培养液中有针对性地加入或者删除某种成分，即可研究这种实验因素对细胞的生物学作用。

3. 易于观测实验结果

利用细胞培养技术研究细胞的生命活动规律，可以采用各种实验技术和方法来观察、检测和记录。如通过倒置相差显微镜等直接观察活的细胞；应用缩时电影技术摄像，或通过闭路电视长时间连续记录和观察被培养细胞的体外生长情况，可直观揭示培养细胞的生命活动规律，以及所施加因素引起的反应；利用同位素标记、放射免疫等方法可检测细胞内的物质合成和代谢变化等。

此外，培养技术的发展和成熟，使可供研究的细胞种类极其广泛。从低等动物细胞到高等动物细胞，以至人类细胞；胚胎细胞和成体细胞，正常组织细胞和肿瘤组织细胞皆可用于培养，为多种学科的实验研究提供广泛的实验材料。该技术可同时提供大量均一性较好的细胞群，并降低实验成本，动物细胞培养能够进行大规模生物制品的生产。目前，利用动物细胞大规模培养技术生产的生物产品包括酶、单克隆抗体以及多种疫苗等生物制品或者基因工程产品。

动物细胞培养虽然具有以上一系列优点，但也有不足之处，主要表现在失去体内细胞的制约和整体调节作用后，培养细胞的形态和功能会发生一定程度的改变；实验试剂对细胞形态和功能也有影响，如胰蛋白酶对细胞表面受体、抗原酶等均有破坏作用；培养过程中，长期传代、冻存等操作也可使培养细胞发生染色体非整倍体改变等。此外，体外培养的动物细胞对营养的要求较高，一般需加入 10% 的胎牛或新生牛血清，动物细胞生长缓慢，对环境条件要求严格。总之，动物细胞体外培养终究是一种人工条件，始终不如真正的体内生存条件完美。因此，在利用培养细胞作研究对象时，不可与体内细胞完全等同来对实验结果轻易做出判断。

动物细胞培养技术的进步也在于如何去探索和洞悉细胞的生物学特性，在体外造就一个接近体内细胞的生理环境，满足细胞对能量、物质和信息三者统一的要求，环境条件的设计成为至关重要的影响因素。只有在体外条件下，细胞仍然保持在体内的生物学特性，才能用培养的细胞去完成细胞生物学所研究的内容。

第二节　动物细胞培养技术发展史

1885 年，德国学者 Roux 用温生理盐水培养鸡胚神经板组织达数月，并首次采用

"tissue culture" 这一概念。1898 年 Liunggren 将人体皮肤保存在腹水中几天至几周后用于移植手术，获得成功。Jolly 于 1903 年将蝾螈的白细胞输注入生理盐水或血清中培养，并观察到活细胞的游走及分裂。Beebe 等研究者于 1906 年用动物血清培养犬传染性淋巴瘤细胞达 3 天。这些尝试为以后的动物细胞培养方法奠定了基础。

动物细胞培养技术的真正创立是从美国生物学家 R. Harrison（1907）和法国学者 A. Carrel（1912）两人开始的。

Harrison 在无菌条件下，将蛙胚髓管部的小片组织接种于蛙的淋巴液中，共同保持在一单盖玻片上，然后翻转盖玻片，使组织小片和淋巴液悬挂在盖玻片表面，再将这块玻片密封在一个下凹的载玻板之上，一定时间后更换淋巴液。用这种方法，Harrison 将蛙胚髓管部的小片组织在体外培养了数周之久。Harrison 的实验开创了动物组织和细胞培养的先河，标志着盖玻片悬滴培养法的建立。他首次成功地在体外培养液（凝结的淋巴液）中培养了神经元，证实了原始的胚胎神经元或成神经细胞的胞质向外突起而形成轴突，并不断延伸的假说，从而结束了从 19 世纪以来关于神经轴突形成理论的争论。他在实验中设计并总结了一整套合理的无菌操作技术，故 Harrison 被公认为 "组织培养之父"。

A. Carrel 把外科手术无菌技术的构思和操作带到了组织培养实验中，在无抗生素条件下，仅靠小心细致的操作，使鸡胚心脏植块连续培养长达 34 年，实验中可做到绝对无菌。Carrel 的另一个重要贡献是将组织包埋技术、营养供应以及传代培养等许多重要的培养条件和方法引入组织细胞培养过程中，从而使多种动物组织细胞培养获得成功。1923 年，Carrel 和 Harrison 等设计了使用卡氏瓶（Carrel flask）培养的方法，以扩大组织细胞的生存空间，并发表了大量论文，为组织细胞培养的发展奠定了基础。在此之后，相继出现了各种类型的培养瓶、培养皿以及多孔培养板等培养器材。

1910 年，美国医生 Burrows 和 Carrel 用血浆或组织匀浆液与血浆混合液代替淋巴，成功培养了犬、猫、小鼠、豚鼠甚至恶性细胞的外植物。他们创造性的研究成果揭示了离体动物组织在合适条件下具有近于无限生长繁殖的能力。此后，美国学者 W. H. Lewis 和 M. R. Lewis 等开始研究和运用已知成分的人工合成培养液。Eagle 等在细胞培养技术及培养液的开发研究上作出巨大贡献，以他命名的 Eagle 培养液作为主要培养液沿用至今，并由此衍生出许多种类，而应用于各种细胞培养。此后 30 年里，许多科学家相继研究出合成培养液，这些人工合成培养液可大幅降低天然培养液所占比重，甚至出现用纯合成已知成分培养细胞的方法，即无血清培养液（serum free medium，SFM）培养法。

20 世纪 50 年代末，组织细胞培养技术进入繁盛阶段，在培养用器皿、培养液和培养方法等方面都有极大改进。培养细胞在基础研究与应用领域中得到愈来愈广泛的使用，尤其在医学基础学科和临床医学中的研究与应用发展迅速。

目前，动物细胞培养技术已成为实验室常用的研究方法和应用手段，在生物学、医药学、环境保护、农学等方面，动物细胞培养技术成为应用范围极广和利用价值极高的技术。有关细胞培养方面的杂志有《In Vitro》，此外，世界著名杂志如《Cell》、《Science》、《Nature》、《European Molecular Biology Organization Journal》、《Journal of Cell Biology》，每年都有大量有关细胞培养的文献报道。尤其于 20 世纪末，人们提出与实施的 "人类基因组计划（human genome project，HGP）"，近年来再次兴起的干细胞研究，以及诱导性多能干细胞（induced pluripotent stem cell，iPS）等，都离不开细胞培养技术。细胞培养技术日益成为生物工程研究与生产以及临床治疗的重要手段。

第三节 动物细胞培养技术的应用

动物细胞培养技术可从细胞水平帮助人类揭示生、老、病、死的规律，是探索优生、防治疾病、抗衰老的手段或途径。随着细胞生物学和分子生物学的相互渗透，分子克隆技术与细胞培养技术相结合，使细胞培养技术在阐明基因结构与功能、基因在细胞生长和分化中的作用、细胞癌变机制等方面发挥了重要作用。

一、在生物学领域基础研究中的应用

培养的动物细胞具有培养条件可人为控制且便于观察检测等优势，因此可进行细胞生物学的基础理论研究，如正常或病理细胞形态、结构、细胞器及其功能、生长周期、遗传物质、核型变异、细胞转化等。离体培养细胞便于进行环境、药物等影响因素的研究，探索其作用机制，使研究方法简便、结果可靠、成本降低。当今细胞生物学研究的热点，如细胞通讯和信号转导、细胞增殖与周期调控、细胞生长和分化、细胞衰老和死亡等，以及干细胞应用和细胞工程研究等，都要以培养细胞学为基础，以细胞培养技术为手段和工具。

干细胞具有较强的再生能力，在一定条件下可分化、增殖出各类细胞。但干细胞在体内数量极少，需分离并在体外大量扩增，使之长成各种组织或器官。目前干细胞的分离培养技术在造血干细胞、胚胎干细胞和神经干细胞方面比较成熟，已成为干细胞研究的首要课题。虽然目前对干细胞的了解仍存在盲区，不论从深度与广度上，还是从临床应用上，干细胞的分离培养与诱导分化等都是细胞培养技术的研究重点。近年来的诱导性多能干细胞（iPS）技术的诞生，更为干细胞领域带来了重大突破。

二、在生物制品生产上的应用

生物反应器的开发研究可将编码某生物活性物质的基因导入动物受精卵，随后从这种受精卵发育的动物组织、体液分泌物中可获得外源基因的表达产物。

利用这种细胞融合与杂交技术进行细胞工程研究与开发，目前可生产的生物制品包括各类疫苗、干扰素、激素、生长因子、酶、单克隆抗体等。各类生物制品销售额逐年增长，尤其全球抗体市场增长迅猛，1999年全球抗体的销售额为12亿美元，2004年上升到105亿美元，2008年超过400亿美元，2011年则超过1100亿美元。随着现代生物技术发展，利用生物反应器大规模培养动物细胞生产生物制品是生物制品行业发展的必然趋势，其中的核心技术即为细胞悬浮培养。该技术结合筛选驯化的高表达细胞株和个性化培养基控制细胞培养过程，实现提高生产效率及产品质量，降低生产成本的目的，这是当前国际上生物制品生产的主流模式。

三、在临床医学上的应用

细胞是生命的基础，细胞健康是人体健康的根本已成为人们的共识。21世纪，世界卫生组织（WHO）对疾病康复的新定义是：治愈疾病最根本的途径是修复细胞，改善细胞代谢，激活细胞功能。

1. 淋巴细胞培养技术的应用

淋巴细胞在培养环境中受某些生长因子的刺激，出现旺盛的分裂、增殖。淋巴细胞培养的成功对反映机体免疫功能状况起很大作用，如研究细胞标记，检测T、B细胞数量及功能，检测T细胞亚群（CD3、CD8、CD4等细胞）的变化，研究T、B细胞与细胞因子、体液因子的信息传递等，检测细胞因子产生能力，如白细胞介素（interleukins，IL）、肿瘤坏死因子（tumor necrosis factor，TNF）、干扰素（interferon，IFN）等，检测细胞毒性 T 细胞（cytotoxic T lymphocyte，CTL）、自然杀伤细胞（natural killer cell，NK 细胞）等细胞毒作用，制备淋巴因子激活的杀伤细胞（lymphokine activated killer cell，LAK 细胞）、肿瘤浸润淋巴细胞（tumor infiltrating lymphocyte，TIL）等用于临床肿瘤治疗、癌症的早期诊断和预防，也可以通过培养淋巴细胞，对其染色体进行对比分析检测出易患癌症的病人，以便进行早期预防和治疗。

2. 遗传性疾病的产前检查

用羊膜穿刺术获得羊水中的胎儿细胞进行培养，便可在妊娠早期诊断胎儿是否患有遗传性疾病或先天畸形。少量胎儿脱落细胞经 2～4 周生长，形成单层上皮样细胞，进行染色体分析，或检测甲胎蛋白等，可于产前筛查出几十种代谢性疾病与遗传性疾病，较准确地指导优生优育。

此外，细胞培养技术尚用于药物效应检测、肾衰性贫血等临床诊疗。

四、在动物育种上的应用

利用细胞融合技术、细胞杂交技术以及转基因技术，人们能够在细胞水平操作并改变动物基因，进行遗传物质重组，从而完成新品种的培育。目前，卵母细胞体外培养、体外受精、胚胎分割和移植等技术已较成熟，并应用于家畜繁殖生产中。这些研究成果和克隆羊多莉的问世，为动物遗传育种开辟了一条新途径。

单 元 小 结

本章主要介绍了动物细胞培养的基本概念，动物细胞培养发展史，以及动物细胞培养在各相关领域中的应用等内容。动物细胞培养是指从动物活体内取出的组织或细胞，模拟体内生理环境，在体外建立无菌、适温和适宜营养的条件，使细胞生存和扩增，并维持其正常结构与功能的方法。动物细胞培养技术从创立至今已有 100 多年历史，到 20 世纪 50 年代，在培养器材、培养液和培养方法等各方面都有很大改进，使细胞培养技术进入迅速发展阶段。近年来干细胞研究的再兴起和诱导多能干细胞技术的建立，使细胞培养技术成为人类疾病康复的重要手段，它使上世纪的药物治疗转变为本世纪的细胞治疗，使细胞培养技术更接近为人类服务的目的。动物细胞培养技术主要涉及生物学领域基础研究、生物制品生产、动物育种和临床医学等领域。

相 关 链 接

1. http://www.bioon.com/experiment/cellular11/309902.shtml
2. http://baike.baidu.com/view/626863.htm
3. http://en.wikipedia.org/wiki/Cell_culture

复习思考题

1. 什么是动物细胞培养？
2. 简述动物细胞培养技术的应用领域。

（刘小玲）

第二章 动物细胞培养的基本知识

教学目的及要求

1. 掌握动物细胞培养的基本知识；
2. 熟悉细胞培养实验室常规设备。

第一节 培养细胞的细胞生物学特征

细胞培养是指将体内某组织中分离的细胞置于体外模拟环境中，使其生长分裂，并维持其结构和功能的培养技术。每种培养细胞可视为特定的细胞群体，它们既保持着与体内细胞相似的基本结构和功能，也可能有一些不同于体内细胞的性状。

一、培养细胞的生长类型和形态特征

培养细胞根据是否需要贴附支持物，可分为贴附型和悬浮型两大类。

（一）贴附型细胞

贴附型细胞指贴附于支持物才能正常生长的细胞。大多数培养细胞属于这种，可分为以下四种类型（图 2-1）。

 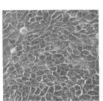  

　　　成纤维型细胞　　　　　　上皮型细胞　　　　　　游走型细胞　　　　　多型胶质细胞

图 2-1 培养细胞的形态

1. 成纤维型细胞

此类细胞在支持物表面生长时呈梭形或不规则三角形，中央有卵圆形核，胞质向外伸出长短不同的突起，生长时呈放射状、旋涡状或似栅栏状。凡中胚层间质起源的组织细胞（如心肌、平滑肌、成骨细胞、血管内皮细胞等）进行培养时，表现为成纤维型生长。

2. 上皮型细胞

细胞呈扁平不规则多角形，有圆形细胞核位于细胞中央，细胞间紧密相连，有连接成片的能力，细胞密集稍高时集结成单层膜状。来源于内、外胚层细胞，如皮肤、消化管上皮、肝、胰、肺泡等组织细胞培养时，在培养时呈上皮型生长。

3. 游走型细胞

这种细胞呈散在生长，一般不连接成片状。胞质常伸出伪足或突起。细胞能速度较快且方向不规则地游走或呈活跃的变形运动。此型细胞不很稳定，有时难以和其他类型细胞区别。常见于单核巨噬细胞系统的细胞和培养早期的羊水细胞。

4. 多型细胞

多型细胞是形态上不规则的细胞，一般分为胞体和胞突，胞体略呈多角形，而胞突常为细长形。如神经细胞等难以确定其规律和特定形态的细胞，可统归于此类。

（二）悬浮型细胞

少数细胞培养时不贴附在支持物上，呈悬浮状态生长。包括一些取自血、脾或骨髓的细胞，尤其是血液白细胞及癌细胞。此型细胞悬浮生长良好，细胞呈圆形，呈单个细胞或是细小的细胞团。悬浮细胞生存空间大，能够大量增殖，具有传代方便、易于收获细胞等优点，适于进行血液病的研究。

二、培养细胞分化状态的变化

细胞在离体之后，失去了神经体液的调节和不同种类细胞间的相互影响，生活在相对恒定的环境中，其分化可能会出现不适应和去分化等变化。不适应性表现为，分化能力减弱或不明显，逐渐失去形态和功能特性。去分化是指细胞在体外不可逆地失去原有特性，但是去分化并不代表分化能力完全丧失。细胞是否表现分化，关键在于是否存在使细胞分化的条件。从正常培养细胞接触抑制和密度抑制的特点，可看出培养细胞仍可被视为整体。这种相互作用与依存的关系调控着细胞的分化过程。体内外细胞分化的具体表现常常不同。如二倍体成纤维细胞于体外可传代 50 代左右，相当于 150～300 个细胞周期，呈现着发展分化的生命过程。

三、培养细胞的生长特点

细胞在体外培养时具有贴附、接触性抑制和密度依赖性抑制等生长特点。

（一）贴附

贴附并伸展是多数贴壁细胞的生长特点。细胞的贴附与伸展分为几个阶段。以成纤维细胞为例，一般细胞接种后，5～10min 便可见细胞以伪足附着于底物形成一些接触点；接着，细胞逐渐呈放射状地伸展开，细胞体的中心部分随之变为扁平；最后，细胞变为成纤维细胞的形态。细胞附着于底物并非一种需要能量的过程，一般认为与电荷相关。一些特殊的促细胞附着物质、离子作用（Ca^{2+}）、机械、物理、生物因素等都会影响细胞贴附。

（二）接触性抑制

接触抑制是某些贴附型细胞生长特性。以成纤维细胞为例，正常细胞在不停地活动或移动中，细胞膜呈现特征性皱褶样活动。当细胞相互靠近时，将停止移动并向另一个方向离开；细胞被围绕接触时将不再移动，在接触区域的细胞膜皱褶样活动停止，此即接触抑制。正常细胞不会相互重叠生长，但转化细胞或癌瘤细胞间的接触抑制下降，可重叠生长。

（三）密度依赖性抑制

当细胞生长汇合成单层时，细胞间比较拥挤，扁平形状减小；与培养液接触的表面区域亦减小，同时，紧靠着细胞周围的一些营养物质将逐渐消耗。这种形成单层的细胞，在静止状态能维持一段时间，但不发生分裂增殖，这种生长特性即为密度依赖性抑制。转化细胞或恶性肿瘤细胞的密度依赖性调节通常降低，可以生长至终末细胞密度。

四、细胞的生长和增殖过程

细胞的生长和增殖过程可从三个不同的层面进行描述，即单个细胞、细胞系及每代细胞的生长过程，具体介绍如下。

（一）单个细胞的生长过程

即细胞周期，是指从一次细胞分裂结束开始，经过物质积累过程，直到下一次分裂结束为止。细胞周期一般分为先后连续的 4 个时期：①G1 期（gap1），指从有丝分裂完成到 DNA 复制之前的间隙时间；②S 期（synthesis-phase），指 DNA 复制的时期，只有在这一时期 H3-TDR 才能掺入新合成的 DNA 中；③G2 期（gap2），指 DNA 复制完成到有丝分裂开始之前的一段时间；④M 期，又称 D 期（mitosis or division），细胞分裂开始到结束。细胞周期的长短与物种的细胞类型有关，不同类型细胞的 G1 期长短不同，是造成细胞周期差异的主要原因。从增殖的角度来看，可将高等动物的细胞分为三类：①连续分裂细胞，在细胞周期中连续运转又称为周期细胞，如表皮生发层细胞、部分骨髓细胞；②休眠细胞，暂不分裂，但在适当的刺激下可重新进入细胞周期，称 G0 期细胞，如淋巴细胞、肝、肾细胞等；③不分裂细胞，指不可逆地脱离细胞周期，不再分裂，又称终末细胞，如神经、肌肉、多形核细胞等。

（二）细胞系的生长过程

从体内组织直接分离并置于体外培养的细胞，在其传代之前称为原代培养。培养细胞经持续生长繁殖，达到一定细胞密度后，应当进行分瓶传代。传代生长之后的细胞便成为细胞系。正常细胞系的寿命只能维持一定的寿命期限，称为有限细胞系。细胞系能够存活时间的长短，主要取决于来源的种族、组织及年龄。组织细胞的培养过程一般可分为三个阶段：原代培养期、传代期、衰退期（图 2-2）。

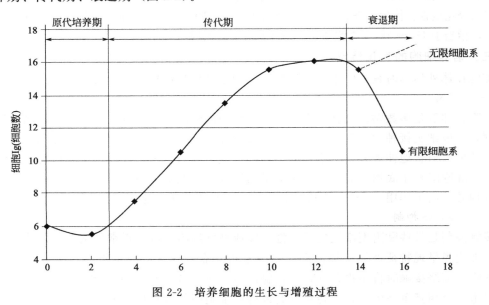

图 2-2　培养细胞的生长与增殖过程

1. 原代培养期

新鲜组织自体内取出并在体外培养，生长至第一次传代的时期。原代培养通常为异质性，含较少的生长组分，为二倍体核型。此期细胞的形状与体内相似，细胞移动较为活跃，有细胞分裂并不旺盛，相对于部分传代细胞，原代细胞更能代表其来源组织的细胞类型及组织特异性。

2. 传代期

原代培养达一定细胞密度后，应接种培养，即传代。传代约数天至 1 周左右即可重复一次，持续数月。此期细胞增殖旺盛，仍为二倍体核型，并保留原组织细胞的特征。大多数细胞系是有限细胞系。当反复长期传代，细胞将逐渐失去二倍体性质，细胞增殖变慢而停止分裂，进入衰退期。

3. 衰退期

在体外培养细胞的生命期间有"危机期"，有限细胞系若不能通过，将进入衰退期而趋于死亡；在传代过程中，少数细胞系通过"危机期"，获得不死性而具有持久或无限增殖的能力，称为无限细胞系或连续细胞系。

（三）每代培养细胞的生长过程

每代细胞的生长过程可分为三个阶段：首先进入生长缓慢的潜伏期，随后为增殖迅速的指数生长期，最后到达生长停止的平台期（图2-3）。

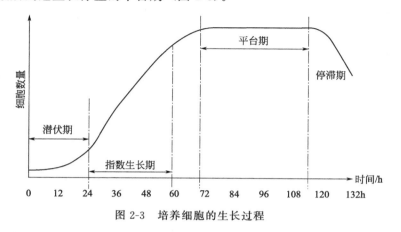

图2-3　培养细胞的生长过程

1. 潜伏期（latent phase）

细胞在被分瓶接种后，首先经过悬浮期。此时，细胞在培养液中呈悬浮状，胞质回缩，胞体呈圆球形。接着，细胞贴附于载体表面，称贴壁。贴附是贴壁型细胞生长增殖的前提条件。细胞贴壁后还需经过一个潜伏阶段。此时，细胞有运动或活动，但基本无增殖，少见分裂相。潜伏期与细胞种类、培养基性质和细胞接种密度等密切相关。原代培养细胞的潜伏期较长，为24～96小时或更长，连续细胞系和肿瘤细胞系的潜伏期短，仅需6～24小时。当开始出现细胞分裂相并逐渐增多时，细胞进入指数增殖期。

2. 指数生长期（logarithmic growth phase）

指数生长期是细胞分裂增殖最旺盛的阶段，呈分裂相的细胞显著增多。此期细胞呈分裂相的比例可作为判定细胞生长是否旺盛的重要标志，通常以细胞分裂相指数（mitotic index，MI）作为衡量标志，即在特定细胞群体的每1000个细胞中的呈分裂相的细胞数。细胞的分裂相指数一般介于0.1%～0.5%之间，原代培养细胞的分裂相指数较低，连续细胞系和肿瘤细胞的细胞分裂相指数可高达3%～5%。此时细胞的活力最好，是进行各种实验及细胞冻存的最佳时期。

3. 平台期（plateau）

又称停滞期（stagnate phase）。经过指数生长期的快速增殖，当细胞数量达到饱和密度后，细胞的增殖活动停止，但仍有代谢活动。若不进行及时分瓶传代，因培养液中营养耗尽、pH值下降、代谢产物积聚等原因，细胞形态就会发生改变，贴壁细胞开始脱落，严重的发生死亡。在光镜下，活细胞是均质而透明的，结构不明显，在生长期常有1～2个核仁。当细胞机能状态不良时，细胞的轮廓增强，反差增大。若在胞质中出现颗粒、脱滴和腔泡等现象时，表明细胞代谢不良。

第二节　培养细胞的生长条件

一、营养需要

离体细胞体外培养需要供其生存的营养和适宜的环境。在组织培养技术发展的早期，多数细胞培养是在血浆或血纤维蛋白原凝块中，或在组织提取物中生长。经反复的研究已证实，体外培养细胞如体内一样需要一些基本营养物质及促生长因子等。

（一）氨基酸

氨基酸是细胞合成蛋白质的基本原料。尽管不同种类的细胞对氨基酸的需求各异，但都离不开 12 种必需的氨基酸，这些必需氨基酸包括异亮氨酸、亮氨酸、精氨酸、组氨酸、色氨酸、苏氨酸、蛋氨酸、赖氨酸、缬氨酸、酪氨酸及苯丙氨酸。此外，谷氨酰胺是细胞合成核酸和蛋白质必需的氨基酸，在细胞代谢过程中具有重要作用。

（二）碳水化合物

碳水化合物是细胞生长的主要能量来源。主要有葡萄糖、核糖、脱氧核糖、丙酮酸钠和醋酸等。培养的动物细胞时几乎都以葡萄糖作为必需的能源物质。

（三）无机离子与微量元素

细胞生长除需要钠、钾、钙、镁、氮和磷等常量元素外，还需要多种微量元素，如铁、锌、锰、钼、硒、铜、钒等。

（四）维生素

维生素是维持细胞生长的一大类生物活性物质，在细胞中大多形成酶的辅基或辅酶，对细胞代谢有重大影响。脂溶性维生素包括维生素 A、维生素 D、维生素 E、维生素 K。水溶性维生素包括生物素、叶酸、吡哆醇、核黄素、烟酰胺、泛酸、硫胺素和维生素 B_{12}。维生素 C 对能够合成胶原的细胞更为重要。

（五）促生长因子及激素

各种生长因子及激素对维持特定类型细胞的功能、保持细胞的分化或未分化状态具有十分重要的作用。

二、生存环境

（一）温度

恒定而适宜的温度是维持细胞旺盛生长的必要条件之一。不同种类的细胞对培养温度要求不同。细胞代谢随温度降低而减慢，对低温的耐受力较高温强。但当温度降至冰点以下时，细胞可因胞质内冰晶损伤而死亡。培养液中加入一定量的冷冻保护剂（二甲亚砜或甘油），在深低温时如－80℃或－196℃（液氮），细胞可长期保存。

（二）气体环境

适宜的气体环境也是哺乳动物细胞培养生存的必需条件之一，所需气体环境主要有氧气和二氧化碳。通常把细胞置于 95％空气加 5％二氧化碳组成的混合气体环境中开放培养。氧气的主要功能是参与三羧酸循环，产生供给细胞生长分裂需要的能量和合成细胞生长所需要的多种成分。二氧化碳既是细胞代谢产物，也是细胞生长分裂所需成分，它在细胞培养中的另一作用在于维持培养基的 pH 值。

（三）渗透压

尽管大多数培养细胞对渗透压有一定耐受性，细胞最好生活在等渗环境之中（细胞内外的渗透压一致）。对于大多数哺乳动物细胞，渗透压在 260～320mOsm/kg 的范围都适宜。人血浆渗透压 290mOsm/kg，可视为培养人体细胞的理想渗透压。小鼠细胞渗透压在 320mOsm/kg 左右。

三、缓冲系统

大多数培养细胞所需 pH 值在 7.2～7.4 之间。细胞培养最适 pH 值随培养细胞的种类不同而异。多数培养液 pH 值的维持靠 $NaHCO_3$ 与 CO_2 体系进行缓冲，此时，气体环境中的 CO_2 浓度应与培养液中 $NaHCO_3$ 浓度相平衡。如果培养箱空气中 CO_2 浓度设定在 5%，则培养液中 $NaHCO_3$ 的浓度需为 1.97g/L；如果 CO_2 浓度维持在 10%，培养液中 $NaHCO_3$ 的浓度需为 3.95g/L。在细胞培养过程中，细胞培养瓶的盖子不应拧得过紧，以保证培养瓶内外的气体交换。

四、无污染及无毒环境

这是保证细胞培养成功的基本条件。培养细胞对微生物及有害有毒物质没有抵抗能力，培养基应达到无化学物质污染、无微生物污染（如细菌、真菌、支原体、病毒等）、无其他对细胞产生损伤作用的生物活性物质污染（如抗体、补体）。

第三节　细胞培养实验室要求

一、动物细胞培养实验室的设置

细胞培养是一种无菌操作技术。细胞培养室的设计原则是防止微生物污染和有害因素影响，要求工作环境清洁、空气清新、干燥和无烟尘。常规细胞培养实验室应包括以下分区。

（一）无菌操作区

一般由更衣间、缓冲间、操作间组成。更衣间供更换衣服、鞋子及穿戴帽子和口罩。缓冲间位于更衣间与操作间之间，保证操作间的无菌环境。无菌操作间则专用于无菌操作和细胞培养。其大小要适当，其顶部不宜过高以保证紫外线的有效灭菌效果，墙壁光滑无死角，以便清洗和消毒。

（二）孵育区

对无菌的要求不如无菌区那样严格，仍需清洁而无灰尘，应在干扰少的区域。

（三）制备区

主要进行培养液及有关培养用液体等的制备，必须严格无菌操作。

（四）储藏区

主要是取放方便，主要有冰箱、干燥箱、液氮罐、常规培养用耗材等。此环境也需要清洁、无灰尘。

（五）清洗和消毒灭菌区

灭菌应该与其他区分开，主要进行所有细胞培养用器皿的清洗、准备及灭菌等工作。

二、动物细胞培养实验室的设备

（一）超净工作台、生物安全柜

是常用的无菌操作装置，按气流方向的不同可分为水平流和垂直流两种，以垂直流较为常用，气流从上向下流动，形成气流屏障，能较好地保持台面的无菌操作。

（二）控温设备

主要指 CO_2 培养箱、三气（O_2、N_2、CO_2）培养箱、隔水式电热恒温培养箱、生化培养箱、冰箱、低温冷藏箱、水浴箱、水浴摇床、制冰机等。

（三）离心机

常用为低速离心机，或根据需要选择冷冻离心机。

（四）显微设备

倒置显微镜，另外可根据需要选配相差装置、荧光装置、保温装置、缩时拍摄装置等。

（五）细胞计数设备

血细胞计数板或电子细胞计数仪等。

（六）消毒设备

高压灭菌锅和电热干燥箱及过滤器等。

（七）水纯化设备和分析设备

纯水仪、酶标仪、紫外分光光度计等。

（八）配液设备

电子天平、pH计、磁力搅拌器等。

三、动物细胞培养实验室常用器具

（一）培养用器皿

培养瓶、培养皿、多孔培养板等。

（二）操作用器皿

玻璃瓶、吸管、加样器、离心管、试管架、橡皮吸头、冻存管、注射器、漏斗、量筒、试剂瓶等。

（三）器械

主要用于解剖、取材、剪切组织及操作时持取物件。常用的有手术刀、手术剪、眼科虹膜剪、血管钳、组织镊和眼科镊等。

单 元 小 结

本章内容主要从培养细胞的生物学特征、生长条件和细胞培养室的要求三方面进行简要概括。了解培养细胞的生长类型和形态特征，分化状态的变化，生长特点及增殖过程；掌握培养细胞的营养和环境要求；熟悉细胞培养室常规的设置与设备，从而对细胞培养基础理论形成初步的认识，为后续的相关实验奠定基础。

复习思考题

1. 简要概括培养细胞的类型。

2. 简述培养细胞的营养需要？

3. 在体外培养过程中，每代细胞的生长过程包括哪几个阶段？

（吴宝金）

第三章　动物细胞培养的准备工作

教学目的及要求

1. 掌握动物细胞培养用品的清洗、包装和灭菌；
2. 熟悉动物细胞培养基的分类；
3. 了解动物细胞培养基的配制方法。

动物细胞培养的准备工作对开展细胞培养异常重要，准备工作中某一环节的疏忽可导致实验失败或无法进行。准备工作的内容包括：器皿的清洗、干燥与消毒；培养基与其他试剂的配制、灭菌及分装；无菌室或超净台的清洁与消毒；培养箱及其他仪器的检查与调试等。

第一节　细胞培养用品的清洗、包装和灭菌

一、细胞培养用品的清洗

（一）玻璃器皿

组织细胞培养中，玻璃器皿的用量大，清洗要求非常严格。玻璃器皿的清洗步骤包括浸泡、刷洗、浸酸和冲洗等。清洗后的玻璃器皿不仅要求干净透明无油迹，更不能残留任何物质。

1. 浸泡

新的玻璃器皿使用前应先用自来水简单刷洗，然后用稀盐酸液浸泡过夜，以中和玻璃表面附着的碱性物质。清水浸泡包括：①初次使用和使用后的玻璃器皿均需先用清水浸泡，以使附着物软化或被溶解掉；②再次使用的玻璃器皿，因使用后的玻璃器皿表面常附有大量的蛋白质，干涸后不易洗掉，浸泡时要求将玻璃器皿完全浸入水中，不能留有气泡或浮在液面上。

2. 刷洗

选用合适的软毛刷和优质洗涤剂刷洗浸泡后的玻璃器皿，以去除器皿表面附着较牢的杂质。刷洗强度和时间要适度，以免损害器皿表面光泽度。刷洗干净的玻璃器皿用清水冲净皂液、晾干，准备浸酸。

3. 浸酸

浸酸是玻璃器皿清洗过程中的重要环节。清洁液对玻璃器皿无腐蚀作用，其强氧化作用可除掉刷洗不净的微量杂质。常用的清洁液按重铬酸钾（g）与浓硫酸（ml）及蒸馏水（ml）的配制比例不同分为强清洁液、次强清洗液和弱清洁液（处方和配制方法详见实验教程）。

浸酸操作时应注意保护好面部及身体裸露部分；将器皿内充满清洁液，勿留气泡或器皿露出清洁液面；浸酸时间一般过夜或更长，最短不应少于6h；反复浸酸后的玻璃器皿可能会发脆，放取器皿时要轻拿轻放。

4. 冲洗

浸酸后的玻璃器皿都必须用清水充分冲洗，使瓶壁不留污渍或酸液残迹。若用手工操

作，则需流动的自来水冲洗 10～15 次，最后再用蒸馏水清洗 3～5 次，晾干备用。冲洗也可选用洗涤装置，既省力又有效。

（二）胶塞

橡胶制品主要指瓶塞。带有大量滑石粉及杂质是新购置瓶塞的主要问题，先用自来水作一般冲洗后，然后，按以下方法做常规处理：①每次用后立即置入水中浸泡；②用 2％ NaOH 或洗衣粉煮沸 10～20min，以除掉其中的蛋白质；③自来水冲洗后，用稀盐酸浸泡 30min 或蒸馏水冲洗后再煮沸 10～20min，晾干备用。

（三）塑料制品

塑料制品现多为一次性物品，采用无毒并经特殊处理的包装，打开包装即可用。必要时可按以下步骤清洗：①用 2％ NaOH 溶液浸泡过夜；②用自来水充分冲洗，再用 5％盐酸溶液浸泡 30min；③用自来水和蒸馏水依次冲洗干净，晾干备用。注意清洗时应选用棉花或柔软纱布擦洗，用硬毛刷可导致塑料表面损坏后细胞不易贴壁。

二、细胞培养用品的包装

合格的包装对细胞培养用品的消毒和储存至关重要。常用包装材料有牛皮纸、硫酸纸、铝箔、纱布、棉布、不锈钢饭盒、储槽等。注射器、金属器械等小型器皿用牛皮纸或纱布包装后再装入饭盒或储槽内，较大的器皿可行铝箔或棉布包扎。

三、细胞培养用品的消毒灭菌

细胞污染的首要问题是细菌、真菌和病毒等微生物污染。污染的主要原因是操作者对以下常规环节的疏忽引起，如无菌操作间或周围空间的不洁，尤其是超净台内消毒不彻底。由于培养各环节的失误均能导致培养失败，故细胞培养的每个环节都应严格遵守操作规范，防止发生污染。

消毒方法分为三类：物理灭菌（紫外线、干烤、高压蒸汽、过滤等）、化学灭菌（各种化学消毒剂）和抗生素（青霉素、链霉素、庆大霉素二性霉素等）。

（一）物理消毒法

1. 射线消毒灭菌

主要使用 ^{60}Co、X 射线进行消毒灭菌，用于牛血清和塑料制品的灭菌。

2. 紫外线消毒

低能量电磁辐射的紫外线可杀死多种微生物。目前常用的无臭氧型紫外灯用于消毒空气、操作台面和一些不能用干热、湿热灭菌的培养器皿，如塑料培养皿、培养板等，这是常使用的消毒方法之一。消毒时，根据不同目的设置消毒距离：空气消毒时，灯管应距地面 2.5m 以内，台面消毒应在 80cm 以内，培养器皿的消毒在 30cm 以内。消毒的时间与效能存在一定关系，但不是绝对的，紫外线照射时间再长，也不能达到 100％灭菌，最多只能把 90％的细菌消灭，过长照射没有意义。消毒时，消毒物品不宜相互遮挡，照射不到的地方起不到消毒作用。紫外灯消毒时，操作人员应注意：①不进入紫外线照射区域，因紫外线对皮肤和眼睛均可造成伤害；②切勿在紫外灯照射的超净台内操作，因其对培养的细胞和试剂等也产生不良影响。

3. 干热灭菌

主要用于玻璃器皿的灭菌。将细胞培养所用器皿放入干烤箱内，注意物品间保留间隙，并不要靠近加热装置。加热至 160℃，保持 90～120min。用于 RNA 提取实验的用品则需 180℃，持续 5～8h。干热灭菌后首先要切断电源，待箱体冷却后再取出物品，切忌立即打开，以免温度骤变而使箱内玻璃器皿破裂。

4. 湿热灭菌（高压蒸汽灭菌）

湿热灭菌是最有效的灭菌方法。主要用于布类、橡胶制品（如胶塞）、金属器械、玻璃器皿、某些塑料制品以及加热后不发生沉淀的无机溶液的灭菌。应注意，不同压力下蒸汽所达到的温度不同，不同消毒物品所需的有效消毒压力和时间不同。通常选用压力 102.97kPa（121℃），20～30min 可达到灭菌目的。

消毒时消毒器内物品不能装得过满，以防止消毒器内气流受阻而发生危险。要定时检查压力及其他安全参数，防止消毒时意外事故发生。

5. 滤过除菌

培养用液和各种不能高压灭菌的溶液可用此法灭菌，采用金属滤器或小型塑料滤器，极大方便了操作。

（二）化学消毒法

常用的消毒液有如下几种：

1. 70％（或 75％）酒精

手、实验用品和工作台面常用 70％酒精棉球（卫生级酒精）消毒，是细胞培养室常用消毒液体之一。

2. 0.1％新洁尔灭

超净台旁应常备盛有 0.1％新洁尔灭溶液的容器及纱布，用于手和前臂的清洗，以及工作后超净台面的清洁。

3. 来苏儿水（煤酚皂溶液）

主要用于无菌室桌椅、墙壁、地面的消毒和清洗，空气的消毒尤其是污染细胞的消毒处理。

4. 0.5％过氧乙酸

该药液为强效消毒剂，10min 即可杀死芽孢。用喷洒和擦拭方式用于各种物品的表面消毒。

（三）抗生素消毒

利用抗生素消毒是培养过程中预防微生物污染的重要手段，也是微生物污染不严重时的"急救"方法，最常用于培养液的消毒。细胞培养实验中常用的抗生素有青霉素 G、链霉素、庆大霉素、二性霉素 B 等，不同抗生素杀灭不同微生物，应根据需要选择。

单 元 小 结

清洗培养用品的过程是细胞培养成功与否的重要环节。一定要用自来水冲洗 10～15 次浸酸之后的玻璃制品，因为残存的洗液对细胞粘附有很大的影响。清洗塑料制品时切记不要用硬毛刷，否则损害塑料表面后，细胞不易贴壁。干热灭菌时，器皿烤完后，应等待温度降下之后才能开烤箱门；高压灭菌后，器皿务必晾干或烘干，以防包装纸潮湿发霉。使用化学消毒法时，配制 70％酒精应用卫生级，不要用化学纯、分析纯和优质纯酒精。

相 关 链 接

1. http://shiyan.ebioe.com/animalcellculture04 _ 2.htm
2. http://www.51protocol.com/cell/cell2/20090306/60873.html
3. http://www.viansaga.cn/FileUpLoad/cell％20culture％202.pdf
4. http://www.5ibio.com/html/cell/20070528/11822.html

复习思考题

1. 简述细胞培养用的玻璃器皿的清洗步骤。
2. 简述培养用品消毒灭菌的方法。

（孙鹏）

第二节　细胞培养常用液体分类、配制和无菌处理

细胞在体外的生存环境是人工模拟环境，除需无菌、温度、空气、pH 等条件以外，最主要的是培养基。细胞的生长环境、营养和生长物质均由培养基提供。因此，细胞培养基的设计应该是为细胞提供尽可能接近体内的环境。培养基必须具有下述基本条件：①营养物质，培养基必须供给活细胞所需要的全部营养；②缓冲能力，培养基必须含有非毒性的缓冲液，而且 pH 值在 7.2～7.4 之间；③等渗性，溶解于培养基的物质浓度产生的渗透压必须与细胞内一致；④无菌，培养基不能有微生物，微生物在培养基中繁殖会破坏培养的活细胞。

培养基种类很多，按其物质状态分为半固体培养基和液体培养基两类；按来源分为合成培养基和天然培养基。合成培养基的主要成分有氨基酸、碳水化合物、无机盐、维生素及其他辅助物质。

此外，细胞培养还涉及平衡盐溶液、消化液等，均需要严格的 pH 条件和无菌处理。

一、平衡盐溶液（balanced salt solution，BSS）

BSS 又称生理盐或盐溶液，具有维持渗透压、控制酸碱平衡的作用，同时供给细胞生存所需能量和无机离子。其中盐是细胞生命所需成分，而且在维持渗透压，缓冲和调节溶液的酸碱度方面起着重要的作用。绝大多数培养基是在 BSS 基础上，添加氨基酸、维生素和其他与血清中浓度相似的营养物质。

常用的平衡盐有：①D-PBS 平衡盐，不含碳酸氢钠；②Hanks 平衡盐（HBSS），含碳酸氢钠 0.35mg/L；③Earle's 平衡盐（EBSS），含碳酸氢钠 2.2mg/L；④PBS 平衡盐，无 Ca^{2+}、Mg^{2+}。详见表 3-1。

表 3-1　几种常见平衡盐溶液组成成分　　　　单位：g/L

成　　　分	PBS	Hanks	D-Hanks	Dulbecco	Earle's
NaCl	8.00	8.00	8.00	8.00	6.80
KCl	0.20	0.40	0.40	0.20	0.40
$MgSO_4 \cdot 7H_2O$		0.20			0.20
$CaCl_2$		0.14		0.10	0.20
$Na_2HPO_4 \cdot 2H_2O$				1.42	1.14
$Na_2HPO_4 \cdot H_2O$	1.56	0.06	0.06		
$NaHCO_3$		0.35	0.35		2.20
$MgCl_2 \cdot 6H_2O$				0.10	
KH_2PO_4	0.24	0.06	0.06	0.20	
葡萄糖		1.00			1.00
1%酚红		0.02	0.02	0.02	0.02

二、消化液

消化液用于分离组织和分散细胞。常用的有胰蛋白酶（Trypsin）和二乙胺四乙酸

（EDTA）两种溶液最为常用。两者可以单独使用，也可以混合使用。

（一）胰蛋白酶溶液

胰蛋白酶（简称胰酶）是一种黄白色粉末，易潮解，必须放置冷暗干燥处保存。胰酶主要可以水解细胞间的蛋白质水解，使细胞相互离散。牛或猪的胰腺是目前胰酶的主要来源。胰酶溶液在 pH8.0、温度 37℃时消化作用最强。胰酶活力会因 Ca^{2+}、Mg^{2+} 和血清蛋白的存在而降低胰酶活力。因此，胰酶溶液常用无 Ca^{2+}、Mg^{2+} 的 D-Hanks 平衡盐溶液配制，浓度为 0.25％。消化细胞时，加入一些血清或含血清的培养液，胰酶的消化作用即可终止。

胰蛋白酶溶液配制：

（1）称取胰蛋白酶粉末置烧杯中，先用少许 D-Hanks 平衡盐溶液（pH7.2 左右）调成糊状，然后再补足 D-Hanks 平衡盐溶液。搅拌混匀，置室温 4h 或 4℃冰箱过夜，并不断搅拌振荡；

（2）次日，先用滤纸粗滤，再在超净台内用针式滤器（0.22μm 微孔滤膜）抽滤除菌。然后，分装于小瓶，−20℃保存以备使用，以免分解失效。常用浓度为 0.25％或 0.125％，胰蛋白酶溶液偏酸，使用前可用碳酸氢钠溶液调 pH 值至 7.2 左右。

（二）EDTA·Na_4 溶液

EDTA 是一种化学螯合剂，毒性小，价格低廉，对细胞有一定的离散作用，使用方便。常用工作液浓度为 0.02％，可按 1∶1 与 0.25％的胰蛋白酶溶液混合使用（混合液）。

三、天然培养基

来自动物体液或利用组织分离提取的一类培养基称之为天然培养基，如血浆、血清、淋巴液、鸡胚浸出液等。组织培养技术建立早期，天然培养基成为体外细胞培养唯一培养基，由于天然培养基制作过程复杂、批间差异大，因此逐渐为合成培养基所替代。

细胞培养的发展，培养基的质量是关键，而培养基的主要成分中动物血清（serum）对细胞的生长繁殖发挥着重要甚至是难以替代的作用。牛血清在动物血清的应用中是最为广泛的，所以保证血清质量是促进生物制品质量提高的重要环节。

（一）血清种类

当前牛血清是用于组织培养的主要血清，也用人血清、马血清等培养某些特殊细胞。在细胞培养中牛血清是用量最大的天然培养基，含有丰富的细胞生长必需的营养成分，具有极为重要的功能。牛血清分为小牛血清、新生牛血清、胎牛血清。胎牛血清应取自剖腹产的胎牛或 8 月龄胎牛的心脏穿刺取血；新生牛血清取自出生 10 天以内的新生牛；小牛血清取自出生 16 周以内的小牛。

（二）血清的主要成分

血清是由血浆去除纤维蛋白而形成的一种复杂的混合物，组成成分虽大部分已知，但有一部分尚不清楚，且随供血动物的性别、年龄、生理条件和营养条件不同，血清组成及含量也不同。血清中含有各种血浆蛋白、多肽、脂肪、碳水化合物、生长因子、激素、无机物等，这些物质对促进细胞生长或抑制生长活性具有生理平衡的作用。

四、合成培养基

合成培养基是根据天然培养基的成分，用化学物质模拟合成、人工设计、配制的培养基。目前合成培养基已经成为一种标准化商品，从最初的基本培养基发展到无血清培养基、无蛋白培养基，并且不断发展。合成培养基的出现极大地促进了组织培养技术的普及与发展。这类培养基化学成分精确、重复性强，微生物生长缓慢，但价格昂贵，适用于做一些科学研究，例如营养、代谢的研究。

（一）基本培养基

1. 基本组分

由无机盐、氨基酸、维生素、碳水化合物四大类物质。除了以上与细胞生长有关的物质以外，培养基中一般还要加入 pH 指示剂——酚红（当溶液 pH 值为 7.2～7.4 时呈桃红色，当溶液酸性时 pH 值小于 6.8 呈黄色；当溶液碱性时 pH 值大于 8.4 呈紫红色）。

2. 种类

（1）MEM（minimum eagle medium）仅含 12 种必需氨基酸、谷氨酰胺，8 种维生素及必要的无机盐，由于成分简单，易于添加某种特殊成分适于某些特殊细胞培养。

（2）DMEM（Dulbecco's modified eagle medium）在 MEM 培养基的基础上研制而成。在 MEM 的基础上增加了各种成分用量，又分为高糖型（<4500g/L）和低糖型（<1000g/L）。高糖型有利于细胞停泊于一个位置生长，适于生长较快、附着较困难的肿瘤细胞。

（3）IMDM（Iscove's modified Dulbecco's medium）含有 42 种成分，与 DMEM 比较增加了许多非必需氨基酸及一些维生素，增加了 HEPES，葡萄糖含量为高糖型。适合细胞密度较低、细胞生长困难的情况，如细胞融合之后杂交细胞的筛选培养、DNA 转染后转化细胞的筛选培养。

（4）RPMI1640 最初是为培养小鼠白血病细胞而设计的。开始的配方特别适合于悬浮细胞生长，主要是针对淋巴细胞，后经过改良，从 RPMI1630、RPMI1634 直至 RPMI1640。其组分较为简单，适合许多种细胞生长，如肿瘤细胞和正常细胞的原代培养和传代培养等，是目前应用最为广泛的培养基之一。

3. 培养基的配制

目前在国内市场主要是干粉型，只有在应用过程中正确配制，才能保证培养基质量。配制培养基要注意以下问题。

（1）认真阅读说明书，说明书注明干粉不包含的成分，常见的有 $NaHCO_3$、谷氨酰胺、丙酮酸钠、HEPES 等。这些成分有些是必须添加的，如 $NaHCO_3$、谷氨酰胺，有些根据实验需要决定。

（2）配制时要保证充分溶解，在培养基完全溶解之后，$NaHCO_3$、谷氨酰胺等物质才能添加。

（3）应使用双蒸水或三蒸水酸制培养基，离子浓度低，三蒸水为最佳。

（4）所用器皿须经过严格消毒。

（5）应马上过滤配制好的培养基，无菌保存于 4℃。

（二）完全培养基（complete medium，CM）

可满足某微生物的各种营养缺陷型菌株生长需要的天然或半合成培养基。一般可在基本培养基中加入一些富含氨基酸、维生素和核苷酸之类的天然物质（如蛋白胨或酵母膏等）配制而成。完全培养基与基本培养基相互配合，可分离、筛选微生物的营养缺陷型突变株。

（三）无血清培养基

不需要添加血清就可以维持细胞在体外较长时间生长繁殖的合成培养基。一般认为是由两部分组成，即基础培养基和替代血清的补充因子。虽然基础培养基加少量血清所配制的完全培养基可以满足大部分细胞培养的要求，但对有些实验不适合，如观察一种生长因子对某种细胞的作用，这时需要排除其他生长因子的干扰作用，而血清中可能含有各种生长因子；又如需要测定某种细胞在培养过程中分泌某种物质的能力；或者要大规模的培养某种细胞，以获得它们的分泌产物。

1. 无血清培养基的基本配方

无血清培养基的基本成分为基础培养基及添加组分。基础培养液 DMEM 最为常用，一般两者以 1∶1 混合。添加组分包括以下几大类物质。

（1）促贴壁物质

许多细胞必须贴壁才能生长，这种情况下，在无血清培养基中一定要添加促贴壁和扩展因子，一般为细胞外基质，如纤连蛋白、层粘连蛋白等。它们还是重要的分裂素以及维持正常细胞功能的分化因子，对许多细胞的增殖和分化起着重要作用。纤连蛋白主要促进成纤维细胞、肉瘤细胞、粒细胞、肾上腺皮质细胞、CHO 细胞等来自中胚层细胞的贴壁与分化。

（2）促生长因子及激素

针对不同细胞，添加不同的生长因子。激素也是刺激细胞生长、维持细胞功能的重要物质，有些激素是许多细胞必不可少的，如胰岛素。

（3）酶抑制剂

需要用胰酶消化贴壁生长的细胞进行传代，在无血清培养基中必须含酶抑制剂，以终止酶的消化作用，达到保护细胞的目的。

（4）结合蛋白和转运蛋白

转铁蛋白和牛血清白蛋白是最为常见的结合蛋白和转运蛋白。牛血清白蛋白可增加培养基的黏度，保护细胞免受机械损伤。许多旋转式培养的无血清培养基含有牛血清白蛋白。

（5）微量元素

最常见的是硒。

2. 无血清培养基的使用方法

转入无血清培养基培养的细胞要有一个适应过程，一般要逐步降低血清浓度，从 10％减少到 5％、3％、1％，直至无血清培养。在逐步降低过程中，要注意观察细胞形态是否发生变化，是否有部分细胞死亡，存活细胞是否还保持原有的功能和生物学特性等。实验后，通常不再继续保留这些细胞，很少有细胞在无血清培养基能够长期培养而不发生改变的。细胞在转入无血清培养之前，要留有种子细胞，种子细胞按常规培养于含血清的培养基中，以保证细胞的特性不发生变化。

五、其他常用液体（表 3-2）

表 3-2　几种常用液体的配制方法

溶 液	配 制 方 法	说 明
5.6% NaHCO₃ 液	称取 NaHCO₃ 2.8g，溶于 40ml 纯净水，再定容至 50ml，经高压灭菌，4℃保存	NaHCO₃ 溶解缓慢，故溶解时应适当加热
1%酚红液	称取 1g 酚红溶于 2ml 1mol/L NaOH 溶液中；待溶解片刻后，再加入 1ml 1mol/L NaOH，加纯净水定容至 100ml	酚红溶解较为困难，所以在研钵中进行，并不断研磨至充分溶解
青、链霉素原液（1万单位/ml）	分别溶解 80 万单位的青、链霉素于 80ml PBS 中，用 0.22μm 孔径水系滤器过滤除菌，1～2ml 小分装后保存于 −20℃	按 1%（体积/体积）加入溶液中，使青、链霉素终浓度分别为 100U/ml
L-谷氨酰胺液	称取 0.3g L-谷氨酰胺溶于 10ml PBS，用 0.22μm 孔径水系滤器过滤除菌后进行分装，于 −20℃保存	使用时应解冻后混均，1ml L-谷氨酰胺加入 100ml 培养基（含血清），使终浓度为 0.3mg/ml
胰蛋白酶/EDTA	称取 0.25g 胰酶，0.02g EDTA 溶于 90ml 无 Ca²⁺、Mg²⁺ PBS，用 5.6% NaHCO₃ 调 pH 至 7.2～7.4，再定容至 100ml；经 0.22μm 孔径水系滤器过滤除菌后进行分装，于 −20℃保存	胰酶溶解较难，必要时在 4℃冰箱过夜以便溶解

续表

溶　液	配　制　方　法	说　　明
EDTA·Na₄ 盐	称取 0.04g EDTA·Na₄ 溶于 100ml PBS 中,高压灭菌后进行小分装,于−20℃保存	溶解时先用 90ml 无 Ca^{2+}、Mg^{2+} PBS 溶解后,再加该 PBS 定容至 100ml
胶原酶	称取 0.1g 胶原酶溶于 100ml PBS 中,经 $0.22\mu m$ 孔径水系滤器过滤除菌后进行分装,于−20℃保存	用 90ml 无 Ca^{2+}、Mg^{2+} PBS(或 Hanks)溶解胶原酶后再定容至 100ml
干粉培养基	称取培养基干粉 5g,溶于 400ml 纯净水中,用 $NaHCO_3$(粉剂)调 pH 至 7.2 左右,再加水定容至 500ml,经 $0.22\mu m$ 孔径水系滤器过滤除菌后 4℃或−20℃保存	4℃保存不超过 30 天;−20℃保存不超过 100 天
0.25%柠檬酸胰酶	称取胰酶 2.5g,柠檬酸钠 2.96g,用 900ml PBS 溶解,调 pH 至 6.9～7.2,再定容至 1000ml;过滤灭菌,−20℃保存。	主要用于细胞传代培养

单　元　小　结

细胞培养常用液体的配制是决定细胞培养成功与否的关键因素。配制过程应该严谨科学,同时要注意以下几个关键点:必须用非常纯净、不含有离子和其他的杂质的水培养细胞,通常用新鲜的双蒸水、三蒸水或纯净水。如果是采用蔡式滤器,通常使用孔径 $0.45\mu m$ 和 $0.22\mu m$ 滤膜各一张,放置位置为 $0.45\mu m$ 的滤膜位于 $0.22\mu m$ 的滤膜上方,并且要特别注意滤膜光面朝上。在配制 RPMI1640 培养基需要加入小牛血清时,因小牛血清略偏酸性,为了保证培养液 pH 值最终为 7.2,可在配制时调 pH 至 7.4。

相　关　链　接

1. http://www.biox.cn/UpLoadFiles/BioX/Files/cellculture0504111.pdf
2. http://www.seebio.cn/Info/View.aspx? id=257
3. http://baike.baidu.com/view/626863.htm
4. http://www.5ibio.com/html/cell/20070528/11822.html

复　习　思　考　题

1. 简述培养基必须具有的基本条件。
2. 培养基中加入酚红的目的是什么?

(孙鹏)

第四章　动物细胞培养的基本技术和方法

随着现代科学技术的发展，细胞培养技术已被广泛地应用于诸多领域，与之相应的新技术和新方法亦在不断更新和出现，但各种培养方法的基本技术路线是相似的。这些基本技术是从事培养工作的基础，熟悉和掌握了基本技术，才有可能学习和掌握其他方法。本章重点叙述一些最常用的基本技术。

第一节　培养细胞的取材与分离

教学目的及要求

1. 掌握培养细胞时无菌操作的要求及意义；
2. 熟悉培养细胞取材的要求及方法；
3. 了解不同组织材料的分离方法。

一、培养室内的无菌操作

体外培养的细胞抗感染能力极低，故防止污染是体外细胞培养的必要条件。进行体外细胞培养，需要有设备完善的实验室，还需要实验操作人员的所有操作过程尽最大可能做到无菌，每一项工作做到技术操作规范、细心。实验前的准备工作对细胞培养非常重要，而且工作量较大，应重视。准备工作中某一环节的失误，均可导致实验失败或者无法继续进行。

（一）培养前准备

培养前的准备工作的内容包括：实验所用器皿的清洗、干燥与消毒；培养基及其他试剂的配制、分装及灭菌；无菌室或超净台的清洁与消毒；培养箱及其他仪器的检查与调试等。此外，为防止实验开始后因物品不全多次拿取而增高污染概率，实验前要求：①制订好实验计划和步骤；②根据实验要求去准备好所需器材和物品，并放置于操作场所（培养室、超净台）内消毒待用。

（二）培养室和超净台的消毒

无菌培养室每天都要用0.2%的新洁尔灭或2%～5%来苏儿、专用拖布拖洗地板。

每次实验前要用75%酒精、专用消过毒的毛巾擦洗工作台面，然后用紫外线消毒30～50min。

操作时需注意：①在消毒工作台面时，切勿将紫外线照射到培养细胞；②消毒时，工作台面上的用品不要过多或堆积摆放，否则会影响效果；③操作用具如移液器、废液缸、污物盒、试管架等在使用前需经75%酒精擦洗后置于工作台内并用紫外线照射消毒。

（三）洗手和着装

进入无菌培室前必须严格洗手，并按外科手术要求着装，无菌服、帽子在每次实验后都要清洗消毒。

开始操作前要用75%酒精或2%新洁尔灭消毒手和前臂。

实验过程中如果手触及可能污染的物品，或再次出入培养室，均需重新用消毒液洗手。

在只做观察不做培养操作时，可穿经紫外线照射30min后的一般清洁工作服。培养室外的缓冲间需准备几套这样的工作服，以便穿用。

（四）无菌培养操作

在实验过程中必须保持无菌操作，具体要求如下。

在实验前，点燃酒精灯，安装吸管帽、打开或封闭瓶口等操作，都应在火焰旁并经过烧灼进行。操作时需注意：①金属器械不宜在火焰中长时间烧灼；②烧过的器械要冷却后使用，否则可能损伤组织细胞；③已吸过培养液的吸管不能再用火焰烧灼，因残留在吸管内的培养液如蛋白质等烧焦后会产生有害物质，吸管再用时会将其带到培养基中；④开启、关闭长有细胞的培养瓶时，火焰灭菌时间要短，以防温度过高而烧死细胞。另外，胶塞、胶帽过火时间也不宜过长，以免烧焦产生有毒气体，危害培养的细胞。

工作台面上的物品要放置有序、布局合理。一般来说，酒精灯在当中，右手使用多的物品应放在右侧，左手使用多的物品应置于左侧，按顺序操作。组织、细胞及培养板在未做处理和使用前，不要过早暴露于空气中。应分别使用不同吸管吸取营养液、PBS、细胞悬液及其他各种用液，不能混用。用吸管、注射器进行转移液体操作时，吸管、注射器针头不能触及瓶口，以防止细菌污染或细胞的交叉污染。培养瓶及培养液瓶不要过早打开，已开口者要尽量避免垂直放置，以防止下落细菌的污染。放置吸管时管口最好向下倾斜，以防液体倒流入胶帽内引起污染。

培养操作时，不要触及已消毒过的器皿，如已接触，要用火焰烧灼或备用品更换。防止唾沫把细菌等带入超净台内发生污染，面向操作台时，操作者切勿大声讲话或咳嗽。

二、培养细胞的取材

培养细胞的取材是指在无菌环境下从机体取出某组织细胞（视实验目的而定），经过相应的处理（如消化分散细胞、分离等）后移入培养器皿中的过程。机体取出的组织细胞的首次培养称为原代培养。动物和人体内的组织细胞都可以用于培养，但幼体组织（尤其是胚胎组织）比成年个体的组织容易培养；分化程度低的组织比分化高的容易培养；肿瘤组织比正常组织容易培养。

（一）取材的基本要求

（1）取材要注意组织细胞新鲜和保鲜。由于新鲜组织易于培养成功，取材时应尽量在4～6h内能制作成细胞，尽快放入培养箱培养。若不能即时培养，应将组织浸泡于培养液内，于4℃存放。若组织块较大，应在清除表面血块、坏死组织、脂肪和结缔组织后，切碎于培养液内4℃存放，但时间不能超过24h。对于已切碎的组织或血液、淋巴组织，应加入含10%二甲基亚砜（DMSO）的培养基，按细胞冻存方式于液氮中冷冻保存。

（2）取材应严格无菌并避免接触有毒有害的化学物质，如碘、汞等。若所取材料疑有污染，应将所取组织置于含高浓度青、链霉素（400u/ml）并加入适量的两性霉素B或10%达克宁液的培养液内，并于4℃下存放2h以上，再用PBS洗2～3次，以确保所取材料无菌。要用无菌包装的器皿或事先消毒好的带少许培养液（内含400u/ml青、链霉素）的小瓶等便于携带的物品来取材。

（3）取材和原代细胞制作时，要用锋利的器械，如手术刀或剃须刀片切碎组织，以便尽可能减少对细胞的机械损伤。

（4）要仔细去除所取材料上的血液（血块）、脂肪、坏死组织及结缔组织，切碎组织时为避免组织干燥，可在含少量培养液的器皿中进行。

（5）取材时应注意组织类型、分化程度、年龄等。如无特殊要求，取材应尽量选用易培养的组织进行培养。

（6）原代培养，宜采用营养丰富的培养液，一般选用10％～20％胎牛血清。

（7）原代取材要保留好组织学标本和电镜标本，并对组织的来源、部位、供体的一般情况均要做详细的记录，以便于明确原代组织的来源和观察细胞体外培养后与原组织的差异性。

（二）不同组织的取材

1. 鼠胚组织的取材

由于鼠胚组织取材方便，易于培养，且与人类相近，均为哺乳类动物，故成为较常用的培养材料。但是鼠的皮毛中隐藏较多的微生物，而且不易消毒，在鼠胚取材时更需注意无菌消毒。一般采用的无菌消毒方法为：①用CO_2窒息法处死动物；②将其完全浸入盛有70％酒精的烧杯中3～5min，为防止酒精从口和其他腔道进入体内影响组织活力，浸泡时间不宜太长；③取出后将其放在消毒过的固定板上，用消毒过的图钉或大头针将其固定，然后用眼科剪和止血钳剪开皮肤，解剖取材，也可在酒精消毒后，在动物躯干中部环形剪开皮肤，用止血钳分别挟住两侧皮肤拉向头尾把动物反包，暴露躯干，再固定、解剖、取出鼠胚组织；④取好的组织要放置在另一干净的平皿中或玻璃板上进行原代培养操作。⑤注意，动物消毒后的操作均需在超净台内或无菌环境中进行。

2. 鸡胚组织的取材

鸡胚也是组织细胞培养经常被利用的材料。如鸡胚成纤维细胞常用于禽类病毒的分离培养，进行疫苗的生产。一般使用的鸡胚可自行孵育，主要步骤为：①精选新鲜受精鸡蛋，擦掉表面的脏物，置37℃普通恒温箱中孵育，箱内同时放一盛水的容器以维持培养箱内的湿度；②一般采用9～12天的鸡胚，在这期间，每天翻动鸡蛋一次；③无菌条件下将蛋以气室（大头）向上放在一个蛋托上，碘酒、酒精消毒；④用剪刀环行剪除气室端蛋壳，切开蛋膜，暴露出鸡胚，用钝弯头玻璃棒或小镊子伸入蛋中轻轻挑起鸡胚放入无菌培养皿中，根据需要取材。

3. 血细胞的取材

血液中的白细胞是很常用的培养材料。一般多采用静脉取血。为防止凝血，常用肝素抗凝剂，抗凝剂的量以产生抗凝效果的最小量为宜，肝素常用浓度为20u/ml，抽血前针管也要用浓度较高的肝素（500u/ml）湿润，抽血时要严格无菌。

4. 皮肤和黏膜的取材

皮肤和黏膜是上皮细胞培养的重要组织来源。一般皮肤和黏膜取材的方法类似于外科取断层皮片手术的操作，取材的面积一般为2～3mm²，取材时一般不要用碘酒消毒。皮肤黏膜培养大多是以获取上皮细胞为目的，故不管用哪种方法取材不要切取太厚，并且尽可能去除所携带的皮下或黏膜下组织。如果要培养成纤维细胞，则反之。皮肤、黏膜分布在机体外部或与外界相通的部位，故表面细菌、霉菌很多，取材时要严格消毒，必要时用较高浓度的抗生素溶液漂洗。

5. 内脏和实体瘤的取材

动物体内所发生的肿瘤及各脏器也是较常用的培养材料。内脏除消化道外一般是无菌的，但有些实体瘤有坏死并向外破溃者，可能被细菌污染。内脏和实体瘤取材时，一定要明确自己所需组织的类型和部位，取材后要去除不需要的部分如血管、神经和组织间的结缔组织；取肿瘤组织时，要尽可能取肿瘤细胞分布较多的部分，避开坏死液化部分。但有些复发性、浸润性较强的肿瘤较难取到较为纯净的瘤体组织，其肿瘤组织与结缔组织混杂在一起，培养后会有很多纤维细胞生长，为以后的培养工作增加困难。

三、组织材料的分离

从动物体内取出的各种组织均由结合紧密的多种细胞和纤维成分组成，在培养液中，$1mm^3$ 的组织块，仅有少量周边组织处于培养液中，该处的细胞可能生存和生长。若要获得大量生长良好的细胞，必须将组织分散开，使细胞解离出来。另外，有些实验需要提取组织中的某种细胞，首先将组织解离分散，然后再分离细胞。目前常用的分离组织的方法有机械法和化学法两种，根据组织种类所需和培养要求，选取适宜的分离方法。

（一）组织块的分离方法

1. 机械分散法

所取材料若纤维成分很少，如脑组织、一些胚胎组织可采用剪刀剪切和用吸管吹打等方法分散组织细胞，也可将已充分剪碎分散的组织放在注射器内（用九号针头），使细胞通过针头压出，或在不锈钢纱网内用钝物压挤（常用注射器针栓）使细胞从网孔中压挤出。此法分离细胞简便、快速，但对组织机械损伤大，细胞分散效果较差。

在进行组织块移植培养时，可以采用剪切法，即将组织剪切成 $1mm^3$ 左右的小块，然后分离培养。

具体步骤如下：

（1）将经过修整和冲洗过的组织块（大小约 $10mm^3$）放入小烧杯中，用眼科剪反复剪切组织至糊状；

（2）用吸管吸取 Hanks 液或无血清培养液加入到烧杯中，轻轻吹打数次；

（3）低速离心去上清，剩下的组织小块即可用于培养。

注：为了避免剪刀对组织块的挤压损伤，也可以用手术刀或保险刀片交替切割组织，但此法操作较慢，且不易切割过细。

除剪切法外，较常用的机械分离法还有用注射器针栓挤压通过不锈钢筛网。主要操作步骤如下：

（1）将组织用 Hanks 液或无血清的培养液漂洗；

（2）将其剪成 $5\sim10mm^3$ 的小块，置于 80 目孔径的不锈钢筛中；

（3）把筛网放在培养皿中，用注射器针栓轻轻压挤组织，使之穿过筛网；

（4）用吸管从培养皿中吸出组织悬液，置入 150 目，筛中用上述方法同样处理；

（5）镜检计数被滤过的细胞悬液，然后接种培养；

（6）如组织过大，可用 400 目筛再滤过一次。

注：机械分散组织的方法简便易行，但对组织细胞有一定的损伤，且仅能用于处理部分软组织，对硬组织和纤维性组织效果不好。

2. 消化分离法

消化法是结合生化和化学方法把已剪切成较小体积的组织进一步分散的方法。此法获得的细胞制成悬液可直接进行培养。消化分离法可使组织松散、细胞分开，此法所得细胞容易生长，成活率高。各种消化试剂的作用机制不相同，需根据组织类型和培养具体要求选择消化方法和试剂。目前较为常用的消化试剂和方法如下：

（1）胰蛋白酶法

胰蛋白酶是目前最常用的消化酶，常用于消化细胞间质较少的软组织，如胚胎、上皮、肝、肾等组织，对传代培养细胞效果也很好。但对于纤维性组织和较硬的癌组织效果较差。胰蛋白酶的消化效果主要与pH、温度、浓度、组织块的大小和硬度有关。胰蛋白酶浓度一般为0.1%～0.5%，常用0.25%，pH值以8～9较好，一般使用pH值为8，这样消化后残留的胰蛋白酶溶液不会对培养液的pH带来明显的影响。温度以37℃最好，在夏季室温25℃以上，对一般传代细胞能达到37℃时胰蛋白酶的消化效果。4℃胰蛋白酶仍有缓慢的消化作用。消化时间要视不同情况而定，温度低、组织块大、胰蛋白酶浓度低者，消化时间要延长；反之，则相应减少时间。例如，消化5mm³的胚胎类软组织，以0.25%胰蛋白酶，37℃，20～30min即可。一般新鲜配制的胰蛋白酶消化力很强，所以开始使用时要注意观察。另外，有些组织和细胞比较脆弱，对胰蛋白酶的耐受性差，要采用分次消化，并及时把已消化下来的细胞与组织分开放入含有血清的培养液中，更换消化液后继续消化。Ca^{2+}和Mg^{2+}及血清均对胰蛋白酶活性有抑制作用，消化过程中使用的液体中应不含这些离子及血清；在消化传代细胞后，可直接加入含血清的培养液使其灭活，并不必再用Hanks液清洗。

具体消化步骤如下：

① 将组织剪成1～2mm³的小块；

② 置入提前放置有磁性搅棒的三角烧瓶内，再注入3～5倍组织量并预热到37℃的0.25%的胰蛋白酶溶液；

③ 将其放在磁力搅拌器上进行搅拌，速度宜慢，一般消化20～30min，也可以放入水浴或恒温箱中，但需每隔5～10min摇动一次。如需长时间消化，可每隔15min取出2/3的上清液，移入另一离心管冰浴或离心后去除胰蛋白酶，收集沉淀细胞加入含血清培养液，然后往原三角烧瓶添加新的胰蛋白酶继续消化，也可放入4℃冰箱中过夜进行消化，消化完毕后将消化液和分次收集的细胞悬液通过100目孔径不锈钢网，以除掉未充分消化的大块组织；

④ 离心去除胰蛋白酶，用Hanks液或培养液漂洗1～2次，转速800～1000r/min，时间3～5min；

⑤ 将接种细胞计数后，一般按$5×10^5$～$1×10^6$个/ml接种培养瓶。

注：如果采用4℃条件下的冷消化，时间可以长达12～24h。从冰箱取出离心后，再添加胰蛋白酶，置于37℃温箱中，继续温热消化20～30min，效果会更好。

（2）胶原酶法

胶原酶适于消化分离纤维性组织、上皮及癌组织，可使上皮细胞与胶原成分分离而不受损害。钙、镁离子和血清成分不会影响胶原酶的消化作用，因而可用含血清的培养液配制，这样实验操作简便，同时可提高细胞成活率。但胶原酶价格较高，大量使用将增加实验成本。胶原酶的常用剂量200u/ml或0.1～0.3μg/ml。

消化步骤如下：

① 将漂洗、修剪干净的组织剪成1～2mm³的小块；

② 将组织块放入三角烧瓶中，加入3～5倍体积的胶原酶，密封烧瓶；

③ 将烧瓶放入37℃水浴或37℃恒温箱内，每隔30min振摇一次，如能放置在37℃的恒温震荡水浴箱中更好，消化时间4～48h，根据具体情况而定，如组织块已分散而失去块的

形状，一经摇动即成细胞团或单个细胞，可以认为已消化充分。由于上皮细胞对胶原酶有耐受性，所以仍可能有一些细胞团未完全分散，但成团的上皮细胞比分散的单个上皮细胞更易生长，因此上皮组织经胶原酶消化后，如无特殊需要可以不必再进一步处理；

④ 收集消化液（有时含个别较大组织块以及没有充分消化的成分可以过100目不锈钢网过滤），离心去除上清，用 Hanks 液（也可用无血清培养液）漂洗 1～2 次，去除上清，加培养液制成细胞悬液，细胞计数，接种培养瓶。

（3）非酶消化法（EDTA 法）

EDTA 是乙二胺四乙酸的简称，其作用效果相对比胰蛋白酶缓和，常适用于消化分离传代细胞。其主要作用在于能从组织生存环境中吸取钙、镁离子，这些离子是维持组织完整的重要因素，但 EDTA 单独使用不能使细胞完全分散，因而常与胰蛋白酶按不同比例混合使用，效果较好，常用 1：1 的 EDTA（0.02%）和胰蛋白酶（0.25%）混合液或 2 份 EDTA 和 1 份胰蛋白酶。该法对上皮组织分散效果好。

（二）细胞悬液的分离方法

培养材料为血液、羊水、胸水和腹水等细胞悬液时，可采用离心法分离。一般用 500～1000r/min 的低速离心，时间 5～10min。如果一次离心样品量很多，时间可适当延长，但离心速度不能过快，时间也不可过长，以免挤压细胞造成损伤甚至死亡。

单 元 小 结

本小节主要讲述了细胞培养的取材与分离方法，首先讲述了进行取材前的培养室内的无菌操作要求；其次介绍了细胞培养取材的要求以及不同组织要求的不同取材方法；最后讲述了对取好的组织如何进行分离，不同的组织及不同目的的实验，分离方法不同，目前对组织块常采取的分离方法有两种，分别是：纤维成分较少的组织可以用机械分散法分离；其他组织可以采用消化法分离。常用的消化试剂有胰蛋白酶、胶原酶、EDTA。细胞悬液一般采用离心方法分离。

复习思考题

1. 试述培养细胞操作时的无菌操作要求。
2. 试述不同的组织取材方法。
3. 常用的消化酶有几种？比较各种消化酶的特点。

（宋维芳）

第二节　动物细胞的原代培养

教学目的及要求

1. 掌握细胞原代培养的概念及意义；
2. 熟悉细胞原代培养常用的方法。

原代培养（primary culture）又名初代培养，是直接从供体（即有机体）取得组织、细胞后首次在体外进行的维持及其生长。原代培养是建立各种细胞系的第一步，是从事组织细胞培养工作人员应熟悉和掌握的最基本技术。原代培养方法很多，最基本和常用的有组织块培养法和消化培养法。

一、组织块培养法

（一）概述

组织块培养是常用的原代培养方法，即将取好的组织剪切成小块后，接种于培养瓶，培养瓶可根据不同细胞生长的需求于接种前作适当处理，如涂胶原薄层，这样利于上皮样细胞等生长；如原代细胞培养后准备做组织染色、电镜等检查，可先在培养瓶内放置小盖玻片，小盖玻片放置前要清洗干净并消毒，在放入组织块前要预先用 1～2 滴培养液湿润瓶底，使之固定。组织块法操作简便，一些组织在小块贴壁培养 24h 后，细胞就从组织块四周游出。如培养心肌，有时可以观察到心肌组织块的搏动。细胞从组织块向外生长并铺满培养皿或培养瓶后，即可进行传代培养。需注意的是由于在反复剪切和接种的过程中对组织块有一定损伤，故并不是每个小块都能长出细胞。组织块培养法适用于组织量少的原代培养，同时，组织块培养时细胞生长较慢，耗时较长。

（二）材料及设备

①动物新鲜组织 0.5～1cm³；②BSS 液 200ml；③培养基（常用培养基均可，或据所培养的细胞而定）50ml；④血清（胎牛血清、小牛血清或人脐带血血清，依实验而定）5～10ml；⑤培养皿或培养瓶若干个；⑥眼科镊至少 2 把；⑦眼科剪至少 2 把；⑧小烧杯（20ml）2 个；⑨玻璃吸管和橡胶帽若干；⑩超净工作台一台；⑪酒精灯 1 个；⑫二氧化碳孵箱 1 个；⑬青、链霉素溶液若干。

（三）操作步骤

（1）在无菌条件下，取要培养的组织 0.5～1cm³，放入小烧杯中，以适量的 BSS 液清洗 2～3 次，去掉组织表面血污。

（2）用锋利的眼科剪或手术刀将组织块剪或切成 0.5～1mm³ 小块。在剪切过程中，可以适当向组织上滴加 1～2 滴培养液，以保持湿润。

（3）再次用 BSS 液反复冲洗，直至液体不混浊为止，稍后，组织块下沉，将烧杯倾斜，用小吸管尽量吸除 BSS 液。

（4）用含 20% 灭活血清和 200u/ml 青霉素、200u/ml 链霉素的培养液再清洗数次，用小吸管吸干后加入 5ml 含 20% 血清的培养基。

（5）用牙科探针或弯头吸管将组织块在瓶壁上或培养皿中均匀摆置，每小块间距 0.5cm 左右。量不要多，25ml 培养瓶（底面积约为 17.5cm²）以 20～30 小块为宜。如果瓶内有盖玻片，其上也放置几块。组织块放置好后，向瓶内注入适量培养液，盖好盖子。如果是培养瓶，可轻轻将其翻转，让瓶底朝上，做好标记，将培养瓶倾斜放置在 37℃ 二氧化碳孵箱内。如果是培养皿，盖好培养皿盖，做好标记后将其直接放置在 37℃ 二氧化碳孵箱内。

（6）放置 2～4h，待组织小块贴附后，将培养瓶慢慢翻转平放，静置培养。这个过程动作要轻巧，让液体缓缓覆盖组织小块表面。严禁动作过快致使液体产生冲击力使粘贴的组织块漂浮而造成原代培养失败。若组织块不易贴壁，可预先在培养瓶壁涂薄层血清、胎汁或鼠尾胶原等。组织块培养也可不用翻转法，即在摆放组织块后，向培养瓶（或皿）内仅加入少量培养液，以能保持组织块湿润即可，再补加培养液，盖好瓶盖，放入 37℃ 二氧化碳孵箱培养 24h 再补加培养液。

（7）待到细胞长满整个培养皿或瓶内表面，即可进行传代培养。具体见图 4-1。

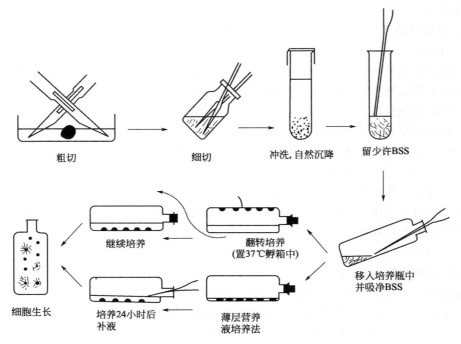

图 4-1　组织块培养法操作示意

（四）说明及注意事项

　　组织块接种 1～3 天时，由于游出细胞数很少，粘贴会不牢固，在观察和移动过程中要注意动作轻柔，尽量不要引起液体振荡，以防产生对组织块的冲击力使其漂浮。在原代培养的 1～2 天内要特别注意观察是否有细菌、霉菌的污染，一旦发现，要及时清除，以防给培养箱内的其他细胞带来污染。对原代培养要及时观察，发现细胞游出后要成像记录。原代培养 3～5 天，需换液一次，去除漂浮的组织块和残留的血细胞，因为已漂浮的组织块和很多细胞碎片含有有毒物质，影响原代细胞的生长。

　　本方法适用于各种组织的培养，操作者还可根据实验需要和细胞种类加以改良。

二、消化培养法

（一）概述

　　这种方法采用前述的组织消化分散法，将妨碍细胞生长的细胞间质包括基质、纤维等去除，使细胞分散，形成悬液，易于从外界吸收养分和排出代谢产物，这样可以在短时间内得到大量的活细胞。该培养法原代细胞产量高，故可应用于实验研究；该培养法的缺点是步骤颇为繁琐，操作不慎容易污染，而且一些消化酶价格较为昂贵，增加实验成本。此外，消化处理不恰当，会对细胞造成一定程度的损伤。

（二）材料及设备

　　除上述组织块培养法所需的材料和设备外，消化培养法还需要：①胰蛋白酶若干；②磁力搅拌器 1 台；③锥形烧杯（100ml）1 个；④不锈钢筛（孔径 $100\mu m$，$20\mu m$）各 1 个；⑤普通台式离心机 1 台；⑥血细胞计数板 1 块；⑦计数器 1 个；⑧普通光学显微镜 1 台。

（三）操作步骤

　　（1）按消化分离法收获细胞。

　　（2）在消化过程中，可随时吸取少量消化液在镜下观察，如发现组织已分散成细胞团或单个细胞，则终止消化。然后通过相应孔径筛网，滤掉组织块。对于那些大组织块可加新的消化液后继续消化。

（3）已过滤的消化液经 $800\sim1000r/min$ 低速离心 $5min$ 后，吸除上清，加入含血清培养液，轻轻吹打形成单细胞悬液。如果用胶原酶或 EDTA 消化液等，尚需用 BSS 液或 Hanks 液洗 $1\sim2$ 次后再加培养液，用计数板计数后，确定细胞悬液浓度，通常以 $1\times10^5\sim3\times10^5$ 接种于培养瓶或培养皿中，置 $37℃$ 二氧化碳孵箱培养，具体见图 4-2。

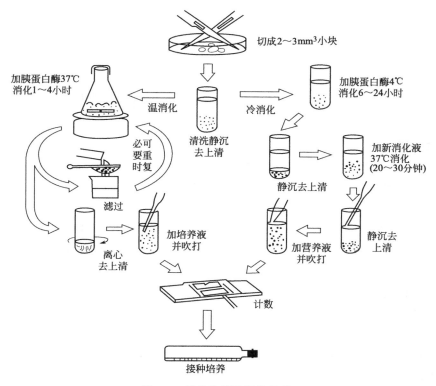

图 4-2 消化培养法操作示意

（四）说明及注意事项

（1）某些特殊类型细胞如内皮细胞、骨细胞等，需用特殊的消化手段和步骤进行。

（2）对悬浮生长的细胞如白血病细胞、骨髓细胞和胸水、腹水等含有癌细胞的材料，可不经消化直接离心分离，或经淋巴细胞分离液等分离后直接接种进行原代培养。

（3）严格地说，原代培养是指未经传代的细胞，实际上，人们常将十代以内的细胞称作原代培养细胞，因为此时细胞基本上保持原有的生物学特性。

（4）从原代培养的步骤不难看出，原代细胞中含有多种细胞成分，因此在设计实验与分析结果时将此因素考虑在内。

单 元 小 结

本小节主要讲述了细胞原代培养的概念以及常用的细胞原代培养的方法。常用的细胞原代培养的方法有两种，分别为组织块培养法和消化培养法。组织块培养法操作简单，细胞也较易生长，是许多实验室常用的培养方法。消化培养法与组织块培养法的主要区别在于：一是要用酶制剂（最常用的为胰蛋白酶）处理组织块，除去间质细胞，使细胞分散形成单细胞悬液；二是细胞生长的方式多为单层生长。单层细胞的优点是更易摄取营养，排出代谢产物而使生长周期缩短，可较广的应用于实验研究，缺点是操作繁琐，易污染，实验成本高。此外，消化处理不当会对细胞造成一定的损伤。

复习思考题

1. 试述细胞原代培养的概念。
2. 细胞原代培养的方法有哪些？并列表比较其优、缺点。

（宋维芳）

第三节　培养细胞的观察和检测

教学目的及要求

1. 掌握培养细胞的镜下观察方法和细胞生长曲线的制定；
2. 熟悉培养细胞的肉眼观察方法和细胞培养污染的测定；
3. 了解细胞培养污染的排除方法。

细胞接种或传代以后，实验者应每天或隔天对细胞进行常规性观察和检查，及时了解细胞的形态、生长状态、数量改变、有无污染和培养基的颜色变化等。随时掌握细胞动态变化，及时采取措施对症处理。

一、培养细胞的常规观察

（一）肉眼观察

正常情况下，培养液 pH 值介于 7.2～7.4 之间，呈桃红色清亮透明。随着细胞生长时间的延长，细胞代谢产生的酸性产物会使培养液 pH 值下降，在超越缓冲范围后，引起培养液颜色变浅变黄，用肉眼就可观察到培养液的颜色和透明度的变化。酸化变黄后的培养液会影响细胞的生长，甚至造成细胞退化死亡。一旦发现培养液变黄，应及时换液或传代。细胞换液或传代后，如果发现培养液很快变黄，要注意排除有无细菌污染。培养的贴壁细胞出现混浊，多为污染。培养悬浮细胞时，可以将培养瓶竖起静置 1h 后再观察，培养液出现混浊表示已被污染，也可通过显微镜仔细观察有无污染现象。

（二）显微镜观察

经初代培养或传代培养的细胞，都有一个特定的潜伏期。传代细胞系、胚胎组织或幼体细胞潜伏期短，在接种后第二天即可见细胞生长增殖，3～4 天便可连接成片。而成体组织细胞的潜伏期长，老年组织和癌组织细胞潜伏期更长，可达 1 周左右。一般情况下，传代细胞在接种后经过悬浮、贴壁伸展很快进入潜伏期、指数生长期，细胞大量繁殖后，逐渐连成片状直至长满瓶底。在细胞长满瓶底 80% 以上或刚汇合时应及时传代，否则会影响细胞生长甚至脱落。在细胞传代或接种后，应每天或隔天对细胞进行镜下常规性观察。

在一般显微镜下观察时，如果细胞生长状态良好，可见细胞透明度大、折光性强、轮廓不清。在相差显微镜下观察细胞，可见部分细微结构。如果细胞生长状态不良，可见细胞之间空隙增大、细胞形态不规则、轮廓增强、折光性变弱、细胞质中出现空泡和颗粒状物质，严重时可发现细胞变圆脱落。发现这种情况应及时处理。如果细胞营养不良状况得不到及时纠正，将出现部分细胞死亡，甚至崩解漂浮在培养液中。

二、细胞生长曲线的测定

生长曲线是测定细胞绝对生长数的常用方法，也是判定细胞活力、了解细胞生长发育特性的重要指标之一。细胞在接种或传代之后，一般经过短暂的悬浮贴壁、长短不同的潜伏期，随即进入大量分裂的指数生长期。在达到饱和密度后，细胞停止生长，进入平台期，然后退化衰亡。为了准确描述细胞数目在整个生长过程中的动态变化，通常需连续7天对细胞进行计数，每次至少计数3瓶细胞并取平均值。典型的生长曲线包括生长缓慢的潜伏期、指数生长期、平台期和退化衰亡期四个部分。以培养时间（h或d）作横轴，存活细胞数（万/ml）为纵轴作图，即生长曲线。

可以通过生长曲线了解细胞生长能力，利用生长曲线制定后继实验的毒物浓度，筛选药物及确定药物的活性。生长曲线的绘制有计数法和MTT法。计数法确定的是细胞的绝对数量，而MTT法详细步骤参考第五章，实际上是利用代谢强度与细胞数量相关性，通过检测细胞代谢强度推算细胞数量。

利用计数法绘制细胞生长曲线的实验中，在细胞生长状态良好时，按密度 $1\times10^4\sim5\times10^4$/ml，共接种21瓶细胞或接种于24孔板中（共接种21孔），要求每瓶或每孔加入的细胞总数一致。24h后，开始计数细胞，以后每隔24h计数一次，每次取3瓶或3孔细胞，分别进行计数，计算平均值。连续进行7天计数。然后，根据细胞计数结果，以单位细胞数（细胞数/ml）为纵坐标，以时间为横坐标绘制生长曲线。

做细胞生长曲线实验时，必须选取最有活力、对药物反应也最敏感的细胞，一般用指数期的1/3~1/2的细胞。在用计数法进行生长曲线绘制的实验，必须注意以下几点：第一，细胞计数要准确，以保证每一瓶中细胞数量一致，否则实验会有很大误差；第二，细胞接种浓度不能过高也不能过低，以在计数期间细胞不能长满并发生生长抑制为宜；第三，收获细胞进行计数时，要将细胞完全从瓶壁上洗下后，再进行计数。如果用胰酶消化，时间可以稍微长些。同时通过显微镜下观察培养瓶，确保细胞被完全收获；第四，取样计数前，应充分混匀细胞悬液，如果在计数时细胞是成团的，也只能按一个细胞进行计数；第五，进行细胞计数时，以每个大格子中的细胞密度20~50个为宜。

三、细胞培养污染检测及其排除

防止培养过程中细胞被污染是细胞培养成功的关键。在细胞培养过程中，环境中的物理因素、化学因素和生物因素都可能进入细胞培养环境造成污染，进而改变细胞生物学特性，对实验结果造成潜在的威胁。其中，生物性污染对细胞的危害最大。由于微生物在培养环境中能不断增殖、代谢，消耗大量养分，同时产生多种有毒的代谢产物，如酶、抗原及毒素等，同时会出现pH值改变，培养液呈现混浊状。因此，在细胞培养过程中，建立并严格执行规范的细胞培养操作方法及实验室规章制度，可以有效地防止污染，保证实验的正常进行。

（一）生物性污染

1. 生物性污染的来源

外界的微生物如昆虫、节肢动物、原虫、霉菌、病毒、细菌、支原体和其他类型的细胞都可能侵入培养基中引起污染。培养细胞所需物品消毒不彻底、实验操作方法不规范和培养室无菌条件不合格等均可能导致培养细胞被污染。其中支原体污染最为常见。从被支原体污染的细胞中通常能分离到人类口腔支原体、唾液支原体、发酵支原体以及其他一些与人有关的支原体。因此，人体组织及体液成分是细胞培养中支原体污染的主要来源。牛血清等生物制品也可能成为支原体污染的来源。

2. 生物性污染的危害

污染培养基的生物将产生代谢产物同时会消耗各种营养成分，如核酸前体、生长因子及必需氨基酸等，从而影响培养细胞的正常代谢状态。培养基被支原体污染后，支原体可以酵解糖、氧化丙酮酸和分解精氨酸等，将可能影响嘌呤、DNA、RNA 和蛋白质合成，也可能导致细胞染色体断裂、重排和非整倍体的出现。污染可造成细胞生长特性发生改变，细胞的一些正常功能被抑制而表现出一些特殊的细胞功能。污染造成的危害程度由污染时间长短和核酸代谢改变情况决定。细胞污染会影响实验的进展，也可能导致错误的实验结果，进而将研究引入歧途。

3. 生物性污染的检测

一般情况下，细菌和真菌污染引起培养基变混浊、出现真菌菌丝漂浮物、培养基颜色改变等，在细胞培养中很容易被及时发现并加以控制。但是，支原体污染表现不明显，往往易被忽视，应引起足够的重视。支原体种类较多，目前尚没有一种操作方便、特异性高、广谱且准确的检测方法进行支原体检测。人们可利用一系列间接或直接的方法检测支原体。检测方法不同，对送检标本的要求也不同，如果送检标本不符合检测要求，将不可能获得正确的结果。如果采用间接法检测血清和培养液的污染情况，必须对标本进行浓缩，否则会出现假阴性结果。同时，因为污染物具有随机分布和分布不均的特点，仅进行一次检测通常会出现假阴性结果。如果一次检测结果为阴性，并不能排除生物性污染的可能。

标本的处理与标本的选择同样重要。选择和处理检测标本的目的是尽可能发现潜在的污染。如果标本收集后不能当天检测，则应尽快冻存标本以防止降解。如果要在细胞培养过程中对支原体污染进行检测，最好选用无抗生素培养基，而且检测时间应尽可能离传代时间长一点，以便让潜在的污染物生长、繁殖以达到检测限。如果要检测贴壁细胞是否被支原体污染，应采用刮除细胞的方法收集样本，因为胰酶会降低支原体的活性。

根据支原体的滴度和活力选用合适的检测方法。直接培养法是最敏感也是最耗时的检测方法，大约需 28 天。理想的直接培养法应采用多功能的培养基，以降低假阴性率。同时，需要活性支原体作为阳性对照。直接法检测支原体污染情况，不但耗时，而且操作繁琐，因而难以被广泛采用。间接检测支原体污染的方法包括 ELISA、DNA 探针、DNA 荧光染色及生化分析法等。在选择 PCR、DNA 探针等方法前，应考虑好选择合适的靶序列及引物序列。DNA 荧光染色法和直接培养法相结合是支原体检测的新标准。其目的在于利用不同的技术进行多次检测，检测结果相互印证，以弥补各种检测技术的不足。目前，英国、法国、美国、加拿大和日本等国家的生物制药及诊断的监督机构均推荐采用这种方法。

4. 生物性污染的预防与排除

控制和预防培养细胞被支原体或其他生物污染的唯一可靠的方法就是将所有可能被污染的物品都用高压蒸气法进行灭菌消毒。所有细胞培养设备都应定期进行消毒处理，确保所有潜在的可能污染源都被彻底消除。在细胞培养时常采取联合用药、预防性使用抗生素，如青霉素 G 100u/ml，链霉素 100u/ml。当怀疑或证实污染发生时，可以加大抗生素的用量至常规剂量的 5～10 倍。可以通过预试验或查阅文献，选择有针对性的抗生素及剂量范围，尽量做到既能有效控制污染又不伤及培养的细胞。支原体污染时可以选用庆大霉素、红霉素、金霉素、卡那霉素、四环素等。抗生素并非万能，应把预防污染发生放在首位。

（二）物理性污染

1. 物理性污染的来源

物理性污染常常被人们所忽视或被笼统地归为化学性污染。培养环境中的物理因素，如温度、放射线、振动、辐射（紫外线或荧光），会对细胞产生影响。

2. 物理性污染的危害

物理性污染通过影响细胞培养体系中的生化成分，从而影响细胞的代谢。培养环境中的物理因素会对细胞产生影响。细胞、培养液或其他培养试剂暴露于放射线、辐射或过冷过热的环境中，可以引起细胞代谢发生改变，如细胞同步化、细胞生长受抑制、甚至细胞死亡。

3. 物理性污染的检测

细胞培养室应放置温度计和湿度计，随时监测培养室内的温度和湿度。应定期检测细胞培养室内的辐射污染情况。

4. 物理性污染的预防与排除

合理设计和布置实验室，建立规范的操作流程，可以避免或减少环境中物理因素对培养细胞的影响。培养箱应放在温度较恒定的环境中，周围不能放置引起机械振动的设备，如离心机等。培养液、缓冲液和血清等从冰箱中取出，应先在室温中放置一段时间，再进行实验，以避免低温对细胞造成影响。培养液、血清等培养试剂应放在固定的位置，试剂周围不能放同位素。有避光要求的试剂不能放在带玻璃门的冰箱中。

（三）化学性污染

1. 化学性污染的来源和危害

培养环境中许多化学物质都可以引起细胞的污染。未纯化的物质、试剂、水、血清、生长辅助因子及储存试剂的容器都可能成为化学性污染的来源。细胞培养的必需养分，如氨基酸，若浓度超过了合适的范围，也会对细胞产生毒性。玻璃器皿、塑料或橡胶制品等清洗过程中残留的变性剂或肥皂是最常见的化学性污染物。

2. 化学性污染的检测

培养瓶、移液管等物品洗净后应进行洁净度检查。可以通过目测判断，刚洗净的玻璃用品瓶壁应看不到液滴；也可以向洗净的器皿中加入少量含酚红指示剂的平衡盐溶液，观察其pH变化；加入少量超纯水，检测水的电导率。

3. 化学性污染的预防与排除

不同细胞系其最佳培养条件下对血清和缓冲液的要求是不一样的，在细胞培养过程中应严格控制。洗净并烤干的敞口瓶应用铝箔纸包裹；并将洗净物品存储于无尘处。应在通风柜内配制有毒的粉剂或胶体等化学药品。称量粉剂或分配液体时避免空气对流。进入细胞培养室之前应更换专用洁净实验服，同时应控制无关人员随意进入细胞培养室及随意搬动细胞培养室的仪器设备。如果培养的细胞发生污染，一般应立刻弃掉发生污染的细胞。

（四）细胞交叉污染

1. 细胞交叉污染的来源

除了上述生物性、物理性和化学性三种因素通过污染培养液而引起培养细胞受污染外，在细胞培养工作中要注意防止细胞间交叉污染。细胞交叉污染是指同时进行多种细胞培养过程中因器材和培养用液混杂所致的污染。

2. 细胞交叉污染的危害

细胞交叉污染可引起细胞形态和生物学特性发生变化。有些具有生长优势的污染细胞可能压过其他细胞，使这些细胞生长受抑制，最终死亡。细胞交叉污染会导致细胞种类不纯，一旦发生细胞交叉污染，不能继续进行实验研究。

3. 细胞交叉污染的检测

如果怀疑细胞发生交叉污染，在细胞来源有保障的前提下，应弃去细胞。重新培养细胞，继续实验。如果细胞较珍贵且不确定细胞是否发生交叉污染，可以通过做细胞系的鉴定，如同工酶实验和 DNA 指纹实验等来确定。

4. 细胞交叉污染的预防与排除

在一个生物安全柜或超净工作台中一次只能操作一种细胞，操作完毕应该用适当的消毒液擦拭工作台面；几种细胞同时进行培养和实验时，尤其是细胞培养液公用时，培养器皿、吸管和移液管等实验器材应做好标记，分开使用。

复习思考题

动物细胞培养常见污染有哪些，应如何预防培养细胞污染？

（何平）

第四节　动物细胞传代培养

教学目的及要求

1. 掌握细胞传代方法；

2. 熟悉原代细胞传代时注意事项；

3. 了解细胞系的维持。

一、原代培养的首次传代

原代培养是指直接从机体取下细胞、组织和器官后放置在体外生长环境中进行培养，即成功传代之前的培养，此时的细胞保持原有细胞的基本性质。正常细胞培养的代次有限，只有癌细胞和发生转化的细胞才能无限生长。原代培养的细胞一般传至十代左右就不易再传，细胞的生长就会出现停滞，大部分细胞衰老死亡。原代培养是建立各种细胞系（株）的必经阶段。原代培养是否成功与供体年龄、组织污染与否、适宜培养基的选择、培养技术和方法等因素有关。原代培养的基本过程包括取材、制备培养材料、接种、加培养液、置于一定条件下进行培养等步骤。整个过程均要求在无菌条件下进行。目前常用的原代细胞培养有大鼠、小鼠、鸡胚、猪和猴等动物原代细胞。一般说来，幼稚状态的组织和细胞，如动物的胚胎、幼仔的脏器等更容易进行原代培养。

原代培养成功以后，随着培养时间的延长和细胞不断分裂，当细胞生长到一定时间或密度达到一定程度，细胞会发生接触性生长抑制，或因营养不足和代谢物积累而不利于生长或发生中毒，此时就需要将其稀释分种到多个培养瓶，细胞才能继续生长，这个过程称为传代（passage）。进行一次收获再培养称之为传一代。对于贴壁细胞，较理想的传代时间是细胞密度达 80% 以上或刚汇合的细胞。原代培养的首次传代非常重要，是建立细胞系的关键时期，需要特别注意以下几点：①细胞生长密度不高时，不要急于传代；②为了使细胞能尽快适应新环境，首次传代时细胞接种数量要多一些；③原代培养时细胞多为上皮样细胞和成纤维样细胞并存，当用胰酶消化时成纤维样细胞较上皮细胞易于脱壁，故传代时要根据需要，利用不同细胞对胰蛋白酶的不同耐受时间进行分离和纯化细胞；④为减少对细胞机械损伤，吹打细胞时动作要轻柔，尽可能减少气泡产生；⑤首次传代血清浓度可适当高些，pH 值应适当低些。

二、细胞传代方法

体外培养的原代细胞或细胞株要在体外持续地培养就必须传代，以获得稳定的细胞株或得到大量的同种细胞，并维持细胞种的延续。一般以 1∶2 或 1∶3 以上的比率转移到另外的容器中进行培养。细胞"一代"指从细胞接种到分离再培养的一段期间，与细胞世代或倍增不同。在一代细胞的生长期间，细胞通常要倍增3～6次。传代培养是利用培养细胞进行各种实验的必经过程。贴壁细胞需经消化后才能分瓶，而悬浮型细胞可以直接分瓶。根据不同细胞采取不同的传代方法。

贴壁生长的细胞一般用胰酶进行消化传代。首先将以前的培养液弃去，用缓冲液如 PBS 清洗 2 遍，再加入适量消化液，让消化液流遍所有细胞表面。消化约 1min，在显微镜下进行观察，可见细胞质回缩、细胞间隙增大后，应立即终止消化。可加入含 10% 血清的培养液终止消化。用滴管或枪头，吸取瓶内培养液，反复吹打瓶壁细胞，将培养瓶底部分区依次吹打，确保所有底部都被吹到。为避免对细胞造成损伤，吹打时动作要轻柔，同时尽可能不产生泡沫。对悬液中的细胞进行计数并调整细胞浓度，按需要接种在新的培养瓶内（图 4-3）。

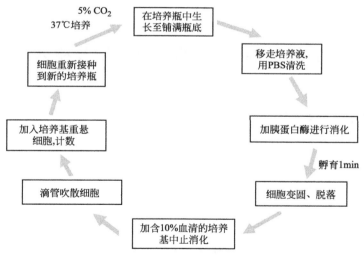

图 4-3　贴壁细胞传代流程

悬浮生长细胞不贴壁，可直接传代或离心收集细胞后传代。悬浮细胞多采用离心方法传代。直接传代就是让悬浮细胞慢慢沉淀在瓶底后，将上清吸掉，然后加入新鲜培养液，并用滴管吹打形成细胞悬液后，接种在新的培养瓶内。离心收集细胞传代就是将细胞悬液转入离心管内离心，然后弃上清。加入新的培养液，用吸管吹打使之形成细胞悬液，按需要接种在新的培养瓶内。

三、细胞系的维持

细胞系的维持是细胞培养工作的重要内容，也是顺利进行细胞实验的先决条件。细胞系的维持一般需要通过冻存、复苏、换液和传代等步骤反复进行来实现。具体操作过程要根据不同细胞自身的特点来进行。不管是自己建立新细胞系还是购买或索要细胞时，都要尽可能把细胞系档案资料收集完全并做好记录，如组织来源、培养液要求、冻存液要求、细胞代数、传代和换液的时间规律、生长形态、生物学特性等。上述记录有利于在细胞系维持过程中保持细胞正常生长和观察长期体外培养过程中细胞特性的改变。细胞传代和换液应遵循并保持稳定的规律，以减少因传代和换液不规律而造成细胞生长特性的改变。同时，进行多种细胞系的维持时，要严格遵守操作程序，培养液、培养器皿、移液管和滴管等要做好标记，严禁交叉使用，避免造成培养细胞交叉污染。每一种细胞系在引进初期都应进行充足的冻存储备，防止因为发生培养细胞污染等事件而造成细胞系绝种。

单 元 小 结

本节主要介绍原代细胞首次传代培养的一般知识和需要注意的事项，对不同形态细胞的传代方法，以及对细胞系的维持中所应注意的事项。

复习思考题

1. 细胞传代培养的一般操作程序以及应该注意哪些事项？
2. 原代细胞首次传代培养获得成功的关键要素是什么？
3. 细胞系的维持应注意哪些方面？

（何平）

第五节　动物细胞的冻存、复苏和运输

教学目的及要求

1. 掌握细胞冻存和复苏的方法；
2. 了解细胞运输过程中的注意事项。

一、细胞的冻存

（一）冷冻保存的必要性

动物细胞的冻存是实验室能持续使用该细胞系，并且使这些有价值的资源得以延续的重要手段。细胞系在连续培养中由于遗传及表型不稳定的原因会产生变异倾向，此外，也有可能发生仪器故障和污染的事件。因此，存在以下理由必须对细胞进行冷冻保存：①由于遗传不稳定性而导致的基因漂移；②细胞衰老而最后消失；③生长特性的转化以及恶性相关特性的获得；④由于选择和去分化所导致的表型不稳定；⑤各种微生物的污染；⑥其他细胞系的交叉污染；⑦由于操作者的错误鉴别；⑧仪器如孵育箱的故障；⑨对于暂时不使用的细胞系，可节省时间和材料；⑩需要将细胞系转给别的使用者。

（二）冷冻保存的原理

如果细胞在不加入任何保护剂的情况下就直接进行冷冻，细胞内外的水分会形成冰晶，引起细胞损伤等一系列不良反应。比如细胞脱水使局部电解质浓度增高，pH 值发生改变，导致部分蛋白质由于上述原因而变性，导致细胞内部空间结构发生紊乱，溶酶体酶从溶酶体中释放出来，对细胞造成损伤，导致细胞膜的通透性也会发生改变，使细胞内容物丢失。如果细胞内形成的冰晶过多，随冷冻温度的降低，冰晶体积膨胀会造成细胞核 DNA 的空间构型发生不可逆的变化，导致细胞死亡。因此，细胞冷冻技术的关键是在温度下降的过程中，尽可能减少细胞内冰晶的形成。遵循以下原则可达到上述要求：①缓慢冷冻，使细胞内水分以较快速度离开细胞，以避免冰晶的形成；②用亲水的低温保护剂排除水分；③在尽可能低的温度下保存细胞；④快速复苏，减少细胞内晶体的形成。

1. 冷冻液

目前，冻存细胞最为常用的技术是液氮冷冻保存法，此方法主要通过加适量的保护剂，对细胞进行缓慢冷冻。一般采用甘油或二甲基亚砜（DMSO）作为保护剂（这两种物质的特点是分子量小，溶解度大，容易穿透细胞，提高细胞膜对水的通透性，对细胞也没有明显的毒性）。在这两种物质中，DMSO 更为有效，可能原因是其穿透细胞的能力比甘油更强。DMSO 使用浓度为 5%～15%，比较常用的浓度为 7.5% 或 10%。不过有报道表明 DMSO 可能对某些细胞存在一定的毒性或能诱导细胞分化。对这些细胞应选择甘油作为保护剂，或者复苏时离心细胞，除掉冷冻保护剂。另外，用于保存细胞的冷冻液中的血清浓度可以增加至 40%、50%，甚至 90%，以增加对细胞的保护作用。

2. 细胞浓度

从保存细胞的经验观察得知，以较高密度来冻存细胞，细胞的存活率会更高。这部分原因可能是复苏细胞时要求较高的接种密度。另外，细胞经低温损伤可造成渗漏，因此也需要较高的密度来保证细胞的存活。

3. 冷冻速率

大多数细胞以 1℃/min 的降温速度冷冻，其存活率最高。

控制冷冻速率可以通过以下几种方法进行。

（1）将冻存管放置于放有棉絮（隔热效果好）的壁厚约 15mm 的泡沫聚苯乙烯盒中，将其放入 -70℃ 超低温冰箱时，冻存管以 1℃/min 的降温速度冷却。

（2）将冻存管捆绑在一起，插入到壁厚约 15mm 的隔热泡沫管中，然后放置于 -70℃ 超低温冰箱中。

（3）将冻存管放置于 Nalge Nunc 冷冻器中，然后放入 -70℃ 超低温冰箱中。

（4）将冻存管放于 Taylor Wharton 冰箱颈口插头中，然后推入液氮罐颈部。

（1）、（2）中细胞的冷却速率与冻存管和外界空气的温度之差成正比。将其放置于 -70℃ 冰箱中，它们会迅速冷却到大约 -50℃，但之后其冷却速率显著降低。因此，应该将冻存管放置在 -70℃ 冰箱更长的时间，一般在转移至液氮罐前，推荐在 -70℃ 冰箱过夜。

4. 细胞冷冻器

将细胞储存于液氮罐是目前最为令人满意的保存方法。液氮罐使用时有以下几点需要注意：

（1）一般情况下液氮需要两周充一次，少则一月一次。液氮温度很低，在 -196℃ 左右，使用时应非常小心，不要让液氮溅到身上，以免皮肤被冻伤。

（2）一般液氮容器是双层结构，内外是金属层，中间为真空层，在瓶口有双层焊接处，使用时应当注意防止焊接部位裂开。

（3）装入液氮时，要注意缓慢小心，并用厚纸卷筒或特制的漏斗作为引导，缓慢小心地将液氮倒入，使液氮直达瓶底，如有专用液氮灌注装置则更好。如果是初次使用，加液氮时更要缓慢，避免温度突然下降而使容器遭受损坏。

5. 冻存管

目前在常规实验室中用得最多的是聚丙烯塑料冻存管，因为其安全、方便。在细胞库及用于种子保存则较多采用玻璃冻存管，因为其可以长期储存，且可以完全密封。冻存管必须贴上标签（使用耐乙醇及耐低温的标签），标签上应写明细胞株的名称，标记上日期以及冻存者的姓名缩写。也可用不同颜色进行标记，以助于区别。谨记所冻存的细胞株往往比操作者在实验室待的时间更为长久，一定要记录得足够详尽，便于他人理解和使用。

6. 冻存记录

对液氮罐中所冻存的细胞必须有详细的记录，记录本上应提供如下信息：①存放细胞的详细目录，标明液氮罐每一部分的冻存物；②标明可自由存放的地方；③对每一个存放的细胞株详细描述其名称、起源、保存细节和冻存过程，特性及其保存位置。可以传统的卡片索引形式进行记录，也可用计算机数据库，后者能更好地保存数据，且方便查找。保存这些材料的磁盘或光盘应进行备份。

（三）冷冻保存方法

见第二部分实验教程。

二、细胞的复苏

实际操作中，首先要将冻存细胞复苏，再培养一段时间后传代。细胞复苏最常用的方法是快速融化法，细胞外结晶快速融化是为了避免融化速度过慢使得水分渗入细胞内，形成胞内结晶而损伤细胞，导致细胞死亡率增加。复苏过程可在恒温水浴锅中进行。

复苏后应缓慢稀释细胞悬液，因为快速稀释会降低存活率。尤其是对于采用 DMSO 作为保护剂的细胞来说，这一点显得更为重要。因为 DMSO 突然稀释会对细胞产生严重的渗透性损害，使细胞存活率降低近半。复苏时，大多数细胞不需要离心，贴壁细胞只需要次日换液，悬浮细胞则进行稀释即可。某些种类的细胞（主要是悬浮生长细胞）对细胞保护剂，特别是 DMSO 比较敏感，复苏后必须离心。注意要缓慢稀释培养基。

复苏方法见第二部分实验教程。

三、细胞的运输

很多时候，研究者需要将细胞从一个实验室运输到另一个实验室，可以以冻存或活细胞的形式进行运送。运送之间应做好以下准备：

（1）告知接受者何时运送细胞。

（2）以传真或电子邮件方式进行指导：①接受后该怎么做；②所需要的培养基和血清；③任何需要的添加物。

（3）将该细胞的资料及指导说明贴于包装盒外，方便接受者在打开之前即知道该怎么做。

（一）冻存方式

将装有细胞株的冻存管放在厚壁的聚丙乙烯泡沫容器中，再置于干冰进行运送。冻存管应尽可能快地从液氮罐转移至干冰中，不可使其温度升至 −50℃ 以上。从液氮罐取出后，迅速用吸水绵纸包裹（以防止破裂），放入聚丙烯离心管中，盖紧盖子，置于隔热盒的干冰中。隔热盒较为适宜的大小约为 30cm×30cm×30cm，壁厚约 15cm，中间空隙为 20cm×20cm×20cm，可在其中填满约 5kg 重的干冰。若包装操作得当，可维持冷冻状态 3 天，如果细胞缓慢解冻，将严重影响细胞的存活能力。包装好的细胞准备运送时，必须通知运送者，让其做好必要的准备。

细胞到达后，按照常规方法复苏冻存管中的细胞，并进行常规接种培养。

（二）活细胞运输

也可以活细胞形式进行运输。运送的细胞必须处于指数生长期的中、晚期。由于活细胞消耗培养基较为迅速，运输过程中细胞易于脱落，因此培养基应加满到培养瓶瓶顶，用防水胶带将瓶颈牢固地包好，封装于聚乙烯塑料袋中。然后置于塑料泡沫或气泡衬垫中，也可以使用充气包。最后用塑料泡沫包裹培养瓶，在包装外写上"易碎"标记，并在明显处用大字写上"禁止冷冻!"。

接收到细胞后，小心从包装中取出培养瓶，用70%乙醇擦拭培养瓶外表，然后在无菌条件下打开。移出大部分培养基（可先保留，以应对细胞可能存在的适应问题），仅保留培养所需要的常规量的培养基。首次换液时，应加入新的培养基。可以按新培养基与运输培养基1:1的比例进行培养，以增加细胞的适应性。观察细胞的生长情况，当细胞生长情况良好时可完全使用新的培养基，并进行细胞冻存。

细胞的运输方式通常通过专业的快递公司，告之运输物，并要求紧急运送。如果是国际邮递需要与海关进行协商。可以委托熟悉该类物品进出口的有一定知名度的代理商来进行。运送至美国的细胞需要农业部门进行检验检疫，最好通过 ECACC 或 ATCC 细胞库进行办理。

单 元 小 结

本小节主要介绍了细胞冷冻保存和复苏过程中应遵循的基本原则，一般操作步骤及应注意的问题。细胞运输方式以及注意事项。

复 习 思 考 题

1. 细胞冷冻保存和复苏的原则是什么？
2. 简述细胞冷冻和复苏的基本操作步骤。
3. 购买细胞株时应注意哪些问题？

（曹亦菲）

第六节　特殊细胞培养

教学目的及要求

1. 熟悉上皮细胞等特殊细胞培养方法；
2. 了解体外培养肿瘤细胞的生物学特性。

一、上皮细胞的培养

（一）上皮细胞形态与培养方法概述

上皮细胞是指位于皮肤或腔道表层的细胞，其形状有扁平和柱状等多种，根据器官来源不同上皮细胞在形态、结构及功能上有所差异。皮肤外层的上皮细胞普遍发生角质化，有保护及吸收等作用；而腔道中的上皮细胞多发生分化，有分泌、排泄及吸收等功能。上皮细胞主要来源于外胚层和内胚层组织细胞，如皮肤的表皮细胞、消化道与呼吸道的上皮细胞、肺泡上皮细胞、消化腺上皮细胞及血管内皮细胞等。

1. 上皮细胞的形态特征及生长特点

上皮细胞形态较为规整，呈扁平多角形，中央有圆形核，生长时常彼此紧密连接成单层细胞，呈"铺路石"状，生长时呈膜状移动，很少脱离细胞群而单个活动。起源于内、外胚层细胞如皮肤、表皮衍生物及消化管上皮等组织细胞培养时，皆呈上皮型形态生长。

2. 上皮细胞的分布

上皮细胞分布广泛，被覆上皮有表皮、间皮、内皮及消化、呼吸与泌尿生殖道黏膜上皮；腺上皮有外分泌与内分泌腺细胞；感觉上皮有视、听、平衡、嗅与味觉上皮；特化上皮如肌上皮细胞和胸腺上皮性网状细胞。上皮组织覆盖机体外表面或内部管腔表面，它们除发挥保护性屏障作用外，还起到呼吸与分泌等作用。

3. 上皮细胞的分离培养

成功地通过原代培养获取上皮细胞取决于诸多因素，包括选择合适的培养液、特异生长因子的应用、细胞基质的选择等。从新生动物和年幼动物中更容易获取细胞并建立细胞系，并且细胞生长良好。采用胰蛋白酶或胶原酶处理新鲜组织并伴以搅动（如在无菌瓶中快速搅动），然后将破碎的组织接种到含有合适培养基的培养皿中，上皮细胞可开始黏附繁殖。这种分离技术的问题在于细胞群的不均一性，并且细胞群中可能含有成纤维细胞，成纤维细胞可能最终会成为优势细胞群。为了防止分离时成纤维细胞污染，可采用下面方法得到部分解决，即将细胞接种至细胞培养皿中放置短暂时间（5～10min），然后收集悬浮细胞而洗去黏附细胞，因为成纤维细胞通常比上皮细胞贴壁快，因而许多成纤维细胞将留在培养皿支持物上，非贴壁悬浮细胞则绝大多数为上皮细胞，将其再次转移至新培养皿中培养。

（二）几种上皮细胞的原代培养方法

1. 人胚晶状体上皮细胞的体外培养

晶状体来源于外胚层，由晶状体囊膜、前囊膜下上皮细胞及其产物——晶状体蛋白组

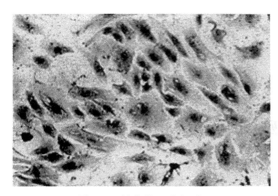

图 4-4　晶状体上皮细胞

成。晶状体上皮细胞（见图 4-4）是晶状体前囊膜下的单层上皮细胞，在一生中不断生长、增殖、分化、移行，到达赤道部后伸长、弯曲，移向晶状体内部构成晶状体纤维。晶状体上皮细胞对晶状体的生长发育和维持正常的生理状态至关重要。晶状体上皮细胞是紧密贴附于晶状体前囊内表面的单层上皮细胞，其异常增殖、分化与白内障及白内障术后后囊膜混浊的发生密切相关。体外培养晶状体上皮细胞（lensepithelial cells，LEC）是观察晶状体上皮细胞形态变化并研究其生物学特性的基础。然而，人晶状体上皮细胞的体外生长活性较差，对生长介质要求高，体外培养难度较大。

（1）实验材料

选用胎龄为 3～4 个月因外伤而流产的胎儿。主要试剂为 DMEM 培养基，L-谷氨酰胺，胎牛血清（fetal bovine serum，FBS），0.02% EDTA 0.25%，胰蛋白酶，无 Ca^{2+}、Mg^{2+} 的 PBS 缓冲液，二甲基亚砜（DMSO），仪器主要有超净工作台、CO_2 培养箱、倒置相差显微镜和血球计数板。

（2）实验方法

1）人胚晶状体上皮细胞培养

取胎龄为 3～4 个月因外伤而流产的人胚眼球，将其浸泡于混有 40000u 庆大霉素和 0.6g 林可霉素的 10ml 生理盐水中 10min。取出眼球后，沿角巩缘剪开眼球，完整取出晶状体，置于平皿中并用 Hanks 液冲洗净。在一阔口小培养皿中加入 0.5ml FBS，将取下的晶状体立刻放入其中。用显微囊膜剪将其剪成直径约 1mm 的组织块。将 FBS 连同组织块一同吸出，移入 50ml 培养瓶中，5％ CO_2 培养箱内 37℃恒温培养。24h 后，加入 0.5ml 含 L-谷氨酰胺的无血清 DMEM 培养液，48h 后加入 1ml 含 15％FBS 的 DMEM 培养液，每天在倒置相差显微镜下观察，当见到组织块边缘长出细胞时，加入 3ml 含 20％FBS 的 DMEM 培养液继续培养。以后每 3～4 天换一次含 20％FBS 的 DMEM 培养液，当细胞生长接近融合时进行传代。

2）人胚晶状体上皮细胞传代

① 用 1ml PBS 漂洗细胞 2 遍；②在 37℃用 1ml 胰酶-EDTA 溶液孵育 5min，几乎所有的细胞都可以从培养皿中消化下来；③加 1ml DMEM 培养基上下轻轻吹吸 3～5 次后，将混有细胞的培养基平均分配到 2 瓶细胞培养瓶，加适量培养基继续培养。

2. 人乳腺上皮细胞的原代培养

常取乳房成形术切除的组织用于人乳腺上皮细胞原代培养，还有乳腺良性肿瘤切除术、乳腺增生区段切除术、乳腺癌根治术切除的组织。乳腺上皮细胞的原代培养，主要有乳汁法、组织块法和消化法 3 种。比较组织块法和消化法，前者能得到大量的细胞，但细胞从组织块中迁出的时间是后者的数倍，且成纤维细胞数量较多，而成纤维细胞可以抑制上皮细胞的生长，纯化也比较困难。后者能得到较纯净的上皮细胞，且上皮细胞从细胞团块中迁出的速度较快，快则 2 天，慢则 1 周即能看到典型的上皮细胞，且成纤维细胞的量较少，易被上皮细胞所抑制，纯化较容易。

（1）实验材料

孕酮（Progesterone）、雌二醇（β2 Estradiol）、氢化可的松（Hydrocortisone）、Ⅰ型胶原酶（Collagenase type Ⅰ）；F12 培养基（F12 Nutrient Mixture）、胎牛血清（Fetal Bovine Serum，FBS）；人表皮生长因子（Human Epidermal Growth Factor，EGF）。接种培养液：将氢化可的松 2mg/L、胰岛素 10mg/L、青霉素 2×10^5u/L、庆大霉素 100mg/L、EGF10μg/L 加入至 F12 基础培养液中。生长培养液：在 F12 基础培养液中添加氢化可的松 1mg/L、胰岛素 5mg/L、青霉素 1×10^5u/L、庆大霉素 50mg/L、EGF 5μg/L、5％热灭活胎牛血清。胶原酶溶液：3.0g/L Ⅰ型胶原酶、1.5g/L 胰蛋白酶，2.6g/L HEPES、1.5g/L $NaHCO_3$、9.8g/L F12，0.22μm 的小滤器过滤，调整 pH 值到 7.4。EDTA-胰酶混合消化液：胰蛋白酶和 EDTA 分别溶解于 PBS 中，其中胰蛋白酶 0.25％，EDTA 浓度为 0.53mmol/L。

（2）乳腺标本

取乳房区段切除术切除的组织中的正常乳腺组织，避开病变组织和可疑组织。

（3）细胞接种

尽可能去除正常乳腺组织的脂肪和周围的结缔组织，用 PBS 冲洗组织数遍，眼科剪将组织剪成 1mm³ 左右的小块，加胶原酶溶液（5ml/g），37℃水浴摇床振荡消化 1h。静置 5min 后，用吸管把上层混悬液转移至离心管中，根据烧瓶中剩余组织的量加入相应量的胶原酶溶液继续消化，重复上述过程直至完全消化；混悬液 1000r/min 离心 8min，去上清；用接种培养液重新悬浮细胞团块，1000r/min 离心 8min，重复洗涤 3 次；将细胞悬液滴加到预先用 FBS 包被过的培养瓶中，在 37℃、5% CO_2 培养箱中培养；48h 后更换培养基为生长培养基继续培养，每 2 天更换 1 次培养液。

（4）细胞传代

显微镜下观察接种后的细胞生长状况，一般 7～10 天后细胞生长汇合成片。当培养瓶的底部铺满细胞时，准备传代。传代时用 EDTA-胰酶混合消化液消化细胞 5～10min，待胞质回缩细胞间隙变大即倒掉消化液，加入生长培养液终止消化。用吸管吹打使细胞脱壁后，将混悬液移入离心管中，1000r/min 离心 5min，用生长培养液重悬细胞后分别装入 2 个相同规格的培养瓶中，加入适量的生长培养液继续培养。一般传 5～7 代。

（5）细胞纯化

烧灼法和酶消化法结合。先用坐标定位法在显微镜下找出成纤维细胞区域，并在培养瓶底面的外壁用记号笔圈出。然后在超净台内倒去培养液，用烧热的弯头玻璃吸管烧灼记号笔圈出的区域。然后加入 0.25% 的胰酶反复吹打记号笔圈出的区域，倒掉消化液，加入生长培养液继续培养。如果一次不能达到预期效果，可重复操作数次，直至得到较纯的上皮细胞。

3. 大鼠胃黏膜上皮细胞的培养

胃由多种细胞类型构成，包括平滑肌细胞、间质细胞、血管形成细胞、神经细胞、血液细胞、免疫细胞和胃腺体细胞。胃上皮细胞至少可以进一步分为 11 种不同的细胞类型，从高度分化的细胞到增殖活跃的低分化的细胞。主细胞能够产生和分泌胃蛋白酶原，壁细胞具有分泌盐酸的特殊功能，颈细胞和表层黏液细胞是产生黏液的细胞。除此以外，还有几种内分泌细胞产生促胃液素（gastrin），生长激素抑制素和组胺，这些细胞被认为是终末分化细胞。还有一些细胞的前体形式存在于胃底腺，如表层黏液细胞和壁细胞的前体。

（1）材料

1）新生大鼠胃上皮细胞原代培养

① 1～2 周龄 Sprague-Dawley 大鼠。

② 含 100u/ml 青霉素，100u/ml 链霉素的 Hanks 平衡盐溶液（HBSS）。

③ 酶溶液：HBSS 添加 0.1% 胶原酶和 0.05% 透明质酸酶。

④ 200 目尼龙筛。

⑤ 生长培养液：Coon 改良的 Hams′ F12 培养液，添加 10% FBS，15mol/L HEPES，100u/ml 纤粘连蛋白，100u/ml 青霉素，100u/ml 链霉素和 100u/ml 庆大霉素。

⑥ 戊巴比妥钠：5mg/ml 储液；用量为每克体重 $10\mu l$。

2）成年大鼠胃上皮细胞原代培养

① 8 周龄 Wistar 大鼠。

② 灌注溶液：无 Ca^{2+}、Mg^{2+} 的 HBSS 缓冲液，添加 50mmol/L EDTA。

③ 消化液：HBSS 缓冲液添加 0.75% Ⅳ型胶原酶和 0.1% 透明质酸酶。

（2）方法

1）新生大鼠胃上皮细胞原代培养

① 注射戊巴比妥钠（5mg/ml 储液）麻醉大鼠，每克体重 $10\mu l$。

② 割除大鼠的胃。

③ 在室温下，放入含有青霉素和链霉素 HBSS 缓冲液的 10cm 塑料培养皿中。

④ 用小剪刀切除胃基底部（此处通常被认为褶皱区域）。

⑤ 将基底部切成条带。

⑥ 用 HBSS 洗 3 次，然后剪成 2～3mm³ 的碎片。

⑦ 将碎片放入酶溶液。

⑧ 37℃水浴孵育悬液 60min。

⑨ 用吸管上下吹吸几次，完全吹散细胞。

⑩ 再孵育 15min，然后用吸管再吹吸。

⑪ 尼龙筛过滤。

⑫ 1000r/min 离心含有细胞团块的滤液 15min。

⑬ 用培养基清洗沉淀物并重悬。

⑭ 在 37℃，5%CO₂ 条件下培养。

2）成年大鼠胃上皮细胞原代培养

① 用戊巴比妥钠麻醉大鼠。

② 用剪刀在腹部由中向上至左上部剪开。

③ 在右心房插入连有硅化管的针（16 或 18 号）。

④ 从左心室切开 5mm。

⑤ 用灌注泵将冰浴的灌注液以 5ml/min，或更慢的速度灌注大鼠，直到肝脏呈现苍白色。

⑥ 灌注之后，很容易在解剖镜下分离胃上皮和间质。

⑦ 向胃上皮加消化液。

⑧ 在 37℃水浴中摇晃（100r/min）培养瓶中的上皮和消化液 15min（此时间依照实验而定）。

⑨ 在摇晃的同时，在光学显微镜下观察少量胃上皮样品，直到消化完全。

⑩ 离心，弃去消化液，在 I 型胶原铺底的培养板上，用含 10%FBS 的 FD 培养液培养细胞。

4. 肝脏上皮细胞的培养

已有很多研究者报道了利用新生大鼠或成年大鼠肝脏建立肝脏上皮细胞系（见图 4-5）（株）。这些细胞系的细胞体积比肝脏细胞更小，形态比肝脏细胞更简单，而且具有相当大的生长潜力，易于传代。不同的是，大鼠肝脏实质细胞的培养，如果不加入生长因子则不增殖；肝上皮细胞在培养过程中能迅速增殖，但是在缺少生长因子如杂交瘤生长因子（hybridoma growth factor，HGF）时，也不能简单地进行传代培养。

（1）大鼠肝细胞的原代培养

1）材料

Hanks 溶液（添加 HEPES），无钙 Hanks 溶液（不含 HEPES）；0.2%胰蛋白酶；Williams 溶液 E：若配方中没有谷氨酰胺，在 4℃下储存数月，使用前加入 2mmol/L L-谷氨酰胺；培养液：在 Williams 溶液 E 中添加 10%新生牛血清，2mmol/L L-谷氨酰胺，50u/ml 青霉素和 50u/ml链霉素；冷冻液：在 Williams 溶液 E 中补充 2mmol/L L-谷氨酰胺，15%胎牛血清，10%二甲基亚砜（DMSO），50u/ml 青霉素和 50u/ml链霉素；70%乙醇，CO₂ 培养箱，离心机，振动水浴，解剖刀，尼龙筛（孔径 250μm 和 100μm），血细胞计数器，克隆环（内径 5mm，外径 13mm，高 8mm），硅润滑油；组织培养塑料制品：无菌吸管，培养瓶，皮氏培养皿。

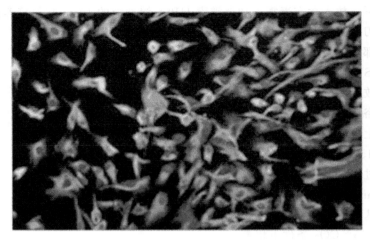

图 4-5   大鼠肝脏上皮细胞系

2）方法

①肝细胞的获取：雄性 Wistar 大鼠以 10％水合氯醛 0.3ml/100g 麻醉后，用 0.2％新洁尔灭浸泡 3min 后移至超净台，依次打开皮肤、腹腔，暴露门静脉和下腔静脉，打开胸腔下腔静脉胸段后，插入静脉套管针，以动脉夹固定，剪开门静脉，同时排空套管针内的空气，向肝脏灌注 37℃预热的 HEPES 缓冲液，流速 30ml/min。灌注 15～20min 后，肝脏逐渐变为灰白色即刻停止灌注，换用 37℃预热的 0.02％含钙（0.06％）胶原酶灌注，流速为 15ml/min，待看到肝脏表面出现囊泡或者裂痕时立即停止灌注，小心将肝脏取下放入盛有 HEPES 缓冲液的烧杯中轻轻冲洗一遍，然后将肝脏转移至一个盛有无血清 RPMI 1640 培养液的烧杯中，用无菌镊子撕破肝脏表面的纤维膜，并不断抖动以抖落肝细胞。细胞悬液以 200 目筛网过滤。

②肝细胞的纯化：取过滤后的肝细胞以 500r/min 离心 10min，弃上清，加入无血清 RPMI 1640 培养液重新吹打细胞至悬浮后 500r/min 离心 10min，弃上清。重复上述步骤 2 次，将离心速度变为 800r/min 离心 3min 以清洗残留的胶原酶。用生长培养液（10％胎牛血清＋RPMI1640 培养液＋1％双抗＋40u/ml 胰岛素）重悬细胞，以细胞计数板计数并以台盼蓝检测分离细胞的活性，调整细胞密度至 1.5×10^5 个/ml，接种到培养皿。

③肝细胞的培养：将接种的细胞放入 5％CO_2 培养箱以 37℃培养，4h 后换液，以后每隔 24h 换液 1 次。预先置入无菌盖玻片的爬片 24h 后取出用做免疫组化。

（2）新生小鼠肝细胞原代培养方法

1）试剂

Hanks 液高压灭菌，4℃保存；1.0g/L 胰蛋白酶，用 Hanks 液溶解，过滤除菌，调 pH7.2，分装，－20℃保存；基础培养液：RPMI1640 培养基，胎牛血清（FBS），青霉素 100u/ml，链霉素 100u/ml，胰岛素 5u/ml，胶原自行配制。

2）肝细胞悬液制备

取新生小鼠 30 只，置 75％乙醇中浸泡 1min，断头放血，无菌分离肝脏，置培养皿中，用 Hanks 液灌注冲洗肝脏至灰白色，去除血污，去除包膜和纤维成分。将肝脏剪成 $1mm^3$ 左右的组织块，放入 Hanks 液试管中，静置，待组织沉淀后弃上清，加入 1.0g/L 胰蛋白酶 10ml，37℃孵育 5min 后加入数滴血清终止消化。用注射器栓轻轻研磨组织块成糊状，过双层纱布去组织屑，再经 200 尼龙筛网过滤后，1000r/min 离心 5min 去上清，再用无血清培养液洗 3 次以除去胰酶，加入含 20%胎牛血清的培养液重悬、收集肝细胞，台盼蓝染色作活细胞计数。

3）肝细胞原代培养

将活力在 85%以上的肝细胞以 1×10^6 个/ml 接种于铺有鼠尾胶原的 $25cm^2$ 培养瓶中，37℃、5%CO_2 条件下培养，24h 后首次换液，以后每 2 天换液，并以 20%胎牛血清继续培养。

4）肝细胞传代培养

肝细胞培养 5～6 天，细胞长成融合状态，然后用 0.25%胰蛋白酶消化 3～5min，按1∶1比例接种在 $25cm^2$ 培养瓶中，传代培养。

5. 肾小管上皮细胞的原代培养

（1）材料

雄性 SD 大鼠，DMEM，胎牛血清，胰蛋白酶

（2）肾小管上皮细胞的原代培养

① 肾小管节段的分离：大鼠处死后无菌取肾，置于生理盐水的培养皿中（预冷）、分离、剪碎肾皮质并置于 80 目不锈钢网筛，研磨并以生理盐水充分冲洗，网下经过滤的液体倒至 100 目不锈钢网筛上，收集网上物于 15ml 离心管中，充分吹吸后，1000r/min 离心 10min。

② 肾小管节段的消化及培养：离心后弃上清液，加入无血清 DMEM 培养基吹吸，1000r/min 离心 10min。弃上清液，加入 0.25%胰蛋白酶与 0.02%EDTA 混合酶（1∶1）4ml，37℃水浴消化 30min，振荡数次，终止消化后，1000r/min 离心 10min。小心弃上清液后，加入 4ml 生理盐水悬浮细胞，调整细胞密度至约 5×10^5 个/ml。1000r/min 离心 5min，弃上清液，加入含有 20%胎牛血清的 DMEM 培养液，充分吹打混匀后接种于 5 个 $25cm^2$ 培养瓶中。置孵育箱（37℃，5%CO_2）培养。72h 后全量更换培养液，以后 3 天换液 1 次。

二、神经细胞培养

神经细胞是指神经系统的细胞，主要包括神经元和神经胶质细胞。神经元之间的联系仅表现为彼此互相接触，但无原生质连续。典型的神经元有树突和轴突，树突多而短，多分支；轴突往往很长，其离开细胞体一定距离后开始获得髓鞘，成为神经纤维。神经元（Neuron）是一种高度特化的细胞，是神经系统的基本结构和功能单位之一，也是高等动物神经系统的结构单位和功能单位，具有感受刺激和传导兴奋的功能。神经元在神经系统中含量巨大，据估计，人类中枢神经系统中约含 1000 亿个神经元，仅大脑皮层中就约有 140 亿。

（一）神经细胞的结构特点

神经细胞呈三角形或多角形，可以分为树突、轴突和胞体三个部。神经元形态与功能多种多样，结构上大致可分成两部分：胞体（soma）和突起（neurite）。突起又分树突（dendrite）和轴突（axon）两种。轴突往往很长，由细胞的轴丘（axon hillock）分出，其直径均匀，开始一段称为始段，离开细胞体若干距离后始获得髓鞘，成为神经纤维。习惯上把神经纤维分为有髓纤维与无髓纤维两种，所谓无髓纤维也有一薄层髓鞘，并非完全无髓鞘。胞体的大小差异很大，小的直径仅 5～6μm，大的可达 100μm 以上。突起的形态、数量和长短也很不相同。树突多呈树枝状分支，可接受刺激并将冲动传向胞体；轴突呈细索状，末端常有分支，称轴突终末（axon terminal），轴突将冲动从胞体传向终末。通常一个神经元有一

个至多个树突，但轴突只有一条。神经元的胞体越大，其轴突越长。神经元按照用途分为三种：输入神经元、传出神经元和联络神经元。

（二）神经细胞培养的优点

体外神经细胞培养技术在神经生物学研究中十分有用。神经细胞培养具有以下优点：①体外培养的神经细胞生长成熟后，仍能保持结构和功能上的某些特征，并且在长期培养后能形成髓鞘和建立突触联系，提供了体内生长过程在体外重现的机会；②能在较长时间内直接观察活细胞的生长、分化、形态和功能变化，便于各种不同的技术方法的使用如利用相差显微镜、荧光显微镜、电子显微镜、激光共聚焦显微镜、同位素标记、原位杂交、免疫组化和电生理等手段进行研究；③方便运用物理（如缺血、缺氧）、化学和生物因子（如神经营养因子）等干预手段，观察条件变化对神经细胞的直接或间接作用；④便于从细胞和分子水平探讨某些神经疾病的发病机制，以及药物等因素对胚胎或新生动物神经细胞的生长、发育和分化等的影响。

（三）分离细胞培养在对神经细胞进行研究中所发挥的优势

从复杂的中枢和周围神经系统中分离细胞的技术一直是神经学家科学研究的一个重要手段。原代神经细胞培养技术已经成为神经细胞生物学的不同方面感兴趣的神经学家的重要工具。神经元培养已广泛用于形态发生，轴突导向和突触发生相关蛋白的功能研究，尽管神经元可作为外植体培养，但分离细胞培养法在这些研究领域仍有独到之处。最显著的优点是：①获得的神经元更均一；②如果接种密度低，可以观察到完整的单一神经元；③从中枢神经系统的不同区域分离的神经元在培养基中能产生极性。它们能伸展分化成两种突起：轴突和树突，具有体内相应部位的形态和功能特性。

神经元经过一系列的很有特点的形态学过程（图 4-6）产生极性。接种后的细胞很快变圆，并全部或部分被层膜包围（Ⅰ期）。培养 4~6h 后，神经元伸出 3~4 个分化小突起（MP）（Ⅱ期）。接种 24h 后，这些突起之一开始以更快的速度生长，变成神经元的轴突（AX）（Ⅲ期）。培养 4 天后，其他的小突起开始生长分化成树突（DEN）（Ⅳ期）。

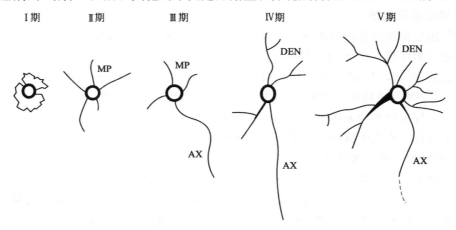

图 4-6　不同生长期海马神经元简图
MP：小突起；AX：轴突；DEN：树突

（四）神经细胞培养

神经细胞（神经元）不易培养，只有在适宜条件下，如接种在胶原底层上，或加入神经生长因子和胶质细胞因子时，可出现一定程度的分化、长出突起等现象，但很难使之增殖。

神经胶质细胞是神经组织中比较容易培养的。人、鼠等脑组织即可用于神经胶质细胞培养，不仅能获得生长的胶质细胞，也可形成能传代的二倍体细胞系。一般来说，胶质细胞在培养中生长不稳定，不易自发转化，但对外界因素仍保持很好的敏感性，可用 ROUS 病毒和 SV40 等诱发转化。

1. 培养操作设备

无菌操作设备，CO_2 培养箱，倒置显微镜，解剖显微镜；常温冰箱，低温冰箱，电热干烤箱，高压消毒锅，过滤器，渗透压仪，pH 测试仪，天平等。

2. 培养器皿及手术器械

培养皿，培养板，培养瓶，吸管，各类培养液贮存器，小型手术器械。

3. 材料

（1）配制培养液

① 解剖液：PBS 缓冲液（pH7.2）。

② 基础培养基 MEM。

③ 接种培养液：MEM 另加入 10％小牛血清，当天配制。

④维持培养液：接种后 24h，全部换成此培养液，每 2 周换一次，每次换 1/2。其成分为 MEM 中含 5％小牛血清、1％谷氨酰胺。

（2）培养基质

常用鼠尾胶、小牛皮胶。

（3）培养皿的消毒

玻璃培养器皿均用清水冲洗 3～5 遍，浸酸过夜，用清水冲洗后再用蒸馏水冲洗 3～5 遍，加塞，包装，置于烤箱中干燥消毒。

（五）神经细胞分散培养

1. 选材

常用胚胎动物或新生鼠神经组织。鸡胚常用胚龄 6～8 天，新生鼠或胎鼠（12～14 天）。也有人认为与组织相关，如大白鼠胚胎以 19 天为宜，小鼠以 18 天为宜，大鼠纹状体以 10 天为宜；若纹状体与黑质联合培养的大鼠胚，则黑质以 13 天、纹状体以 18～21 天为宜；小脑以 20～21 天小鼠胚胎所获的蒲氏细胞成活率较高，颗粒细胞正在分化；脊髓与 DRG 联合培养，常用 4～7 天鸡胚或 12～14 天小鼠胚胎，取材易，神经细胞成活率高。

2. 取材

取出相应组织，在解剖液中先剪碎，以使胰酶消化。脊髓固定于琼脂板上，用小刀将其剖成背腹两侧，分别培养。

3. 细胞分离与接种

神经组织用 0.125％～0.25％胰蛋白酶在 37℃孵育 30min，移入接种液，停止消化，并洗去胰蛋白酶液，用细口吸管吹打细胞悬液，使其充分分散，如此多次，待沉淀后吸出上层细胞悬液，计数并调整细胞密度为 1×10^6 个/ml 接种于培养皿，若做电生理实验则为 5×10^5 个/ml 或更低。

4. 抑制胶质细胞生长

培养 3～5 天后，或培养 7 天后，用阿糖胞苷或 5-Fu 抑制神经胶质细胞的生长。

5. 观察

接种 6～12h，开始贴壁，并有集合现象，细胞生长突起明显，5～7 天胶质细胞增生明显，7～10 天胶质细胞成片于神经细胞下面，形成地毯，2 周时神经细胞生长最丰满，四周晕光明显，一个月后，有些神经细胞开始退化，变形，甚至出现空泡，一般培养 2～4 周最宜。神经细胞只能增大，而不能增殖，只能原代培养，不能传代，不会有细胞周期，而且随培养时间的延长细胞数量在下降；但神经胶质细胞可以。在培养过程中，早期 9～12 天时，有较多的神经细胞死亡，这是第一次死亡阶段，应注意保持条件的恒定。在此之后存活下去的细胞一般突起长而多，且相互形成突触。

（六）常用培养神经细胞实验

FCM 的蛋白总量分析，膜片钳与离子通道的分析，免疫组化分析，但免疫组化分析应注意，由于抗体直接作用于活细胞，不易穿透活细胞，故在对核内抗原定位时，首先考虑膜对抗体的通透性问题。常用化学试剂以增加其通透性或采用冰冻方法解决。在免疫组化中，或其他组织学染色中，常用不同的染色方法以区分不同细胞，如半乳糖脑苷脂对少突胶质细胞标记明显；GFAP 对星形胶质细胞具有特异性染色等。这对研究神经系统中胶质细胞功能具有极大的应用价值。神经胶质细胞以往多被忽视，其在脑血管疾病（如缺血性损伤）、退行性疾病（如 AD、PD）、损伤后胶质细胞的填充等具有重要的作用。同时，它也是神经细胞功能和营养支持的物质基础。

三、肿瘤细胞的培养

（一）体外培养肿瘤细胞的生物学特性

肿瘤组织由实质和间质两部分构成，肿瘤实质是肿瘤细胞，是肿瘤的主要成分，具有组织来源特异性。它决定肿瘤的生物学特点以及每种肿瘤的特殊性。通常根据肿瘤的实质形态来识别各种肿瘤的组织来源，进行肿瘤的分类、命名和组织学诊断，并根据其分化成熟程度和异型性大小来确定肿瘤的良恶性及恶性程度。肿瘤细胞有三个显著的基本特征：即不死性、迁移性和失去接触抑制。除此之外，肿瘤细胞还有许多不同于正常细胞的生理、生化和形态特征。恶性上皮细胞肿瘤也称癌症（cancer），是目前危害人类健康最严重的一类疾病。在美国，恶性肿瘤的死亡率仅次于心血管疾病而居第二位。据我国 2000 年卫生事业发展情况统计公布，城市地区居民死因第一位为恶性肿瘤，其次为脑血管病、心脏病。最为常见和危害性严重的肿瘤为肺癌、鼻咽癌、食管癌、胃癌、大肠癌、肝癌、乳腺癌、宫颈癌、白血病及淋巴瘤等。

肿瘤细胞在组织培养中十分重要。癌细胞比较容易培养，当前建立的细胞系中以癌细胞系居多。另外，肿瘤是对人类威胁最大的疾病之一，肿瘤细胞培养有利于研究癌变机制、抗癌药检测、癌分子生物学等极重要的对象。肿瘤细胞培养对阐明癌变机制和解决癌症问题将起着不可估量的作用。肿瘤细胞在形态、生长增殖、遗传性状等方面都和体内正常细胞显著不同。体外培养的肿瘤细胞与生长在体内肿瘤细胞虽然不完全相同，但差异性较小。体外培养的肿瘤细胞具有以下突出特点。

1. 形态和性状

光学显微镜下观察，肿瘤细胞并无特异形态，但在镜下观察大多数肿瘤细胞比二倍体细胞清晰，核膜、核仁轮廓明显，核糖体颗粒丰富。电镜观察癌细胞表面的微绒毛多而细密，微丝走行比正常细胞不规则，可能与肿瘤细胞具有不定向运动和锚着不依赖性有关。癌细胞形态大小不一，通常比它的源细胞要大，核质比显著高于正常细胞，可达 1:1，正常的分化细胞核质比仅为 1:(4～6)。

核形态不一，并出现巨核、双核或多核现象。核内染色体呈非整倍态（aneuploidy），某些染色体缺失，而有些染色体数目增加。正常细胞染色体的不正常变化会启动细胞凋亡过程，但是在癌细胞中，细胞凋亡相关的信号通路出现异常，也就是说癌细胞具有不死性。

线粒体表现为不同的多型性、肿胀、增生，如嗜酸性细胞腺瘤中肥大的线粒体紧挤在细胞内，肝癌细胞中出现巨线粒体。

细胞骨架紊乱，某些成分减少，骨架组装不正常。细胞表面特征改变，产生肿瘤相关抗原（tumor associated antigen）。如人食管鳞癌细胞主要呈三角形、多角形或短梭形，大小不等，细胞质丰富，胞核圆形、卵圆形，体积增大；电镜下核形不规则，核质比增大或增大不明显，核仁明显，可1～6个，核分裂活跃，细胞质中细胞器较少，线粒体嵴少而短，可见较多粗大的张力原纤维束及细胞间桥粒。

2. 生长增殖

肿瘤细胞在体内增殖不受控，在体外培养中也是如此。正常二倍体细胞在无血清培养基中不能增殖，是因为血清提供细胞增殖生长所需的各种因子，而癌细胞在低血清中（2%～5%）仍能生长。现已证明肿瘤细胞可以通过自分泌或内泌性的方式产生促增殖因子。正常细胞发生转化后，出现能在低血清培养基中生长的现象，已成为检测细胞恶变的一个指标。癌细胞或培养中发生恶性转化后的单个细胞培养时，形成集落（克隆）的能力比正常细胞强。另外，癌细胞增殖数量增多向周边扩展时，接触抑制消除，细胞能相互重叠向三维空间发展，形成堆积物。

肿瘤的生长速度与以下三个因素有关。

（1）肿瘤细胞倍增时间

肿瘤群体的细胞周期也分为G0、G1、S、G2和M期。多数恶性肿瘤细胞的倍增时间并不比正常细胞快，而是与正常细胞相似，甚至比正常细胞更慢。

（2）生长分数

指肿瘤细胞群体中处于增殖阶段（S期＋G2期）的细胞的比例。恶性转化初期，生长分数较高，但是随着肿瘤的持续增长，多数肿瘤细胞处于G0期，即使是生长迅速的肿瘤生长分数也只有20%。

（3）瘤细胞的生长与丢失

营养供应不足、坏死脱落、机体抗肿瘤反应等因素会使肿瘤细胞丢失，肿瘤细胞的生成与丢失共同影响着肿瘤能否进行性生长及其生长速度。

生长分数和肿瘤细胞的生成与丢失之比决定了肿瘤的生长速度，而倍增时间与肿瘤生长速度关系不大。现在化疗药物几乎全部针对处于增殖期的细胞，因此生长分数高的肿瘤（如高度恶性淋巴瘤）对于化疗特别敏感。常见的实体瘤（如结肠癌）生长分数低，故对化疗不敏感。

3. 细胞分化

肿瘤细胞既是增殖异常也是分化异常的细胞，或两者失衡的细胞。肿瘤细胞大多失去了原来的组织表型，而且分化程度不全相同，但有的仍能表达某些性状和产物，可作为识别个别肿瘤的标志。

恶性肿瘤细胞异常分化的特点：①低分化，表现为形态上的幼稚性，失去正常排列极性和细胞功能异常；②去分化或反分化，表现为表型返回到原始的胚胎细胞表型；③趋异性分化，主要表现为肿瘤细胞分化程度和分化方向的差异性，例如髓母细胞瘤可见神经元分化和各种胶质细胞分化成分，甚至出现肌细胞成分。这也反映了肿瘤细胞有基因组的全息性和幼稚瘤细胞的多潜能分化能力。

4. 永生性

永生性也称不死性，在体外培养中表现为细胞可无限传代而不发生凋亡（apoptosis）。此性状在体外培养中的肿瘤细胞系或细胞株都有表现，由于恶性肿瘤终将杀死宿主并同归于尽，从而难以证明这一性状的存在，体内肿瘤细胞是否如此尚无直接证据。体外肿瘤细胞的永生性是否能反证它在体内时同样如此？目前也难肯定。近年建立细胞系或株的过程说明，如果永生性是体内肿瘤细胞所固有的，肿瘤细胞应易于培养。事实上，多数肿瘤细胞初代培养时并不那么容易。生长增殖并不旺盛；经过纯化成单一化瘤细胞后，也大多增殖若干代，便出现类似二倍体细胞培养中的停滞期。经此阶段后才获得永生性，可以一直传代生长，从而说明体外肿瘤细胞的永生性有可能是体外培养后获得的。从一些具有永生性而无恶性的细胞系，如 NIH3T3、Rat-1、10T1/2 等细胞证明，永生性和恶性（包括浸润性）是两种性状，受不同基因调控，却有相关性。可能永生性是细胞恶变的阶段，至少在体外是如此。

5. 浸润性和迁移性

浸润性：肿瘤细胞扩张性增殖行为，这种性状在培养癌细胞仍有这种性状。将肿瘤细胞与正常组织混合培养时，能浸润入其他组织细胞中，并有穿透人工隔膜生长的能力。

迁移性：细胞粘着和连接相关的成分发生变异或缺失，相关信号通路受阻，细胞失去与细胞间和细胞外基质间的联结，易于从肿瘤上脱落。许多癌细胞具有变形运动能力，并且能产生酶类，使血管基底层和结缔组织穿孔，使它向其他组织迁移。

恶性肿瘤的浸润和转移机制：

（1）局部浸润

浸润能力强的瘤细胞亚克隆的出现和肿瘤内血管形成对肿瘤的局部浸润都起重要作用。局部浸润步骤包括：①由细胞黏附分子介导的肿瘤细胞之间的黏附力减少；②瘤细胞与基底膜紧密附着；③细胞外基质降解，在癌细胞和基底膜紧密接触4~8h后，细胞外基质的主要成分如 LN、FN、蛋白多糖和胶原纤维，可被癌细胞分泌的蛋白溶解酶溶解，使基底膜产生局部的缺损；④癌细胞以阿米巴运动通过溶解的基底膜缺损处。癌细胞穿过基底膜后重复上述步骤溶解间质性的结缔组织，在间质中移动。到达血管壁时，再以同样的方式穿过血管的基底膜进入血管。

（2）血行播散

单个癌细胞进入血管后，通常机体的免疫细胞将其绝大多数消灭，但被血小板凝集成团的肿瘤细胞团不易被消灭，可以通过上述途径穿过血管内皮和基底膜，形成新的转移灶。

转移并不是随机发生的，其器官倾向性非常明显。血行转移的位置和器官分布，在某些肿瘤具有特殊的亲和性，如肺癌易转移到肾上腺和脑，甲状腺癌、肾癌和前列腺癌易转移到骨，乳腺癌常转移到肝、肺、骨。这种现象产生的原因仍不清楚，可能是这些器官的血管内皮上有能与进入血循环的癌细胞表面的粘附分子特异性结合的配体，或由于这些器官能够释放某种化学物质吸引癌细胞。

6. 异质性

异质性是指性质上的多样性或缺乏一致性的不同成分的组合，是生物在自然界的特征之一，也是生物多样性和自然界存在的重要保证，是达尔文进化论及物种多样性的基础。

所有肿瘤都是由有增殖能力、遗传性、起源、周期状态等性状不同的细胞组成。处于瘤体周边区的细胞有较多的血液供应多，增殖旺盛，中心区细胞有的衰老退化，有的处于周期阻滞状态。那些呈活跃增殖状态的细胞称干细胞，只有这些干细胞才是支持肿瘤生长的成分。肿瘤干细胞培养时易于生长增殖；干细胞培养是指把干细胞分离出来的培养方法。

肿瘤的异质性主要指同一肿瘤内部由于肿瘤细胞系不同而造成的肿瘤细胞的差异性主要表现在组织学、抗原性、免疫性、激素受体、代谢性、生长速度和对化学药物敏感性、浸润和转移等差异。肿瘤恶性转化时涉及始发突变、潜伏、促癌和演进多步骤和多基因突变，而多次突变则成为肿瘤细胞异质性基础。最近研究显示，在肿瘤组织中可能存在一小部分具有干细胞性质的细胞群体，它们具有自我更新能力和多向分化潜能，产生具有异质性的分化细胞。因此，肿瘤异质性的基础是肿瘤干细胞。

这种不均一性是因为在肿瘤细胞中修复突变、维护基因组稳定的很多蛋白失活，并且在正常情况下诱导细胞自杀，从而防止细胞突变成无可挽救的危害物的机制——细胞凋亡（apoptosis）也在不同程度上失活，所以每个肿瘤细胞在每一轮复制时，都会产生新的不同的突变，就形成了异质性的肿瘤。

这一点其实跟病毒很相似。病毒在体内也是异质性的，即每个病颗粒的基因组其实并不完全一样，它们都有着或多或少的差异，而这种差异主要来自于病毒的低保真的复制酶。这在进化上来说对病毒是有利的。

药物耐受的产生正是由于这种异质性，使治疗癌症的药物只可能选择性地杀伤一部分肿瘤细胞，而存活下来的肿瘤细胞逐渐从原来在群体中的小部分变成了主体。同理，病毒也一样，这种异质性可能会使得一种疫苗迅速失效，因为它们其中那一部分能够逃避某种疫苗的突变体能够迅速扩增开来，并且不断产生新的突变。

7. 细胞遗传

几乎所有肿瘤细胞遗传学都有改变，如失去二倍体核型，呈异倍体或多倍体等。肿瘤细胞群常由多个细胞群组成，有干细胞系和数个亚系，并不断进行着适应性演变。

染色体畸变是恶性肿瘤细胞的重要细胞遗传学特征，除常见的超二倍体、亚二倍体、多倍体等染色体数目改变外，还可见到各种类型的染色体结构异常。有些结构异常的染色体可以作为某种肿瘤的特征性染色体，这种染色体称为标记染色体，如慢性粒细胞白血病的 Ph1 染色体、视网膜细胞瘤的 13q-染色体、Burkitt 淋巴瘤的 14q＋染色体和 Wilm 瘤的 11q-染色体等。此外，观察肿瘤细胞系的演变还可以通过肿瘤细胞染色体核型的统计分析和染色体的消长来。

8. 其他

肿瘤细胞在体外不易生长可能有以下几点原因：①依赖性：肿瘤细胞虽有较强克隆生长力，但仍有一定的群体性或与其他细胞相依存关系，一是肿瘤细胞与肿瘤细胞的相互依存，二是肿瘤细胞与基质成纤维细胞的依赖，体外分散培养和排除成纤维细胞后也会同时消除或减弱这些依存关系，可能影响癌细胞增殖生长的活性；②肿瘤细胞的自泌也会因分散培养而被稀释，达不到肿瘤生长的需求，肿瘤细胞的生长增殖力会降低；③并非所有肿瘤细胞都有强的生长活力和长的生命周期，只有干细胞才有强的增殖生长能力，但这些细胞数量很少；④离体培养肿瘤细胞可能需要与体内相似的特殊生存条件。

（二）肿瘤细胞的培养要点

1. 肿瘤细胞的取材和培养

（1）肿瘤细胞的取材方法

培养肿瘤细胞的材料一般来自患者，对实体瘤患者可取原发肿瘤组织或转移灶，有胸，腹水患者可取胸水或腹水、白血病患者可取血液或骨髓液进行培养。

① 体瘤取材方法。取术后或活检标本，并尽早浸入无血清培养液中保鲜，尽快进行培养。尽可能去除溃疡及坏死组织，避免细菌，霉菌污染，对取自外露的肿瘤组织，在培养前需在含二性霉素 B 2μg/ml，青霉素 200～1000u/ml，链霉素 500u/ml 的培养液中浸泡 10～20min，再用洗液反复冲洗干净后，再培养。

② 腔液的取材方法。在无菌条件下采取体腔液（胸水或腹水），不需加抗凝剂，可直接以 1200r/min 收集细胞。将细胞直接接种，不要久置，也不要在冰中冷却。

③ 血液（骨髓）取材法。取白血病患者血液或骨髓，主要以取外周血为研究对象，用肝素抗凝的注射器无菌抽取 5～10ml 外周血，置于试管中立刻分离培养。

（2）肿瘤细胞的培养方法

肿瘤细胞对培养基的要求没有正常细胞严格，常用 RPM1640、DMEM、McCoy5A 等培养基，血清浓度 10％即可，建议在原代培养时最好能加入生长因子或原患者血清（1％～2％）以利细胞生长。培养方法很多，主要有组织块法，酶消化法、钽网法和脱落细胞法等。

① 组织块培养法。去除取得的肿瘤组织脂肪、结缔组织及坏死部分，在平皿中用 Hanks 液洗 3 次，将组织切成 1～2mm³ 小块接种于事先涂有鼠尾胶原的培养瓶（或皿）中，37℃5％CO_2 或加盖瓶塞在普通恒温箱中培养。

② 酶消化法。在上述的碎组织块中加入 0.25％胰蛋白酶或 2000u/ml 胶原酶在 37℃ 水浴中消化 30min 或更长一些，弃去消化液，用洗液洗 3 遍、培养液洗 1 遍后，用完全培养基悬浮，并用吸管充分吹打制成细胞悬液，计数。以 5×10^8～10×10^8 个/L 细胞浓度，在含有 10％小牛血清的 RPMI1640，或 Eagle MEM，或 DMEM 中，在 37℃、5％CO_2 下分瓶（或皿）培养。

③ 钽网培养法。将一块或几块肿瘤组织块（大小 1～2mm³）放在一张面积约为 1cm² 的钽网上用镊子轻压，使其粘于网上再把钽网放入培养皿中，使网下的组织块与皿壁紧紧接触于 37℃、5％CO_2 下培养，每隔 2～3 天换液一次。5 天后可见有上皮细胞从网上移出，并能在等同于肿瘤组织部位形成纯净的单层上皮细胞。

④ 脱落细胞法。去除新鲜的肿瘤组织的脂肪和结缔组织，洗液洗 2 次后，用刀片将肿瘤组织切成细薄片，有许多上皮细胞会在切割时脱落下来，洗涤脱落细胞后加入完全培养基，便可获得较纯的上层细胞，于培养瓶（或皿）中、37℃、5％CO_2 下培养，每隔 2～3 天换液，7～10 天上皮细胞逐渐长成单层。

2. 肿瘤细胞的培养要点

肿瘤细胞培养成功关键在于取材、排除成纤维细胞、培养基和培养底物等几个方面。在具体培养方法方面，肿瘤细胞培养与正常组织细胞培养差别不大，初代培养均可采用组织块和消化培养法。

（1）取材

人肿瘤细胞来自外科手术或活检瘤组织。取材部位非常重要，体积较大的肿瘤组织中有退变或坏死区，取材时要挑选活力较好的部位尽量避免用退变组织，癌性转移淋巴结或胸腹水是好的培养材料。取材后应尽快进行培养，若不能立即培养，可贮存于 4℃ 中，但不宜超过 24h。

（2）培养基

肿瘤细胞对培养基的要求不如正常细胞严格，常用的 RPMI 1640、DMEM、McCoy 5A 等培养基。肿瘤细胞对血清的需求比正常细胞低，正常细胞培养在无血清培养基中不能生长，肿瘤细胞在低血清培养基中也能生长。由于肿瘤细胞有自泌（autocrine）性产生促生长物质之故，肿瘤细胞对培养环境适应性较大。这并不说明肿瘤细胞完全不需要这些成分。不同细胞对生长因子的需求是不同的，肿瘤细胞与正常细胞之间、肿瘤细胞与肿瘤细胞之间对生长因子的需求都存在着差异，但大多数肿瘤细胞培养中仍需要生长因子，有的还需特异性生长因子（如乳腺癌细胞等）。由此可见，培养肿瘤细胞时加血清和相关生长因子能使培养更易成功。

分别用 RPMI-1640 和 DMEM 两种培养基对 HepG2 细胞进行培养，结果发现，用 DMEM 培养基培养的细胞、血清含量为 15% 时增值速度最快，而用 RPMI-1640 培养基培养的细胞血清含量为 20% 时增殖速度相对较慢。以上结果说明，使用 DMEM 培养基既可以节省血清，细胞贴壁所用时间短，增殖速度快，并且传代细胞培养使用 DMEM 培养基进行复苏，避免了配制不同培养基所带来的麻烦，因此在 HepG2 细胞复苏中推荐使用 DMEM 培养基。

（3）成纤维细胞的排除

成纤维细胞常与肿瘤细胞混杂生长，以致难以纯化肿瘤细胞，而且成纤维细胞常比肿瘤细胞生长得快，最终能压制肿瘤细胞的生长。因此，肿瘤细胞培养中的关键是排除成纤维细胞。排除成纤维细胞有多种方法，具体如下。

① 机械刮除法。在不锈钢丝末端插有橡胶刮头（用胶塞剪成三角形插以不锈钢丝）、或裹少许脱脂棉制成，装入试管中高压灭菌后备用（也可用特制电热烧灼器刮除）。

刮除程序具体如下。

a. 标记：显微镜下观察，在培养瓶皿的背面用不脱色笔圈下肿瘤细胞的生长部位；

b. 刮除：弃掉培养液，把无菌胶刮伸入瓶皿中，肉眼或显微镜窥视下，刮除无标记空间；

c. 用 Hanks 液冲洗 1～2 次，洗除被刮掉的细胞；

d. 注入培养液继续培养，如发现仍有成纤维细胞残留，可重复上述步骤至完全除掉。

② 反复贴壁法。根据肿瘤细胞贴壁速度比成纤维细胞慢的特点，并结合使用无血清的营养液，把含有两类细胞的细胞悬液反复贴壁，使两类细胞相互分离，操作方法与传代相同。

a. 待细胞生长达一定密度后，倒出旧培养液，经胰酶消化，Hanks 冲洗 2 次，加入无血清的培养液，吹打制成细胞悬液；

b. 取三个培养瓶编号为 A、B、C；首先把悬液接种入 A 瓶中，置温箱中静止培养 5～20min 后，轻轻倾斜培养瓶，让液体集中瓶角后慢慢吸出全部培养液，再接种入 B 瓶中后；向 A 瓶中加入少许完全培养液，置温箱中继续培养；

c. 培养 B 瓶中细胞 5～20min 后，按照处理 A 的方法，把培养液注入 C 瓶中；再向 B 瓶中补加完全培养液。当三个瓶内都含有培养液后，均在温箱中继续培养。如操作成功，次日观察，可见 A 瓶主要为成纤维细胞，B 瓶两类细胞相杂，C 瓶可能主要为癌细胞。必要时可反复处理多次，直至癌细胞纯化为止。

③ 消化排除法。此法曾用于乳癌细胞的培养，具体程序是：

a. 先是用 0.5% 胰蛋白酶和 0.02% EDTA（1∶1）混合液漂洗培养细胞一遍，再换成新的混合液继续消化，并在倒置显微镜下窥视和不时摇动培养瓶，到半数细胞脱落下来后，立即终止消化；

b. 把消化液吸入离心管中，离心去上清，重悬细胞并吸入另一瓶中，加培养液置温箱中培养；向原瓶内补加新的培养液继续培养。用此法处理后，成纤维细胞比肿瘤细胞易先脱落。经过几次反复处理，可能除净成纤维细胞。

④ 胶原酶消化法。本法是利用成纤维细胞对胶原酶较为敏感的特点，通过消化进行选择。

a. 可用 0.5mg/ml 的胶原酶消化处理，边消化边在倒置显微镜下窥视，当发现成纤维细胞被除掉后，即终止消化；

b. 用 Hanks 洗涤一遍后，更换新培养液，继续培养，可获纯净肿瘤细胞。可再次重复以除尽成纤维细胞。

⑤ 其他方法。有人发现聚丙烯酰胺可抑制成纤维细胞生长；也有人用聚蔗糖制成相对密度 1.025~1.085 的密度梯度离心液，加入细胞悬液后，在 23℃ 中800r/min离心10min。在相对密度 1.025~1.050 层为成纤维细胞，在相对密度1.050~1.085 层为上皮细胞，再经过分离进行培养。最近有人应用特殊化学物如 SOD 抑制成纤维细胞生长的方法。选用上述任何一种方法，都需进行试验，找出适合的条件，才能获得好的培养效果。

（4）提高肿瘤细胞培养存活率和生长率措施

根据经验，肿瘤细胞在体外不易培养，建立能传代的肿瘤细胞系更为困难。当肿瘤组织或细胞初代接种培养后，常出现以下几种情况：完全无细胞游出或移动；有细胞移动和游出，但无细胞增殖，细胞长时间处于停滞状态以致难以传代；有细胞增殖，传若干代后停止生长或衰退死亡；传数代后细胞增殖缓慢，经过一段停滞期后，又呈旺盛生长状态，形成稳定生长的肿瘤传代细胞系。

以上现象说明肿瘤细胞对体外生存条件有较高的要求，并需经过对新环境的适应才能生长，欲获得好的培养效果，不能局限于一般培养法，必须采用一些特殊的措施。

① 适宜底物。把纯化后的细胞接种在不同的底物上，如鼠尾胶原底层、饲细胞层等。

② 生长因子。应用促细胞生长因子，向培养液中增加一种或几种促细胞生长因子。根据细胞种类不同选用不同的促生长物，常用有胰岛素、氢化可的松、雌激素以及其他生长因子。为提高肿瘤细胞对体外培养环境的适应力和增加有活力癌细胞（干细胞）的数量，可采用动物体转嫁接种成瘤后，再从动物体内取出进行培养，能提高体外培养的成功率。受体动物以裸鼠最好。

③ 动物体媒介培养方法。

a. 瘤块接种：取新鲜瘤组织，Hanks 液洗净血污，切成 1~3mm³ 小块，用穿刺针头吸一小瘤块，用酒精棉球擦拭动物腹部后，直接刺入皮下，注入瘤块；

b. 饲养观察，待肿瘤生长达较大体积后，剥取出瘤组织；

c. 进行体外培养；

d. 为防止失败，可留部分瘤组织在裸鼠体内继续生长。通过裸鼠媒介接种，有活力的肿瘤细胞数量增多，细胞培养易于成功。肿瘤细胞培养方法与培养正常细胞完全相同，但成功率比正常细胞高。

单 元 小 结

本章节主要介绍了上皮细胞、神经细胞及肿瘤细胞这三类细胞的形态特征、生长特点、培养方法及其培养时所需的主要注意事项。

上皮细胞是很多器官如肝、胰及乳腺等的功能成分，又由于癌起源于上皮组织，故上皮细胞的培养特别受到重视。但由于上皮细胞培养时容易混杂成纤维细胞并难以纯化，而成纤维细胞生长速度往往比上皮细胞快，同时上皮细胞通常难以在体外长期生存，所以纯化和延长上皮细胞生存时间是上皮细胞体外培养的关键。

神经细胞（神经元）不易在体外培养，只有在适宜条件下如接种在胶原底层上或加入神经生长因子及胶质细胞因子时，神经细胞才可生长并出现一定程度的分化，如长出突起等现象，但很难使之增殖。神经组织中比较容易培养的成分有神经胶质细胞，人和鼠等脑组织可用于神经胶质细胞的培养，不仅能获得生长的胶质细胞，也可形成能传代的二倍体细胞系。

肿瘤细胞培养在组织培养中占有核心地位，肿瘤细胞比较容易培养，当前建立的细胞系中肿瘤细胞系是最多的。肿瘤是一类严重威胁人类的疾病，肿瘤细胞培养对于研究细胞癌变机制以及抗癌药物筛选等起重要作用。肿瘤细胞培养的关键在于取材、排除成纤维细胞、选用适宜培养液及培养底物等几个方面，肿瘤细胞的培养与正常组织细胞在具体培养方法上并无原则上的差异。

相关链接

http://www.bbioo.com/bio101/2006/7063.htm
http://www.bbioo.com/bio101/2005/2704.htm

复习思考题

1. 什么是细胞的原代培养和传代培养？
2. 体外培养细胞有哪些类型？其生长特点有什么区别？
3. 神经细胞培养的优点有哪些？神经元细胞作为外植体培养的显著优点是什么？
4. 贴壁细胞传代是采用何种方法？其技术关键是什么？
5. 成纤维细胞排除法有哪些？
6. 体外培养肿瘤细胞的主要生物学特性有哪些？
7. 肿瘤细胞的培养方法有哪些？

（陈建明）

第五章　动物细胞培养的应用研究

第一节　细胞培养在功能与分化研究中的应用

教学目的及要求

1. 熟悉细胞的结构与功能等基本概念；
2. 了解培养细胞诱导表达与分化的实验方法。

一、基本概念

不同组织来源的细胞，具有不同的结构和功能，多种结构和功能的细胞一起组成复杂的机体。对于细胞结构功能的认识，单靠从机体采集有限的样本满足不了对复杂机体的认识，因此细胞培养技术在细胞功能研究中具有重要的作用。细胞的功能是指组成机体的所有细胞发挥维持、保护、生长、发展等一系列的功能，维系整个机体的正常运转。动物细胞的共有结构是细胞功能的基础。细胞分化是指一个尚未特化的细胞发育出特征性结构和功能个体的过程，借助动物细胞培养技术，使这两个方面的研究取得了很大的成就。

（一）细胞的结构与功能

细胞的功能是由其结构决定的，功能是其结构的表现。除了单细胞生物外，多细胞生物中细胞根据结构特征可以分成多种，但细胞的基本结构是相同的，基本的功能也相应确定。

1. 细胞膜

细胞外层是由磷脂双层分子和蛋白质分子组成的薄膜，称为细胞膜，是生物膜的一种，水和氧气等小分子物质能够自由通过，而某些离子和大分子物质则不能。细胞膜除了起着保护细胞的作用以外，也控制着物质进出细胞的作用：有用物质不能任意地渗出细胞，有害物质也不能轻易地进入细胞。细胞膜在光学显微镜下不易分辨。但在电子显微镜观察，可知细胞膜主要由蛋白质分子和脂类分子构成。磷脂双分子层位于细胞膜的中间，是细胞膜的基本骨架。有许多球形的蛋白质分子在磷脂双分子层的外侧和内侧，它们以不同深度镶嵌在磷脂分子层中，或者覆盖在磷脂分子层的表面。这些磷脂分子和蛋白质分子大都是可以流动的。可以说，细胞膜具有一定的流动性。细胞膜的这种结构特点是发挥各种生理功能的重要依据，结构决定功能。

2. 细胞质

细胞质是细胞膜包着的黏稠透明的物质的总称。细胞质中还可看到一些具有一定结构与功能的折光性颗粒，这些颗粒多数类似生物体的各种器官，被称为细胞器。在细胞质中，还可以看到一个或几个充满着液体的液泡，称为细胞液。细胞质是缓慢地运动着的，而不是凝固静止状态。有的细胞只有一个中央液泡，其细胞质往往围绕液泡循环流动，这加强了细胞器之间的联系，同时促进了细胞内物质的转运。运动意味着能量的消耗，细胞质运动是一种消耗能量的生命现象。生命在于运动，细胞的生命活动越旺盛，胞质流动就越快；反之，则越慢。细胞质的流动一旦终止，也就意味着细胞的死亡。不同的细胞器，具有不同的结构，表现出不同的功能，共同完成细胞的生命活动。有些细胞器的结构则需用电子显微镜观察，这些细胞结构称为亚显微结构。

（1）线粒体

线状、粒状的细胞器，叫做线粒体。在线粒体上存在很多颗粒，这些与呼吸作用有关的颗粒，即多种呼吸酶。它是细胞进行呼吸作用的场所，利用呼吸作用，细胞将营养物质氧化分解，产生二氧化碳和水，并释放能量供细胞的生命活动所需，是细胞的"发电站"或"动力工厂"。线粒体的结构功能受到损害，细胞生命将受到重大打击。

（2）内质网

内质网是细胞质中由膜构成的网状管道系统，广泛地分布在细胞质基质内。连通于细胞膜及核膜，在细胞内蛋白质及脂质等物质的合成和运输起着重要作用。内质网有两种：一类是滑面内质网，主要与脂质的合成有关；另一类是粗面内质网，上面附着许多小颗粒状的，主要与蛋白质的合成有关。内质网增大了细胞内的膜面积，以及膜上附着许多酶，为细胞内各种化学反应的正常进行提供了有利条件。

（3）高尔基体

由许多扁平囊泡构成的以分泌为主要功能的细胞器，称为高尔基体。扁平膜囊是高尔基体最富特征性的结构组分，略呈弓形。弓形囊泡的凸面称为形成面，或未成熟面；凹面称为分泌面，或成熟面。糙面内质网腔中的蛋白质，经芽生的小泡输送到高尔基体，再从形成面到成熟面的过程中逐步加工。一般认为，高尔基体本身没有合成蛋白质的功能，只是与细胞分泌物形成有关，可以对蛋白质进行加工和转运。

（4）核糖体

核糖体是细胞内一种核糖蛋白椭球形粒状颗粒，有些附着在内质网膜的外表面（供给膜上及膜外蛋白质），有些游离在细胞质基质中，其唯一功能是按照 mRNA 的指令将氨基酸合成蛋白质多肽键，所以核糖体是细胞内蛋白质合成的分子机器。

（5）溶酶体

溶酶体是真核细胞中的一种细胞器，具有单层膜囊状结构，内含有很多种水解酶，专司分解各种外源和内源的大分子物质。

3. 细胞核

细胞核是存在于真核细胞中的封闭式近似球形膜状物，是由更加黏稠的物质构成。内部含有细胞中大多数的遗传物质 DNA，这些 DNA 与多种蛋白质，形成染色质，易被苏木精、洋红、甲基绿等碱性染料染成深色。染色质在细胞分裂时，会浓缩形成染色体。染色体复制，DNA 也随之复制成两份，平均分配到两个子细胞中，使后代细胞染色体数目恒定，保证后代遗传特性的稳定。RNA 是 DNA 转录时形成的单链产物，分为转运核糖核酸（tRNA）、信使核糖核酸（mRNA）和核糖体核糖核酸（rRNA）。多数细胞只含有一个细胞核，有些细胞含有两个甚至多个细胞核，如肌细胞、肝细胞等。细胞核的作用，是维持基因的完整性，并借由调节基因表现来影响细胞活动。细胞核可分为核膜、染色质、核液和核仁四个部分。核膜与内质网相通连，染色质在核膜与核仁之间，可使膜内物质与细胞质、以及具有细胞骨架功能的网状结构核纤层分隔开来。核孔可作为多数分子的物质进出通道，对于小分子与离子可以自由通透，如蛋白质般较大的分子则需要携带蛋白的帮助通过。核仁是真核细胞间期核中最明显的结构，通常是单一的或者多个匀质的球形小体，呈中圆形或椭圆形的颗粒状结构，没有外膜。成分包括 rRNA，rDNA 和核糖核蛋白。核仁是 rRNA 基因存储，rRNA 合成加工以及核糖体亚单位的装配场所。

（二）细胞分化

细胞分化是指在多细胞生物中，一个干细胞在分裂的时候，其子细胞的基因表达受到调控，变成不同细胞类型的过程。或者说，是由一种相同的细胞类型经细胞分裂后逐渐在形态、结构和功能上形成稳定性差异，产生不同细胞类群的过程。分化的结果是在空间上细胞间出现差异，在时间上同一细胞和它以前的状态也有所不同。

细胞分化意味着在细胞内分子存在差异，各种细胞内合成了不同的专一蛋白质，而专一蛋白质的合成是通过细胞内一定基因在一定时期的选择性表达实现的，细胞按一定程序发生差异基因表达，开放某些基因或关闭某些基因，所以基因调控在细胞分化过程中的至关重要。细胞分化是一种持久性的变化，伴随着生命的整个过程，细胞分化不仅发生在胚胎发育中，也发生在生长成熟中，甚至衰老过程，以补充老弱和死亡的细胞，如多能造血干细胞分化为不同血细胞的细胞分化过程。一般而言，分化了的细胞将一直保持分化后的状态，直到死亡。

细胞分化具有三个特点：①持久性，细胞分化贯穿于生物体整个生命进程中，在胚胎期达到最大程度，正常情况下，其活跃程度伴随生命进程；②稳定性和不可逆性，一般来说，分化了的细胞将一直保持分化后的状态，直到死亡；③普遍性，是生物个体发育的基础，没有细胞分化就没有组织器官的形成，乃至整个生命体的形成。正常情况下，细胞分化是稳定、不可逆的。一旦细胞受到某种刺激发生变化，启动了细胞分化，细胞开始向某一方向分化后，即使引起变化的刺激不再存在，分化仍能进行，并可通过细胞分裂不断继续下去。胚胎细胞在显示特有的形态结构、生理功能和生化特征之前，需要经历一个称作"决定"的阶段（如图 5-1）。在这一阶段中，虽然细胞的特定的形态特征没有显示出来，但是内部已经发生了向这一方向分化的特定变化。细胞在整个生命进程中，在胚胎期分化达到最大限度。细胞决定的早晚因动物及组织的不同而有差异，但一般情况下是渐进的过程。例如，在两栖

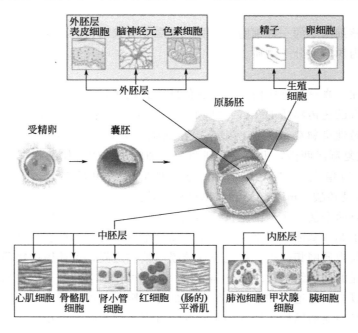

图 5-1　胚胎细胞分化

类，把神经胚早期的体节从正常部位移植到同一胚胎的腹部还可改变分化的方向，原本形成肌肉而形成肾管及红细胞等。但是到神经胚晚期移植体节，就不能改变体节分化的方向。可见，这时期已在体节分化"决定"阶段之后，体节的分化已被确立。

二、培养细胞诱导表达与分化的实验

通过细胞培养，可使离体组织细胞在体外能以单细胞和细胞群体的形式进行生长繁殖，这不仅有利于在比较简单的、便于操作、容易观察的条件下研究细胞的形态结构和生理功能，而且可以采用人为控制的特殊的培养方法和观察手段研究不同细胞特有的功能和生命现象，如细胞转化、诱导分化、细胞融合杂交等；细胞对不同病毒、不同药物和不同理化因素的敏感性，不同细胞在不同环境中所表现出的不同功能，如细胞因子分泌、吞噬和杀伤效应、内部的基因表达和物质代谢等，这些生命现象和特有的功能均属于细胞的生物学特性。通过对不同细胞生物学特性的研究，对生命现象和本质加深认识，我们又可以利用细胞的生物学特性来为医学服务，如利用细胞融合杂交技术，可以制备单克隆抗体来对临床疾病进行特异性诊断和治疗；利用细胞对病毒的敏感性，生产病毒疫苗和病毒抗原及抗体，既可用于疾病的预防，也可用于疾病的诊治；利用理化刺激饮食对细胞的诱导分化可使癌细胞向正常细胞逆转，为癌症的彻底根治带来了希望；利用细胞的诱生和促诱生效应，可大量生产细胞因子和生化试剂等；利用细胞凋亡可研究肿瘤药物的作用机理和指导临床用药；利用细胞染色体及分区带特性，可用于羊水细胞和绒毛细胞的培养及染色体分析，进行早期的性别和遗传疾病诊断，成为亚细胞水平的诊断技术；通过分子生物学技术，又可从蛋白分子水平和基因表达调控的核酸分子水平来研究细胞的生物特性，极大地利于揭示生命现象的机理和遗传本质，对生命本质认识将产生质的飞跃。21世纪是生命科学时代，有可能对细胞的生命现象和生命起源的理论将有重大突破，而且利用细胞特性所衍生的各种生物技术，特别是基于生物高技术的应用，将会获得更大的发展，生物工程的产业化将会对社会和经济的发展产生巨大的效益，这离不开细胞培养技术和细胞工程的推动。由此可见，细胞培养技术在细胞生物学研究领域将会发挥很重要的作用。即使体内组织和细胞在体外培养所需的培养条件基本相似，由于物种、个体遗传背景、器官种类、所处发育阶段和分化层次等的不同，各自的生存条件仍有一定差别。在培养特定组织时，尤其来自成体和分化较高的细胞，所采用的培养技术措施不能完全相同，否则难以获得理想效果。

（一）正常细胞培养

正常细胞，不论是来自人或动物的细胞，在体外培养时都不易生长，建立细胞系更难。正常细胞难培养的原因是因它们是分化的细胞，对体外生存条件要求严格，目前的培养条件尚未能模拟到与体内完全一样，故难生长，尤其难以维持在体外长时间增殖生长（呈细胞系状态）。正常细胞在体外并非不能培养，只要一切条件适当仍有培养成功可能，初代培养较传代细胞系容易。迄今，正常细胞除成纤维细胞系（动物和人）、人羊膜细胞外，其他细胞系尚不多见。如果正常细胞发生转化后，便易生存下去。

1. 上皮细胞类培养

上皮细胞可来源于外、内、中三个胚层，但培养中只有源于外和内胚层的细胞能反映出上皮细胞的特征细胞呈膜状生长的特点。间皮和内皮刚接种培养和细胞量少时常呈成纤维细胞型，只有细胞数量较多时，才能显出膜状特点。上皮细胞培养有三个难点：①需求特殊底物，如在底物上涂有胶原底层则利于细胞生长；②需求特殊培养基；③与上皮细胞相邻的成纤维细胞常与上皮细胞同时混杂生长，并常压过上皮细胞。纯化和延长上皮细胞生存期是上皮细胞培养的关键之一。癌起源于上皮组织，因此上皮细胞培养特别引人注意。由于上皮组织的多样性，下面就表皮细胞与内皮细胞的培养进行简单的介绍。

(1) 表皮细胞培养

皮肤是皮表细胞培养来源，小儿包皮是皮肤表皮细胞培养的好材料。全皮培养时，表皮细胞与成纤维细胞混合生长，难以纯化。

① 操作程序

a. 取材：取外科植皮或手术残余皮肤小块，以角化层薄者为佳，早产流产儿皮肤更好，切成 $0.5\sim1cm^2$ 小块。

b. EDTA 处理：先置入 0.02% EDTA 中，室温放置 5min。

c. 冷消化：换入 0.25% 胰蛋白酶中，4℃过夜。

d. 分离：取出皮块，用血管钳或镊子把表皮与真皮层分开。

e. 温消化：取出表皮单独处理，用剪刀剪成更小的块后，置入新的 0.25% 胰蛋白酶中，37℃再消化 30～60min。

f. 用吸管轻轻反复吹打，使成细胞悬液。

g. 培养液：通过 80 目不锈钢纱网滤过后，低速离心，吸上清，直接加入 Eagle 液和 20% 小牛血清，制成细胞悬液，接种入碟皿中，CO_2 温箱培养。

② 注意事项

冷消化目的在于使表皮和真皮结合松散，如冷消化后分离下来的表皮膜自身也已松散，此时亦可直接置入 PBS 中用吸管吹打制备细胞悬液，不再经过第二次消化。皮肤表皮培养亦可用全皮消化法或组织块培养法培养。用胶原酶消化为好，它对结缔组织有较强消化作用，对表皮细胞损伤小，但成纤维细胞易与上皮细胞同时生长，在这种情况下，需做排除成纤维胞处理。血清中含有血小板来源的生长因子 (PDGF)，易促成纤维细胞的生长，如用好的、不含 PDGF 的无血清培养基培养可能更好。

(2) 内皮细胞培养

内皮细胞易于从血管分离进行培养成单层细胞，对研究内皮细胞再生、肿瘤促血管生长因子 (TAF) 等有很大应用价值。人内皮细胞培养可应用人脐带脐静脉、动物大动脉等，用灌流消化法获取细胞最为简便。

① 操作程序

a. 取产后的新鲜脐带，如不立即培养，可保存于 4℃中，但不宜超过 12h，无菌剪取长 10～15cm 一段。其他如胚胎和幼体动物的大血管，亦可用于培养。

b. 先用注射器吸温 PBS 液注入脐带的脐静脉中，洗除残血。注入口处宜用线绳结扎，以防液体返流。

c. 用血管钳夹紧脐带一端，从另端向脐静脉中徐徐注入终浓度为 0.1% 的胶原酶，待末端出现液体后结扎之，令其充满血管，注入口应结扎，以防液体返流，消化 3～10min；

d. 吸出含有内皮细胞的消化液，注入离心管中。为获取更多细胞，可再注入温 PBS 冲洗 2～3 次，彻底清除干净残余细胞，一并注入离心管中离心。

e. 吸除上清，加 RPMI1640 培养液，制成细胞悬液，接种入瓶皿中培养，顺利时 2～3 天内细胞即可长成单层。

② 注意事项

内皮细胞生长后，开始细胞成梭形，类似纤维细胞，连接成片后开始显示内皮细胞形状。首次用胶原酶消化时，应做预试验，以找出最佳消化时间，以防止消化不足细胞未脱落，也避免因消化过度使内皮细胞底层成纤维细胞混入。我们曾试用胰蛋白酶消化，效果远不如胶原酶好。人脐带易于获得，培养效果好。细胞生长后，一般传 6～7 代后即衰退，难以长期维持。用兔血管内皮细胞培养较好，可传 10～30 代。不同部位血管内皮细胞生物学性状不同，对各种作用因素反应亦有很大差别。

2. 结缔组织类细胞培养

（1）成纤维细胞培养

包括人在内的各种成纤维细胞都很容易培养，也是其他组织培养时的副产物，极易获得。人的成纤维细胞不仅容易培养，而且生物性状稳定，很难发生转化，成为二倍体细胞培养的主要对象。为获取大量成纤维细胞培养，以便冻存，用人或动物胚体为好。动物可用小鼠或鸡胚，去头和内脏，剪成小碎块后，用胰蛋白酶消化法培养，如为人胚，可取皮肤培养。幼儿包皮是培养成纤维细胞的很好对象。

（2）巨噬细胞培养

巨噬细胞属免疫细胞，有多种功能，是研究细胞吞噬、细胞免疫和分子免疫学的重要对象。巨噬细胞容易获得，便于培养，并可进行纯化，但属不繁殖型细胞群，难以长期生存，好的条件下仅能生活 2～3 周，多用作初代培养。巨噬细胞也能建成无限细胞系，大多来自小鼠，如 P388D-1、J774A.1、RAW309、Cr.1 等，均已获恶性。培养中的巨噬细胞仍保留着原有形态特点和吞噬异物功能，并易于传代和从培养瓶壁分离，却难以建立成为传代细胞系。

① 操作程序

a. 以小鼠为实验对象，实验前三天，向每只小鼠腹腔内注入无菌硫羟乙酸肉汤 1ml（勿注入肠内）。

b. 引颈处死动物，手提鼠尾将全鼠浸入 70％酒精中 3～5s。

c. 置动物于解剖台上，用针头固定四肢，双手持镊撕开皮肤拉向两侧，暴露出腹膜，但勿伤及腹膜壁。

d. 再用 70％酒精擦洗腹膜壁后，用注射器吸 10ml Eagle 液注入腹腔中，同时从两侧用手指揉压腹膜壁，令液体在腹腔内充分流动。

e. 用针头轻轻挑起腹壁，使动物体微倾向一侧，使腹腔中液体集于针头下吸取入针管内。

f. 小心拔出针头，把液体注入离心管中，250g（4℃）离心 10min 后，去上清，加 10ml MEM。

g. 计数细胞，每只小鼠可产生 20×10^6～30×10^6 个细胞，其中 90％为巨噬细胞。

h. 为获取 3×10^5 个贴附细胞/cm^2，需接种 2.5×10^6/ml。

i. 为纯化培养细胞，去除其他白细胞，接种数小时后，去除培养液，用 MEM 液冲洗 1～2 次后，再加新 MEM 培养液置 37℃、CO_2 温箱中培养。

② 注意事项

巨噬细胞可来源于人胸水、腹水、血和透析液等材料。实验多从动物血液、肺、脾和胸腹腔获取，其中以从动物腹腔取材最常用，但易杂以血小板及其他白细胞，尚需做进一步的分离和纯化。附着分离法比较实用，原理是借用大多数单核巨噬细胞有极易附着于玻璃表面的特性，在先把细胞群置于玻璃培养容器中数小时后，巨噬细胞能最先附着于玻璃表面，此时再用培养液或 PBS 冲洗掉尚未附着的中性粒细胞和激活的 T 淋巴细胞等，剩余巨噬细胞纯度可达 95%。如中性粒细胞也附着，可继续延长时间至 24h，此时大多数巨噬细胞都已附着于瓶壁，而中性粒细胞可变性死亡。继之再从瓶壁上把巨噬细胞分离下来进行培养，便获得纯净巨噬细胞。巨噬细胞对胰蛋白酶和 EDTA 均不敏感，不易使之离壁，必要时可用胶刮刮除，但可能损伤细胞。用不加防腐剂的纯利多卡因处理（干液为 PBS 配的 360mmol/L 液，用 1mol/L NaOH 调节 pH 值到 6.6，同时稀释成 12mmol/L 浓度），加入培养基中，37℃作用 5min，可使巨噬细胞变圆，此时稍加吹打，即可使细胞分离。注意要控制好作用的时间，以免细胞丢失。培养中的巨噬细胞在很多方面与淋巴细胞或其他白细胞相似，应严加区别。正常巨噬细胞能附着瓶壁，胞质延展，细胞大小介于 $10\sim50\mu m$ 之间，胞核呈特有的肾形，胞质有皱褶，细胞群多时能连接成单层，有时细胞呈多角形并连接成网状。巨噬细胞对胰蛋白酶有抵抗性，借此可与其他细胞相区别，也是淘汰其他细胞的方法。单核巨噬细胞胞质中含有丰富的非特异性脂酶，并具有 C3b 和 F_C 表面受体。巨噬细胞对培养环境敏感，很容易发生与在体内时很大不同的改变，有强烈的吞噬活动。如向培养环境中加入淀粉粒、乳胶粒、红细胞及调理素（或新鲜血清、特异抗体）等，可见巨噬细胞能吞噬 5 个以上的颗粒。细胞状态不良时，胞质常不延展，胞体变圆，不透明，或脱离瓶壁飘浮在培养液中和失去吞噬能力。

3. 肌组织细胞培养

各种肌细胞均可用于培养，以心肌和骨骼肌培养较为实用。

(1) 骨骼肌细胞培养

动物胚胎或幼体的大腿肌组织为最好的培养材料。取材常用出生后 $1\sim2$ 天的乳鼠（Wistar 大鼠更好），操作程序类同于一般的组织细胞培养，分离细胞接种在胶原或明胶的底物上能促进细胞分化。明胶制备比较简单，常用 Hanks 液配的 0.01% 明胶。细胞接种率约为 50%，细胞生长开始呈纺锤形，培养 $50\sim52h$ 后将出现融合形成肌细胞状多核纤维。数日后，融合停止，此时能观察到横纹。一般在融合后 $2\sim3$ 天内能见到收缩现象，因收缩运动有时可导致细胞从底物脱离。在初代培养时，如发现成肌细胞（Myoblast）所占比例很少时，根据成肌细胞比非成肌细胞贴壁慢的特点，可采用胰蛋白酶消化后反复贴壁法，淘汰掉非肌细胞成分。骨骼肌细胞可进行传代培养，使之成为有限细胞系，但易失去分化现象，表现为成肌细胞不发生融合，从而不能形成多核肌纤维和出现收缩现象，只有培养条件良好时，才可发生肌细胞收缩变化。

(2) 心肌细胞培养

心肌组织是最早利用的培养材料，Carrel 曾长期培养过鸡胚心肌组织，至今心肌仍不失为好的培养物。最常用的是鸡胚心肌、小鼠、大鼠以及人胎儿心肌等。心肌是比较容易培养和生长的组织，可应用多种方法进行培养，如悬滴培养、组织块培养和消化培养法等，主要取心室肌培养，均能获得良好的生长效果，下面以鸡胚心肌培养为例。

操作程序具体如下：

① 选新鲜受精鸡卵，置温箱中孵育（温箱中放有水槽，以维持箱内湿度），每日翻动一次（180°），孵育 $9\sim12$ 天。

② 蛋壳消毒，部分敲碎，让鸡胎流入无菌培养皿中。

③ 用眼科剪剪开胸腔，剥出心脏，置入皿中用 Hanks 液漂洗 $1\sim2$ 次。

④ 小心剪除大的动静脉，保留心室肌，用组织块或消化培养法均可。初代培养的鸡胚

心肌呈纺锤形，并常杂有成纤维细胞和内皮细胞；心肌细胞亦较其他成分贴壁慢，也可用消化反复贴壁法排除其他细胞成分。在培养成功时，相差显微镜下可观察到横纹，一周后便可出现节律性收缩现象。

4. 神经组织细胞培养

神经组织主要由两种神经细胞（神经元）和神经胶质细胞组成。神经元为高度分化的细胞，在组织发生晚期已失去增殖能力，对生存条件要求高，只有在适宜情况下，如接种在胶原底层上，或在加入神经生长因子（NGF）和胶质细胞因子时，才能生存，并可能出现一定程度的分化现象，如长出突起等，却难使之增殖，即使培养胚胎组织情况也是如此。对神经细胞的培养待深入研究。神经胶质细胞为最易培养成分，分为少突、星形和小胶质三种。神经胶质细胞与神经元有共存关系，少突产生丰富的髓磷质，助于神经元兴奋传导，成熟的少突细胞无增殖能力。星形细胞有多种功能，能调节神经元兴奋时产生的离子，提供神经元营养，并能产生促神经元发展和完成功能活动的细胞因子，在培养中有增殖能力。以上说明，神经胶质细胞对神经元的存在和功能活动是十分重要的，也提示阐明神经胶质的功能活动有利于神经元的培养。

（1）操作程序

① 获取脑组织后，先仔细剥除脑膜和血管等纤维成分，置入 Hanks 液中漂洗 1～2 次后，置于 30～50 倍体积的 Hanks 液中，脑组织比较柔软，反复吹打即可制备成细胞悬液。

② 为排除脂肪成分和其他碎块，把悬液注入离心管中，在室温直立 5～10min 后，细胞或细胞团块自然下沉，脂肪等杂物易漂浮于悬液表层，吸除上清，如此反复 2～3 次可获较多的细胞成分。

③ 向末次沉降物中加入适量营养液，通过纱网或纱布滤过，计数细胞并调整好细胞密度，接种入培养瓶或皿中，置 5% CO_2 温箱中培养。

④ 细胞生长汇合后，可用 0.25% 胰蛋白酶消化法做传代处理，加消化液的量以能覆盖细胞层即可，待细胞开始从瓶壁脱落（平均 5～10min），加入含血清培养液，吹打制成细胞悬液（以无细胞团块的单细胞悬液为佳）。

（2）注意事项

接种后初期，细胞可能出现飘浮不贴壁现象，贴壁过程较慢。贴壁后在短期内也可能不见细胞分裂现象，细胞适应环境过程较长，一旦生长后，即能进入较旺盛的增殖状态。生长开始常杂有巨噬细胞、成纤维细胞和上皮细胞等，传 2、3 代后，这些成分即消失，逐渐形成均一的星形胶质细胞，一般形成连接不甚紧密的单层细胞。其次，神经细胞生长缓慢，条件要求高。

（二）肿瘤细胞与干细胞培养

肿瘤细胞在组织培养中占有核心的位置，首先癌细胞是比较容易培养的细胞，当前建立的细胞系中癌细胞系是最多的。另外，肿瘤是对人类威胁最大的疾病，肿瘤细胞培养是研究癌变机制、抗癌药检测、癌分子生物学极其重要的方法。肿瘤细胞培养对阐明和解决癌症将起着不可估量的作用。其具体的培养研究实验见第四章第六节特殊细胞的培养。干细胞的培养研究也是动物细胞研究的热门课题，操作内容见第六章干细胞技术。

单 元 小 结

本节主要介绍了细胞培养技术在功能和分化研究中的应用，阐述了细胞结构和功能，细胞分化，以及培养细胞诱导表达与分化的相关实验。

相 关 链 接

1. 细胞分化：http://baike.baidu.com/view/72800.htm
2. 细胞培养：http://baike.baidu.com/view/44478.htm
3. 个别组织细胞的培养：http://www.biomart.cn/experiment/430/488/490/493/17024_1.htm

复习思考题

1. 简述细胞的基本结构及功能。
2. 什么是细胞分化？
3. 举例说明正常细胞的简单培养过程。

（陈功星）

第二节　细胞培养在病毒学研究中的应用

教学目的及要求

1. 掌握病毒分离的一般程序，病毒鉴定的主要依据；
2. 熟悉体外抗病毒药效试验一般方法；
3. 了解细胞培养在病毒学研究的优点。

一、概述

细胞培养是病毒学研究常用手段，在病毒分离和鉴定、研究病毒的繁殖过程及其对细胞的敏感性和传染性、观察病毒传染时细胞新陈代谢的改变、探讨抗体与抗病毒物质对病毒的作用方式与机制、研究病毒干扰现象的本质和变异的规律性等方面应用较为广泛。近年来，应用病毒为载体的基因治疗研究也得到很大进展。

细胞培养在病毒学研究的优点：①离体细胞无免疫力，利于病毒生长；接种量大，还可持续培养，便于病毒生长，特别是对那些生长缓慢或需在新环境中逐渐适应的病毒更为有利。②细胞来源方便，可作病毒敏感性的筛选，可以从中选择最敏感的细胞以满足试验要求，同时利于从单一细胞水平上研究病毒的繁殖过程和病毒-细胞的相互关系。③培养条件易于控制，由于细胞培养可以人工控制温度、气体、pH 值、培养基成分，因此可采用大规模生产方式来生产细胞和病毒及其细胞产物。此外，采用细胞培养分离病毒不仅阳性率高，而且分离过程可显著加速，但应使用对该病毒敏感的细胞。细胞的大量生产可满足疫苗产量的需求，成本低，来源方便，便于储存，且效力均匀，易标准化。

二、病毒的分离与鉴定

（一）病毒分离

病毒分离的一般程序是：检验标本→杀灭杂菌（青、链霉素）→接种动物/鸡胚/细胞培养→出现病状/病变或死亡/细胞病变→鉴定病毒种型（血清学方法）。

无菌标本（脑脊液、血液、血浆、血清）可直接接种细胞、动物、鸡胚；无菌组织块经培养液洗涤后制成 10%～20%悬液离心后，取上清接种；咽洗液、粪便、尿、感染组织或昆虫等污染标本在接种前先用抗生素处理，杀死杂菌。

1. 动物试验

这是最原始的病毒分离培养方法。常用小白鼠、田鼠、豚鼠、家兔及猴等。接种途径根据各病毒对组织的亲嗜性而定，可接种鼻内、皮内、脑内、皮下、腹腔或静脉，例如嗜神经病毒（脑炎病毒）接种鼠脑内，柯萨奇病毒接种乳鼠（1周龄）腹腔或脑内。接种后逐日观察实验动物发病情况，如有死亡，则取病变组织剪碎，研磨均匀，制成悬液，继续传代，并作鉴定。动物接种分离病毒需要选择敏感动物及合适的接种部位。

2. 鸡胚培养

用受精孵化的活鸡胚培养病毒比用动物更加经济简便。根据病毒的特性可分别接种在鸡胚绒毛尿囊膜、尿囊腔、羊膜腔、卵黄囊、脑内或静脉内，如有病毒增殖，则鸡胚发生异常变化或羊水、尿囊液出现红细胞凝集现象，常用于流感病毒及腮腺炎病毒等的分离培养；但很多病毒在鸡胚中不生长。鸡胚接种常用于黏液病毒、疱疹病毒、痘类病毒等的原代培养，也可选择性地用于疫苗生产。

3. 细胞培养

适于绝大多数病毒生长，是病毒实验室的常规技术。

原代细胞，如人胚肾细胞、兔肾细胞。原代细胞均为二倍体细胞，可用于生产病毒疫苗，如兔肾细胞生产风疹疫苗，鸡成纤维细胞生产麻疹疫苗，猴肾细胞生产脊髓灰质炎疫苗。因原代细胞不能持续传代培养，故不便用于诊断。

原代细胞只能传2～3代，此后细胞就退化，其中少数细胞能继续传代，并保持二倍体，称为二倍体细胞。二倍体细胞生长迅速，并可保持二倍体特征传50代，通常是胚胎组织的成纤维细胞（如 WI-38 细胞系）。二倍体细胞一经建立，尽早分装于冻存管贮存液液氮（－196℃）内，作为"种子"，供以后传代用。目前多用二倍体细胞系制备病毒疫苗，也用于病毒的实验室诊断。

传代细胞（如 Hela、Vero 细胞系等）一般是由癌细胞或二倍体细胞突变而来。细胞染色体数为非整倍性，生长迅速，可无限传代，液氮中能长期保存。传代细胞广泛用于病毒的实验室诊断，根据病毒对细胞的亲嗜性，选择敏感的细胞系使用。

正常成熟的淋巴细胞不能在体外传代培养，而经过某些特殊处理，如 EBV 感染的 B 淋巴细胞则能在体外持续传代，这是病毒转化细胞的例证，也是分离出 EBV 的标志；T 淋巴细胞在加入 T 细胞生长因子 IL-2 后可在体外培养，为研究人类逆转录病毒（HIV、HTLV）提供了条件，HIV 在 T 淋巴细胞培养物中增殖形成多核巨细胞。

（二）病毒鉴定

病毒初步鉴定的依据：动物感染范围及潜伏期、对鸡胚的敏感性、细胞形态变化类型、红细胞吸附、病毒干扰现象、血凝性质、理化性质（核酸类型测定、大小形态、乙醚敏感试验、耐酸试验）。

病毒最终鉴定的依据：主要是血清学方法（中和试验、补体结合试验、血凝抑制试验）和分子生物学方法。

1. 病毒在细胞内增殖的表现

（1）细胞致病作用（cytopathogenic effect，CPE）

普通光学倒置显微镜下可观察到病毒在细胞内增殖引起细胞皱缩、变圆、出现空泡、死亡和脱落等退形性变的表现。某些病毒可产生特征性 CPE。细胞病变，结合临床表现可做出预测性诊断。细胞内病毒或抗原可被荧光素标记的特异性抗体着色，荧光显微镜下可见斑点状黄绿色荧光。免疫荧光（IF）法在鉴定病毒方面具有特异、快速的优点，根据所用抗体的特异性可判定为何种病毒感染。

（2）红细胞吸附现象（hemadsorption phenomenon）

流感病毒和某些副粘病毒在感染细胞后 24~48h，细胞膜上出现病毒血凝素，可吸附豚鼠、鸡等动物及人的红细胞，称为红细胞吸附现象。如果加入相应的抗血清中和病毒血凝素则可抑制红细胞吸附现象的发生，称为红细胞吸附抑制试验。这一现象既可作为这类病毒增殖的指征，也可作为初步鉴定的依据。

（3）干扰现象（interference phenomenon）

一种病毒感染细胞后对另一种病毒在该细胞中的增殖有干扰作用的，现象称为干扰现象。如不产生 CPE 的病毒（如风疹病毒）感染的细胞能干扰以后进入的病毒（如 ECHO 病毒）增殖，使后者进入宿主细胞不再产生 CPE。

2. 病毒感染性的定量测定

（1）空斑形成单位（plaque-forming unit，PFU）测定

首先，将适当浓度的病毒悬液接种到生长单层细胞的玻璃平皿或扁瓶中，当病毒吸附于细胞上后，在其上覆盖一层溶化的半固体营养琼脂，凝固后孵育培养。病毒在细胞内复制增殖后，每一个感染性病毒颗粒在单层细胞中产生一个局限性的感染细胞病灶。病灶逐渐扩大，若用中性红等活性染料着色，在红色的背景中显出没有着色的"空斑"，清楚可见。由于每个空斑由单个病毒颗粒复制形成，所以病毒悬液的滴度可以用每毫升空斑形成单位（PFU）来表示。PFU 测定是一种测定病毒感染比较准确的方法。

（2）半数致死量（LD50）或半数组织细胞感染量（TCID50）的测定

本法可估计所含病毒的感染量。测定病毒感染鸡胚，易感动物或组织培养后，引起 50% 细胞死亡或病变的最小病毒量，将病毒悬液作 10 倍连续稀释，接种于鸡胚，易感动物或组织培养中，经一定时间后，观察细胞或鸡胚病变，如绒毛尿囊膜上产生痘斑或尿囊液有血凝特性，或易感动物发病而死亡等，经统计学方法计算出 50% 感染量或 50% 组织细胞感染量，可获得比较准确的病毒感染性滴度。该方法可估计所含病毒的感染量。

3. 病毒形态与结构的观察

收集病毒悬液，高度浓缩和纯化，磷钨酸负染后采用电子显微镜可直接观察到病毒颗粒。根据大小、形态可初步判断病毒种属。还可采用分子生物学技术分析病毒核酸组成、基因组织构成、序列同源性比较加以鉴定病毒。

4. 血清学鉴定

鉴定病毒科属可用补体结合试验，鉴定病毒种、型及亚型可用中和试验或血凝抑制试验。病人体内中分离出的病毒株的鉴定，应结合临床症状、样本来源、流行季节等加以综合分析，并注意混杂病毒、隐性感染及潜伏病毒的影响，使用急性期与恢复期双份血清作血清学检测，血清抗体滴度必须增高 4 倍以上。用已知的诊断血清来鉴定。

三、体外抗病毒药效试验

通过比较组间细胞病变（CPE），用 Reed-Muench 法计算半数有效浓度（IC50）及治疗指数（TI），计算抑毒指数 TI 判断药物体外抗病毒效果。

体外抗 HBV 药效检测

材料与方法

　　1. 体外细胞模型：乙型肝炎病毒（HBV）转染的 HepG2 细胞，即 HepG2 2.2.15 细胞。

　　2. MTT 法检测样品对细胞的毒性。

　　3. 酶免疫测定（EIA）检测样品对 HBsAg 和 HBeAg 的抑制作用。

　　4. 阳性药物对照：拉米夫定（3TC）。

　　5. RT-PCR 检测 HBV DNA。

实验过程

　　1. 药物的细胞毒性检测：HepG2 2.2.15 细胞在 96 孔细胞培养板中培养 48h 后，加入不同浓度含药培养液，继续培养 9 天，用 MTT 法检测细胞存活率，确定药物对 HepG2 2.2.15 细胞的毒性浓度。

　　2. 药物对 HBV 病毒抗原抑制作用检测：HepG2 2.2.15 细胞在 24 孔细胞培养板中培养 48h 后，加入无毒浓度下的系列浓度的含药培养液，继续培养，在培养 5、7、10 天后收集上清液，用 HBsAg 和 HBeAg 诊断试剂盒检测 HBsAg 和 HBeAg。用 RT-PCR 检测 HBV DNA 复制数。

单 元 小 结

　　本节主要介绍了细胞培养在病毒学研究中的应用。阐述了病毒分离的一般程序和病毒鉴定的主要依据，并对体外抗病毒药效试验做简介。

相 关 链 接

http://hi.baidu.com/biovirus/item/db7db7297f64c2f951fd8748

复习思考题

　　1. 细胞培养在病毒学研究的优点。

　　2. 什么是细胞致病作用（Cytopathogenic effect，CPE）？

　　3. 什么是空斑形成单位（Plaque-forming unit，PFU）？

（谭晓华）

第三节　细胞培养在肿瘤学研究中的应用

教学目的及要求

　　1. 掌握细胞划痕实验和 Transwell 侵袭实验原理和基本操作流程；

　　2. 熟悉端粒重复序列扩增法基本原理，罗丹明外排实验；

　　3. 了解体外药物敏感性检测技术。

一、肿瘤细胞浸润与转移的检测

（一）细胞划痕实验（scratch assay）

一般做划痕实验，都是用无血清或低血清（<2%）培养基，此时细胞增殖缓慢，细胞

增殖对迁移的影响可以忽略。细胞划痕实验优点是条件容易控制，价格低廉，操作简单。一般认为细胞周期是 24h，但对于一些特殊的细胞系来说，生长可能会快一点。上皮细胞、癌细胞和角质细胞，在生理状态下形成单层或者复层上皮，当病理状态下，比如创伤愈合、细胞迁移的时候，以侧向运动为主。细胞划痕实验很好地模拟了这种运动形式，是很好的检测细胞浸润与转移的模型，这些细胞本身有较强迁移能力；细胞有极性，方便测量、观察；细胞对无血清有较强的忍受力（至少 24h）。划痕法的不足之处是适用的细胞系很窄，一般只能用于上皮、纤维样细胞系。不形成单层贴壁状态的细胞和不能耐受无血清培养条件的细胞均不适合做细胞划痕实验。

1. 实验材料

6 孔板（也可以用 96 孔板）、记号笔、直尺、20μl 枪头（灭菌），所有能灭菌的器械都要灭菌，直尺和 marker 笔在操作前用紫外线照射 30min（超净台内），无血清或者低血清（<2%）细胞培养液，PBS。

2. 操作流程

（1）先用记号笔在 6 孔板背后，每隔 0.5～1cm 划一道横线。每孔至少穿过 5 条线。

（2）按约 $5×10^5$ 个细胞/孔将细胞接种到 6 孔板中，具体数量以过夜能铺满培养皿底部为宜。

（3）第二天用枪头比作直尺，尽量垂直于背后的横线划痕。枪头要垂直，不能倾斜。

（4）用 PBS 洗细胞 3 次，去除划下的细胞，加入无血清或低血清培养基。

（5）放入 37℃、5%CO_2 培养箱培养。按 0、6、12、24h 取样，拍照。照片拍完后，可以用软件来测量划痕区域的像素，定量比较细胞迁移的速度。

（二）Transwell 侵袭实验

研究肿瘤细胞侵袭能力有体内和体外实验模型。体内肿瘤细胞侵袭模型有：皮下、肌肉内、腹腔内、小鼠肾包膜下、鼠睾丸包膜下、小鼠耳廓皮下、鼠爪垫皮下和视网内界膜侵袭模型。体外癌细胞侵袭模型有：体外静止器官培养法、半固体培养基单细胞器官培养法、液体培养基单细胞器官培养法、半体外半体内器官培养法、单层细胞器官培养法、瘤细胞球体器官培养法、静止球体器官培养法、旋转摇动球体器官培养法、单层细胞侵袭实验模型、Transwell 侵袭小室测定法。

Transwell 侵袭实验实原理：Transwell 实验是一种检测细胞侵袭能力的技术，这项技术的主要材料是 Transwell 小室（Transwell chamber）。Transwell 小室是用一层膜将高营养的培养液和低营养的培养液隔开，置于低营养培养液的细胞会穿过膜往高营养培养液迁移，在膜上涂上一层基质胶来模仿细胞外基质，细胞消化基质胶后就可以从低营养培养液迁移到高营养培养液里，检测高营养培养液里细胞量就可以判断细胞的侵袭能力。

Transwell 小室内称上室，培养板内称下室，上室内加入上层培养液，下室内加入下层培养液。将 Transwell 小室放入培养板中，上、下室培养液以聚碳酸酯膜（polycarbonate membrane）相隔。细胞接种于上室内，由于聚碳酸酯膜的通透性，下层培养液中的组分可以影响到上室内的细胞，从而可以研究下层培养液中的成分对细胞生长、运动等的影响。不同品牌的 Transwell 外形有所不同，但其关键部分都是小室底层的一张有通透性的膜。该膜带有微孔，孔径大小有 $0.1～12.0\mu m$。根据实验目的选用不同材料，一般常用的是聚碳酸酯膜。图 5-2 是一个 Transwell 装置的纵切面。

使用不同孔径、经过不同处理的聚碳酸酯膜，就可以进行共培养、细胞趋化、细胞迁

移、细胞侵袭等多种方面的研究。以
下主要为几种常用的实验。

1. 共培养体系（图 5-3）

细胞 A 接种于上室，细胞 B 接种
于下室，可以研究细胞 B 分泌或代谢
产物对细胞 A 的影响。常用膜的孔径
为 0.4、3.0μm。小于 3.0μm 孔径条
件下，细胞不会迁徙通过。若研究不
涉及细胞运动能力，细胞不需要细胞
穿过聚碳酸酯膜，则应选择 3.0μm 以下孔径。

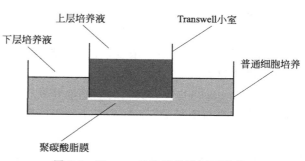

图 5-2　Transwell 装置的纵切面模式

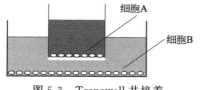

图 5-3　Transwell 共培养
体系装置模式

2. 趋化性实验

上室细胞可以透过聚碳酸酯膜进入下室，进入下室
的细胞量可反映下室成分对上室细胞的趋化能力。可选
择 5.0、8.0、12.0μm 孔径的膜。

（1）细胞 B 对细胞 A 的趋化作用

若要研究细胞 B 分泌或代谢产生的物质对细胞 A 的
趋化作用，则细胞 A 种于上室，细胞 B 种于下室。

（2）趋化因子对细胞的趋化作用

细胞接种于上室，在下室加入某种趋化因子，可研究该趋化因子对细胞的趋化作用。

3. 肿瘤细胞迁移实验（图 5-4）

可使用 8.0、12.0μm 膜，肿瘤细胞接种于上室，某些特
定的趋化因子或 FBS 加入下室，肿瘤细胞会向营养成分高的
下室迁移，计数进入下室的细胞量可反映肿瘤细胞的迁移
能力。

4. 肿瘤细胞侵袭实验

常用 8.0、12.0μm 膜，原理与肿瘤细胞迁移实验类似。

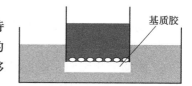

图 5-4　Transwell 肿瘤细胞
迁移实验模式

5. 实验材料

（1）Transwell 小室

现在有许多厂家提供的小室，有的已铺好基质胶，买来就可以用，很方便，但比较贵，
常用的品牌 Costar、Corning、BD 等。

（2）上层培养液

为无血清培养基，加入 0.05%～0.2%BSA 维持渗透压。

（3）细胞

有侵袭能力的细胞方可用于 Transwell 侵袭实验。建议实验前先用酶谱法检测 MMPs
的表达，特别是 MMP-2 的表达。为了让实验结果更明显，可先撤血清让细胞饥饿 12～24h，
再进行实验。

（4）基质胶

主要成分为层粘连蛋白和 IV 型胶原，常用的是人工重构基底膜材料基质胶，生产厂家有
BD、美国 Collaborative Research 公司等。BD 公司生产的基质胶，4℃时是液体，在 37℃会
逐渐凝固成胶状。如果购买的小室是已经铺好基质胶的，就不需要购买基质胶了。

（5）下层培养液

根据细胞侵袭能力确定具体下层培养液 FBS 浓度，常用 5％～10％FBS 的培养液。侵袭力弱的细胞可适当提高 FBS 浓度，也可用趋化因子。

（6）细胞培养板

常用于 Transwell 侵袭实验的细胞培养板有 6、12、24 孔板等，以 24 孔最常用。注意，细胞培养板应当与购买的 Transwell 小室相配套。

此外，膜的下室面可涂上纤维粘连蛋白（fibronectin，FN），也可用胶原（collagen）或明胶（gelatin），使穿过膜的细胞更好地附着在膜上。

6. Transwell 侵袭实验操作流程

（1）Transwell 小室制备

① 制备无基质胶 Transwell 小室

a. 包被基底膜：用 50mg/L 基质胶 1∶8 稀释液包被 Transwell 小室底部膜的上室面，4℃风干。如果需要在下室面铺 FN 的话，可用尖端剪掉 $200\mu l$ 枪头吸取 FN 均匀涂抹在小室的下面。如用胶原，通常配成 0.5mg/ml，直接涂在膜上。

b. 水化基底膜：去掉培养板中残余液体，每孔加入含 10g/L BSA 的无血清培养液 $50\mu l$，37℃，30min。

② 制备有基质胶的 Transwell 小室

根据产品说明书要求，将小室放入培养板中，在上室加入预温的无血清培养基 $300\mu l$，室温下静置 15～30min，使基质胶再水化，再去掉剩余培养液。

（2）制备细胞悬液

① 制备细胞悬液前可先使用无血清培养基培养细胞 12～24h，以去除血清的影响，但这一步不是必需的。

② 胰酶消化细胞，终止消化后离心弃培养液，PBS 洗 1～2 遍，用含 BSA 的无血清培养基重悬。调整细胞密度至 $1\times10^5\sim10\times10^5$，一般不超过 5×10^5。不同细胞侵袭能力不同，实验时采用密度应有所差别。细胞量过多，穿过膜的细胞会过多，给用计数法统计结果带来困难；而细胞过少，有可能还没到检测的时间点，所有的细胞已穿过了膜，因此至少要保证在检测终点时，上室内还要有一定量的细胞存在。

（3）接种细胞

① 取 100～$200\mu l$ 细胞悬液加入 Transwell 小室，不同公司的、不同大小的 Transwell 小室对细胞悬液加入量有不同要求，请参考说明书。24 孔板小室一般 $200\mu l$。

② 24 孔板下室一般加入 $500\mu l$ 含 FBS 或趋化因子的培养液，不同的培养板加的量有不同要求。下层培养液和小室间常会有气泡产生，一旦产生气泡，下层培养液的趋化作用就减弱甚至消失，这点要特别注意。在种板的时候要特别留心，如果有气泡产生，可将小室提起，去除气泡，再将小室放进培养板。

③ 细胞培养：培养时间主要依癌细胞侵袭能力而定，常规培养 12～48h。时间点的选择除了主要受细胞侵袭力影响外，处理因素对细胞数目的影响也不可忽视。

7. Transwell 侵袭实验结果统计

（1）"贴壁"细胞直接计数法

"贴壁"是指细胞穿过膜后，可以附着在膜的下室侧面而没有掉到下室培养基中去。通过染色，可镜下计数细胞。见图 5-5。

①　用棉签擦掉基质胶和上室内的细胞。

②　染色。常用的染色方法有结晶紫染色、台盼蓝染色、Giemsa染色、苏木精染色、伊红染色等。

③　细胞计数：用正置显微镜进行观察和拍照，把Transwell小室反过来底朝上，可清楚看到小室底膜上下室的附着细胞。也可使用手术刀将膜切下后染色，再贴在玻片上，滴二甲苯，再盖上盖玻片，长期保存。取若干个视野计数细胞个数，一般采用随机选取的3～5个视野，都是随机选取。

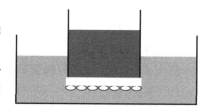

图5-5　"贴壁"细胞计数法

（2）间接计数法

主要用于穿过细胞过多，无法通过计数获得准确的细胞数所采用的方法，其原理与常用的MTT实验相同。

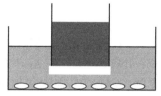

图5-6　"非贴壁"细胞计数法

（3）荧光试剂检测

其原理与MTT法类似，此类方法一般是与Transwell小室一起出售的，是用一种荧光染料染细胞，再将细胞裂解，检测荧光值。Chemicon的ECM554即属于这类。

（4）"非贴壁"细胞计数

由于某些细胞自身的原因或某些膜的关系，有时细胞在穿过膜后不能附着在膜上，而是掉进下室。见图5-6。

二、肿瘤细胞端粒酶活性检测

端粒酶是一种核糖核蛋白酶，由RNA和蛋白质组成。人类的端粒酶包括端粒酶RNA（hTR）、端粒酶结合蛋白（hTP1）、端粒酶活性催化单位（hTERT）。端粒酶能以自身的RNA（5′-CUAACCCUAAC-3′）为模板，合成出富含脱氧单磷酸鸟苷（dGMP）的DNA序列后添加到染色体的末端并与端粒蛋白质结合，从而稳定染色体的结构。

端粒酶在干细胞等增殖活跃的细胞中活性较高，而在正常成熟体细胞中失活；绝大多数肿瘤细胞呈端粒酶阳性，而癌旁组织和正常组织阳性率很低，因此端粒酶是一种可能的肿瘤标志物。

端粒在细胞癌变和衰老过程中起着重要的作用，其调控机制与端粒酶密切相关，了解端粒酶的结构、活性及其检测方法，能够帮助人们更好地了解癌症产生机理，找寻新的癌症治疗方法。常用端粒酶活性检测方法有端粒重复序列扩增法（telomere repeat amplification protocol，TRAP）、端粒酶重复序列延伸法、改良的TRAP法，也可检测端粒酶催化亚单位（hTERT）的含量。

（一）端粒重复序列扩增法（telomere repeat amplification protocol，TRAP）

1994年，Kim建立了基于PCR基础上的端粒重复序列扩增法。由Kim于1994年建立。其基本原理为端粒酶在体外可以其自身RNA的模板区为模板，在适宜的寡核苷酸链的末端添加6个碱基的重复序列，使用聚丙烯酰胺凝胶电泳（PAGE）技术可显示6个碱基差异的梯带。TRAP是利用去污剂CHAPS提取端粒酶，先将反应体系中下游引物CX［5′-(CCCTTA)₃CCC2TAA-3′］用石蜡层与其他反应物隔开，然后在石蜡层上利用端粒酶的逆转录酶活性在非端粒核酸TS（5′-AACCGTCGAGCAGAGTT-3′）引物的3′-末端合成端粒重复序列，并用［α-³²P］dCTP或［α-³²P］dGTP标记产物，然后利用下游引物CX和上游引物TS进行PCR扩增。通过凝胶电泳后放射自显影来达到检测肿瘤细胞中端粒酶活性的目的。改良的 TRAP 法采使用荧光标记的引物和银染法对酶的活性进行检测，从而避免了放射性同位素的危害。

1. 端粒酶的提取

使用 CHAPS 等去污剂裂解的方法可从少量细胞获取较稳定的端粒酶提取液。步骤如下：$40 \sim 100mg$ 冷冻（$-70℃$ 保存）组织或 $10^4 \sim 10^6$ 沉淀细胞用冰浴预冷洗液 [10mmol/L herpes-KOH（pH7.5），1.5mmol/L $MgCl_2$，10mmol/L KCl，1mmol/L DTT] 洗 1 次；10000g 4℃ 离心 1min；在沉淀中加冷裂解液，[10mmol/L Tris-HCl（pH7.5），1mmol/L $MgCl_2$，1mmol/L EGTA，0.1mmol/L PMSF，5mmol/L β-巯基乙醇，0.5% CHAPS，10% 甘油] $200\mu l$，自动匀浆器冰浴中匀浆；450r/min，25min；16000r/min 4℃ 离心 20min；取上清 $160\mu l$，取部分样品用于蛋白定量，其余迅速冷冻，$-70℃$ 低温保存。端粒酶经不多于 10 次反复冻融可保持活性稳定。对某些标本，部分学者用 0.5%Tween-20 代替 0.5%CHAPS 获得不多于更好的效果。

2. TRAP 扩增

TRAP 体系 $50\mu l$，包含：20mmol/L Tris-HCl（pH8.3），1.5mmol/L $MgCl_2$，63mmol/L KCl，0.005% Tween-20，1mmol/L EGTA，$50\mu mol/L$ dNTP，TS $0.1\mu g$，T4 基因 32 蛋白（T4 Gene 32 Protein）$1\mu g$，0.1mg/ml 牛血清白蛋白，CHAPS 细胞提取液（含 $6\mu g$）蛋白 $1 \sim 2\mu l$，$[\alpha$-$^{32}P]$ dGIP 或 $[\alpha$-$^{32}P]$ dGIP（$10\mu Ci/\mu l$，3000Ci/mmol）$0.2 \sim 0.4\mu l$，这一反应体系可同时满足端粒酶 Taq 聚合酶的活性需要。23℃ 10min 合成端粒酶延伸产物后，94℃3s 灭活端粒酶，加入 $0.1\mu g$ CX 和 2U Taq 酶，94℃ 30s，50℃ 30s，72℃ 1.5min 扩增 27 个循环，$25\mu l$ 产物进行 15%PAGE 凝胶电泳。

3. 扩增片断的检测

（1）同位素法

应用最多的是 Kim 建立的方法即为同位素法。采用 $[\alpha$-$^{32}P]$ 标记的 dGTP 或 dCTP 掺入的部分学者用 $[\gamma$-$^{32}P]$ dATP 和 T4 激酶标记 TS 引物的 $5'$ 端，认为这样更易于检出低水平的端粒酶，也更易定量。PAGE 电泳后在 X-光片上放射自显影，或用 Phosphoimager 仪扫描测定 3h。同位素法的主要优点是灵敏度高，100 个永生化细胞 27 个循环即可检出，缺点是存在放射性污染，且放射自显影需 8h 至 2 天以上，时间较长。

（2）染色法

PAGE 电泳后，用 SYBR green 或溴化乙锭（EB）染色，紫外灯下观察，或用 CCD 图像系统测定。EB 在 320nm 紫外透射仪或橘红色紫外滤光片下效果最好，敏感性与 SYBR green 相近。染色法简便，快速。灵敏度为 100 个永生化细胞 30 个循环，因染色带的信号强度不能精确反映其分子数（大片断染色更强），所以染色法只能判定相对端粒酶活性，不能测定端粒酶延伸产物的确切数量。

（3）荧光法

加入荧光素标记（如 FAM，FITC）的 TS 和/或 CX 引物 10pmol 扩增，8% 的变性 PAGE 凝胶电泳后，用 DNA 测序仪自动读取数值，片断管理系统软件计算扫描曲线的峰高和峰面积。该方法从上样到出结果仅需 90min。荧光系统极敏感，要使用 $0.5 \sim 1.0\mu g$ 的低蛋白量，扩增 27 个循环，以避免过量扩增产物可能给出不可靠结果，因为片段管理系统能自动检出很微弱的荧光，所以不能精确测定低水平端粒酶活性。

荧光法还可用于原位 TRAP 分析，可以在细胞水平上检出端粒酶活性，可判定是哪些细胞、多少细胞具有端粒酶活性，而裂解提取法则不能判断出端粒酶活性的细胞来源。原位 TRAP 分析在硅化玻片上进行，使用荧光显微镜观察结果。目前该方法只用于新鲜标本，冻存病理标本的实验尚不成功，需改进地方有：防止冻融中胞内端粒酶的分散、增加标本的渗透性等。

（4）ELISA 法

TS 引物 5′端标记上生物素，PCR 扩增，产物变性，加入地高辛标记的能与扩增产物的重复片段特异结合的探针，杂交产物上的生物素与固定在微孔板上的卵白素相结合，探针上的地高辛结合过氧化物酶标记的抗地高辛抗体，然后加入底物，显色后用酶标仪测定。ELISA 法由于没有电泳，因此观察不到 6bp 差异的梯带。

（二）端粒重复序列延伸法

该方法由 Greider 等在 1985 年首次提出。检测方法是将细胞提取液与寡核苷酸引物的保温，有活性的端粒酶利用所提供的原料以自身的 RNA 为模板，在引物的 3′端添加 DNA 序列，然后通过聚丙烯酰胺凝胶电泳和放射自显影显示结果。

（三）检测端粒酶催化亚单位（hTRT）

提取并纯化端粒酶的催化亚基。检测蛋白有两种方法：一是电泳分离组织提取物，转膜作抗原-抗体反应（Western-blot）；另一种是直接在组织切片上进行免疫组化反应。H. Tahara 采用此法比较研究了结肠癌和非癌组织，所得结果与 TRAP 法一致。G. Schnapp 等采用一步亲和纯化法，从人细胞核中成功地提取到高活性的端粒酶蛋白（SSOKI），这为从蛋白水平研究端粒酶开拓了新的途径。

三、肿瘤细胞癌基因与抑癌基因的检测

（一）癌基因与抑癌基因（oncogene and anti-oncogene）

癌基因是人类或其他动物细胞（以及致癌病毒）固有的一类基因，它的异常表达或表达产物异常直接决定细胞恶性程度，又称为转化基因。已发现的细胞癌基因大都是一些与正常细胞生长增殖、分化和凋亡密切相关的、非常保守的"管家基因"。它们的表达产物为生长因子、生长因子受体、或为小分子 G 蛋白、蛋白激酶，或为转录因子。总之，都是各种信号转导途径中的关键分子，有非常重要的生理功能，其表达受到严密而精细的调控。

癌基因可分为病毒癌基因及细胞癌基因。病毒基因包括 DNA 肿瘤病毒的转化基因和 RNA 肿瘤病毒的癌基因。细胞癌基因又称原癌基因，是病毒癌基因的原型。病毒癌基因具有使宿主细胞发生恶性转化，形成肿瘤的能力，而正常的细胞癌基因无此能力。只有细胞癌基因的表达失控，或由于结构改变导致表达产物的活性改变时，则可导致细胞转化，进而形成肿瘤，这种情况称为癌基因的激活。癌基因的激活主要有以下几种方式：强启动子或增强子的插入、基因突变、基因扩增、基因重排或染色体易位。肿瘤的发生与发展多涉及多种癌基因的激活。

抑癌基因或称抗癌基因（anti-oncogene）也称为肿瘤抑制基因（tumor-suppressor gene），抑癌基因受抑制、失活、丢失，或其表达产物丧失功能，均可导致细胞恶性转化；在实验条件下，外源表达或激活它可抑制细胞的恶性表型。

抑癌基因是一类生长控制基因或负调控基因，其缺失或突变将会引起功能丧失，导致细胞的恶性转化；在实验条件下，如果将基因导入转化的细胞，则可抑制其恶性表型。一些抑癌基因，例如 P53 和 erbA，突变后不仅原有抑癌功能丧失，还可促进肿瘤的发生，即转变成癌基因。

（二）基因检测与基因诊断

基因检测是预测性基因分析，是一种能够显示未来的疾病可能性的检测，而不是对现有疾病的诊断。广义的基因检测包括了疾病预防及疾病诊断两个方面。

目前，我国基因诊断在以下几个方面已进入临床实用阶段。

1. 遗传病的产前诊断

通过基因诊断，可确定胎儿性别，这对于与性染色体有关的遗传病的诊断十分必要。对于一些高发性的遗传病的基因诊断已在临床应用多年，如地中海贫血、镰刀状贫血、凝血因子缺乏等，为优生优育做出了贡献。

2. 癌症诊断

目前，通过基因检测在临床上可以诊断白血病、肺癌、神经胶质瘤等癌症。

3. 其他基因诊断技术还广泛应用于司法鉴定、动植物检疫以及转基因动植物中阳性基因的检测等方面，如 DNA 指纹分析、个体识别、亲子鉴别等。

四、肿瘤细胞体外药物敏感性检测

由于药物抗癌的选择作用、个体差异性、多重抗药性（原发性、继发性）等因素的影响，肿瘤个体对药物的敏感性和耐药性不同，即使是同一组织类型，分化程度相同的肿瘤对同一药物的敏感性也不同。因此，选择和确定针对个体的化疗敏感药物，既可以减少化疗的盲目性，又可以避免不必要的机体损害和多重抗药性的产生，提高治疗效率。

现有的主要药敏检测方法及其存在的问题如下。

1. 集落形成法（HTCA）

标本可评价率低，仅有 40%～70%；实验周期长，需要 2 周以上；测试药物种类和数量有限；操作繁琐，难以标准化；阳性预测值较低，仅有 40%～60%。

2. 四唑蓝比色法（MTT）

敏感性较差，最低仅能检测 500 个细胞；量程较小，有效量程在 2.0 以内。

3. 细胞毒性差异染色法（DiSC）

可适用标本类型不广，目前仅用于血液肿瘤；人为判断因素较大，难以推广；标本可评价率不高，仅有 70%～80%；阳性预测值较低，仅有 70%～80%。

4. 胸腺嘧啶核苷掺入法（^{3}H-TdR）

实验人员接触放射，不利于健康；标本可评价率不高，仅有 70%～80%；测试结果仅能反映少量处于增殖相的肿瘤细胞；对某些药物的测试结果存在假阴性。

（一）ATP 生物荧光肿瘤体外药敏检测技术（ATP-TCA）

ATP-生物荧光体外抗肿瘤药物敏感性检测技术是近年来发展起来的较先进的肿瘤药敏检测技术，已在欧美和日本等国家进行了大量的临床应用研究，临床试验证实该技术的应用提高了肿瘤的疗效。美国国立卫生研究院的 GOG（Gynecologic Oncology Group）项目组认为该方法是最有发展前途的一种药敏试验方法。

1. 原理

细胞内源性 ATP 含量与活细胞数量呈正相关，因此，测定细胞内源性 ATP 的量可以反映细胞的活性及活细胞数量。体外测定经不同浓度化疗药物直接杀伤的培养肿瘤细胞中的 ATP 含量，从而可以判断该肿瘤细胞对化疗药物的敏感程度。通过肿瘤细胞体外给药培养，经生物荧光系统（ATP-TCA）测定活细胞指标 ATP，进而判断抗肿瘤药物的敏感性和抗性。具体而言，在有氧条件下荧光酶可以和底物荧光素结合，催化 ATP 转变成 AMP，并同时释放出荧光（波长为 562nm）。测定所产生的荧光强度，可获得 ATP 的含量。再根据细胞内 ATP 含量与细胞活性状态在一定范围内呈线性关系，通过对细胞内 ATP 含量（$10^{-13} \sim 10^{-5}$ mol/L）的测量可计算出活细胞数量。

$$ATP + Luciferin + O_2 \xrightarrow{\text{Luciferase}} AMP + 2Pi + Photons + Oxylaluciferin$$

该技术能在患者化疗之前检测出该患者肿瘤细胞对药物的敏感性，准确预见体内治疗效果，从而为患者筛选出相对有效化疗药物，为临床医师确定化疗方案和开展个体化治疗提供科学依据。其良好的稳定性和重复性、高敏感性、高可评价率、高通量筛选、计算机扫描和软件分析等特点，使该技术体外检测结果与体内治疗反应间具有高度的一致性，总的预测准确率在 85% 以上，阳性和阴性预测值、敏感性和特异性均高于其他技术。

2. 操作步骤

（1）标本处理和运送

① 实体瘤标本的处理、运送

为了获得足够数量的活肿瘤细胞，要留取肿瘤细胞未坏死液化的部分，肿瘤标本不应小于 1.0g。标本取出后，应立即放入装有 PBS 或 RPMI 1640 培养液的无菌小瓶中，并在尽快（3h 内）送抵实验室。

RPMI 1640 标本浸泡液配制：庆大霉素 400u/ml，氨苄青霉素 500μg/ml，两性霉素 3μg/ml，制霉菌素 125u/ml，溶解于 RPMI 1640 培养液。肿瘤组织标本先放置于 RPMI 1640 浸泡液中，浸泡处理 15min 后再作培养。

② 胸腹水标本的处理、运送

胸腹水中细胞数量不均一，故应尽量多收集标本，不少于 500ml，加入肝素抗凝，浓度 20u/ml。

③ 去除红细胞

第一次离心后，去掉上清并加入预冷的 10ml 红细胞裂解液重悬细胞，冰浴 5～10min 后加入 RPMI 1640 培养液 20ml，离心 400g 10min，去上清。若胸腹水标本的红细胞较多，冰浴时间延长到 15～20min，并轻摇 2 次。

（2）肿瘤细胞悬液的制备

① 组织消化液配制：将 RPMI 1640 培养液 10ml 加入到组织消化酶冻干瓶中充分溶解混合，过滤除菌，置于 50ml 无菌塑料离心管中待用。

② 去除标本浸泡液，剥离肿瘤样本表面的结缔组织、纤维和脂肪，使用无菌剪刀将标本剪碎成 1mm³ 的碎块，然后将其转移到含组织消化液的离心管中。

③ 将离心管倾斜置于 37℃ 孵育箱中孵育 1.5～3h，每隔 15～30min 振摇一次，使其充分消化。

④ 消化结束后，用 10ml 吸管反复吹打消化混合液，使组织块完全分散。

⑤ 细胞洗涤：加入 RPMI 1640 培养液 35ml，混匀，400g 离心 10min，弃上清。若有大量红细胞（>25%），参考操作步骤（1）中③去除；然后加入 RPMI 1640 培养液 35ml 混悬沉淀物，400g 离心 10min，去上清；加入 3～5ml 培养基混匀重悬制备细胞悬液。

⑥ 细胞计数：吸取适量的细胞悬液，适当稀释，台盼蓝染色计数。

（3）胸腹水标本的制备

将肝素抗凝的胸腹水标本，400g 离心 10min，弃上清。若有大量红细胞（>25%），参考操作步骤（1）、③去除；加入 RPMI 1640 培养液 30ml 重悬沉淀物，400g 离心 10min，弃上清，加入培养基 3～5ml 混匀，制备得细胞悬液，计数后备用。

（4）培养的肿瘤细胞系

① 贴壁细胞：用 0.25％胰蛋白酶、0.02％EDTA 消化细胞，收集后用 20ml 培养基 400g 离心 10min，弃上清，用 3ml 培养基混匀细胞，计数后备用。

② 悬浮细胞：400g 离心 10min，去上清，用 3ml 培养基混匀细胞，计数后备用。

（5）加药步骤

① 待测化疗药物准备

根据待测药物的临床使用剂量和其所对应的血浆峰值浓度（peak plasma concentration, PPC），设定 6 个检测浓度，即 200％、100％、50％、25％、12.5％、6.25％的 PPC。每个浓度作 2 个复孔。同时设 M0：无药对照孔，MI：最大抑制孔。

② 细胞接种和培养

一般情况下，接种数量在 $2 \times 10^4 \sim 4 \times 10^4$ 细胞/孔之间可以得到比较好的试验结果。接种细胞时请严格按下列顺序操作。

a. 计数后，确定所需接种细胞量。用培养基稀释密度至 $2 \times 10^5 \sim 4 \times 10^5$ 细胞/ml。

b. 使用多道加样器，从 A 行到 F 行的每孔加入 0.1ml 的细胞悬液，这样，从 A 行到 F 行每孔的细胞数为 $2 \times 10^4 \sim 4 \times 10^4$ 个，而药物浓度为 6.25％～200％PPC。

c. G 行的 M0 对照孔，用多道加样器每孔加入 0.1ml 细胞悬液。

d. H 行的 MI 对照孔，用多道加样器每孔加入 0.1ml 细胞悬液。

e. 将细胞培养板放置在湿盒内，37℃、5％ CO_2 饱和湿度的细胞培养箱内培养 5～7 天。培养期间保持孵箱内湿度大于 95％。

（6）肿瘤细胞生长状态观察

在肿瘤细胞接种以后，孵箱中培养 5～7 天。在此期间，需每天观察该肿瘤细胞生长状态，如有无细菌或真菌污染，接种是否均匀，肿瘤细胞是否贴壁和伸展，其克隆生成情况，以便及时了解细胞情况。

（7）ATP 的提取和荧光测定

5～7 天完成培养后，可提取细胞 ATP 进行测定。

① ATP 的提取（此处严格按下列顺序操作）

荧光酶-荧光素系统工作液配制。将 12ml 荧光酶工作液加到荧光酶-荧光素系统中，充分溶解混合，配成发光工作液，室温、避光放置 10min。用多通道加样器按从 A-G 行顺序将 ATP 提取液加入到 96 孔培养板，每孔 50μl，更换吸头后，向 H 行加入 ATP 提取液 50μl。室温静置 5min，振荡 20～30s。

② 荧光测定

ATP 提取以后，使用多道加样器自 96 孔培养板 A-G 行顺序依次吸出 50μl 上清液，更换吸头后，从 H 行吸出 50μl 上清液，加入到对应荧光测定板中。

在荧光测定板中每孔加入 50μl 发光工作液，在微量振荡器上振荡 10 秒，立刻用荧光扫描仪测定。

（8）ATP 标准曲线绘制

向 ATP 冻干瓶内加入无菌去离子水 2ml，充分溶解，溶液浓度为 250ng/ml。

梯度稀释（3 倍）ATP 溶液，ATP 含量依次为：250、83.3、27.4、9.1、3.0、1、

0.33、0.11ng/ml，加入配制好的发光工作液，每浓度取 $50\mu l$，设 3 个复孔即刻进行测量。

以每个梯度平均荧光值为纵坐标，ATP 含量的对数值为横坐标做标准曲线，分析相关系数和变异系数。

（二）立体组织培养肿瘤药敏检测（HDRA）技术

该技术由 Hoffman 等于 20 世纪 80 年代末期建立，是一种基于非分散性组织的药物敏感性检测技术，用于原代瘤组织体外药敏检测，至今已有 10 余年的历史。国外已经进行了大量的临床实验研究，证实是一种体内外符合率较高的药敏检测技术。这项技术将微小组织培养于一种天然胶原海绵基质上，同时加入抗癌药物处理一定的时间，细胞活性终点评价方法，采用 MTT 还原法，结果较为直观可靠。HDRA 技术目前主要应用于胃癌、肠癌、卵巢癌、乳腺癌、肉瘤、肺癌、泌尿系肿瘤、头颈部肿瘤的检测。

HDRA 技术有如下特点：①肿瘤组织不需要机械/酶学分散，保持其结构及形态，可减少操作造成的细胞损失；②模拟体内药物对癌组织的作用，评价客观，同时避免了仅进行癌细胞评价的片面性；③这项技术采用天然胶原海绵作为培养基质，同时培养的组织靠近液面，促进气液交换以保证癌细胞的生长增殖；④具有比较高的标本可评价率，据报道为90%～100%。

HDRA 技术可保持肿瘤组织基本形态结构，模拟药物对肿瘤组织的作用，同时可避免由于组织分散造成的细胞损伤和丢失，能够全面反映药物对癌组织的作用，具有操作简便、结果直观的特点。国外研究结果表明，该技术准确可靠，与临床疗效具有较好的相关性，目前已在美国和日本进入临床应用。近年来的研究表明，该技术能够反映肿瘤患者生存预后，对于指导个体化治疗有实际意义。

（三）胶滴抗肿瘤药敏检测（CD-DST）技术

目前国际上建立的一系列体外抗肿瘤药物敏感性检测技术，不同程度上解决了肿瘤个体化治疗的问题，但均存在所需细胞数量多、不能解决小量标本药敏检测的问题。在此种研究背景下，人们建立了胶滴抗肿瘤药敏检测技术。CD-DST 技术具有细胞用量少（3×10^3 个细胞/孔）、标本培养成功率高、临床相关性好、结果分析客观及敏感、快速的特点，是一种先进的微量体外药敏检测技术，在临床应用中具有广阔发展前景。

CD-DST 技术是利用在 37℃时胶原凝胶可形成的三维立体结构的特点，在体外模仿体内肿瘤细胞生长微环境，使肿瘤细胞能够在与体内环境相近似的条件下生长，生长的肿瘤细胞具有与体内相似的细胞形态特点。培养 7 天后，经过干胶、染色、扫描等程序最终对化疗药物对肿瘤细胞的杀伤作用程度做出客观评价。

五、肿瘤多药耐药基因及其表达产物的检测

多药耐药是指由一种药物诱发，对该药耐药的同时，对其结构和作用机制无关的化疗药物产生交叉耐药。多药耐药与多种基因表达增加有关，如多药耐药蛋白 1（multidrug resistance 1，Mdr1）及其产物 P 糖蛋白（P-glycoprotein，P-gP）的表达增高，多药耐药相关蛋白（multidrug resistance-associated protein，MRP1）基因的扩增或表达增加，DNA 拓扑异构酶Ⅱ活性增高或性质发生改变，谷胱甘肽解毒系统酶活性增高等。

肿瘤耐药基因的常规检测方法主要有两类：一类是蛋白质测定法，包括免疫组化法、免疫印迹法和流式细胞仪检测法等；另一类是 mRNA 测定法，包括 Northern blot、Slot blot、RNA 原位杂交及 RT-PCR 检测法。

还可以采用罗丹明外排实验来检测 P-gP 的活性。基本原理如下：罗丹明作为 P-gp 的转运底物能较好地代表其转运功能，将处于指数生长期的肿瘤细胞以 2×10^4/ml 接种于 24 孔培养板，每孔 1ml，培养 24h。小心吸去培养液，加入罗丹明至终浓度为 $5\mu g/ml$ 继续培养 30min，弃去培养液，加入不含罗丹明的培养液，2h 后收集细胞。细胞收集方法为：吸弃培养液，0.25％胰酶消化，冷 PBS（0℃）吹洗，离心（800r/min）3 次后，$500\mu l$ 冷 PBS 吹散细胞。在流式细胞仪上检测（激发波长 480nm，发射波长 540～660nm），以荧光强度平均值（Mean）表示细胞内罗丹明浓度。

单 元 小 结

本节对细胞培养技术在肿瘤学研究的应用做了详细阐述。主要涉及肿瘤细胞浸润与转移、肿瘤细胞端粒酶活性检测、肿瘤细胞癌基因与抑癌基因的检测方法。

相 关 链 接

1.http://www.keygentec.com.cn/details/339263.html

2.http://www.docin.com/p-324290063.html

复习思考题

1. 简述 Transwell 侵袭实验基本原理。

2. 简述端粒重复序列扩增法。

3. 简述罗丹明外排实验流程。

（谭晓华）

第四节　细胞培养在免疫学研究中的应用

教学目的与要求

1. 掌握 HAT 选择性培养的原理，淋巴细胞分离的常用方法，ELISA 的原理；

2. 熟悉 ELISA 的操作步骤，T 细胞增殖试验，溶血空斑形成试验；

3. 了解制备单克隆抗体的基本步骤。

一、杂交瘤克隆及单克隆抗体制备

1975 年，Koehler 和 Milstein 发现将骨髓瘤细胞与经抗原免疫的小鼠脾细胞进行融合所产生的杂交瘤细胞，能产生仅针对某一特定抗原表位、完全均一的抗体，称为单克隆抗体。杂交瘤技术是一项周期长，高度连续性的实验技术，涉及大量组织细胞培养、细胞免疫学和免疫化学等方法。

制备单克隆抗体（monoclonal antibody，mAb）包括两种亲本细胞的选择和制备，细胞融合，杂交瘤细胞的选择性培养和克隆化，单克隆抗体的鉴定及纯化等。

（一）细胞融合前准备

1. 免疫方案

选择合适的免疫方案对细胞融合以及获得高质量的 mAb 至关重要。一般在融合前两个月左右，根据抗原的特性不同确定免疫方案。颗粒性抗原在免疫时通常不需加用佐剂；而可溶性抗原的免疫原性往往较弱，在免疫时多需加免疫佐剂。常用的免疫佐剂有弗氏完全佐剂（Freund's complete adjuvant，FCA）和弗氏不完全佐剂（Freund's incomplete adjuvant，FIA）。

2. 饲养细胞

在体外的细胞培养中，单个的或数量很少的细胞往往不易生存与繁殖，而必须加入其他活细胞才能使其生长繁殖，加入的细胞称之为饲养细胞（Feeder cell）。在细胞融合和单克隆选择的过程中，就是使少量的或单个的细胞生长繁殖成群体，因此在该过程中必须使用饲养细胞。常用的饲养细胞有小鼠的脾细胞、胸腺细胞、腹腔渗出细胞（主要为巨噬细胞和淋巴细胞）等。经放射线照射后的小鼠成纤维细胞系 3T3 也可作为饲养细胞，照射后的细胞可液氮保存，临用时复苏，使用较方便。

一般在融合前一天制备饲养细胞，通常一只小鼠可获得 $5\times10^6\sim8\times10^6$ 腹腔巨噬细胞，其作为饲养细胞的密度约为 2×10^5/ml，若用小鼠胸腺细胞作为饲养细胞，细胞密度约为 5×10^6/ml，小鼠脾细胞的密度约为 1×10^6/ml，小鼠成纤维细胞（3T3）的密度约为 1×10^5/ml，均为 100μl/孔。

小鼠腹腔巨噬细胞的制备方法如下：

（1）采用的小鼠应与免疫的小鼠为同一品系，常用 6～10 周龄 BALB/c 小鼠。

（2）拉颈脱臼处死小鼠，浸泡于 75% 乙醇中 3～5min，用无菌剪刀剪开皮肤，暴露腹膜，然后用无菌注射器将 6～8ml 细胞培养液注入腹腔内，反复冲洗后吸取冲洗液。

（3）将腹腔冲洗液加入至 10ml 离心管中，1200r/min，离心 5～6min。

（4）用含 20% 小牛血清或胎牛血清的培养液混悬，调整细胞密度至 2×10^5/ml，加入到 96 孔板，100μl/孔，置 37℃、5% CO_2 培养箱中培养。

3. 骨髓瘤细胞

应选择与免疫动物同一品系的骨髓瘤细胞系，以提高杂交融合效率，也便于接种的杂交瘤细胞在同一品系的小鼠腹腔内产生大量 mAb。

常用的骨髓瘤细胞系有 NS1、SP2/0、X63、Ag8.653。

骨髓瘤细胞培养液：常用含 10%～20% 小牛或胎牛血清 RPMI 1640、DMEM，细胞最大密度不超过 10^6/ml，通常扩大培养以 1∶10 稀释传代，每 3～5 天传代一次，细胞的倍增时间为 16～20h，上述三种常用的骨髓瘤细胞系均为悬浮或轻微贴壁生长，用滴管轻轻吹打即可悬起细胞。

一般在准备融合前两周进行骨髓瘤细胞的复苏，为确保该细胞对 HAT 的敏感性，每 3～6月应用 8-AG（8-氮杂鸟嘌呤）筛选一次，以防止细胞的突变。

保证骨髓瘤细胞处于指数生长期、细胞形态良好和活细胞数＞95%，也是使细胞融合获得成功的关键一环。

4. 免疫脾细胞

免疫脾细胞是指处于免疫状态脾脏中 B 淋巴母细胞（浆母细胞）。通常取末次加强免疫 3 天以后的脾脏，此时 B 淋巴母细胞比例较大，融合的成功率较高。

脾细胞悬液的制备：在无菌条件下取出脾脏，用不完全培养液洗 1 次后将其置于平皿中不锈钢筛网上，用无菌注射器针芯研磨成细胞悬液后计数。免疫后的脾脏的体积通常约为正常鼠脾脏的 2 倍，细胞数约为 2×10^8。

（二）细胞融合及杂交瘤的选择

借助物理或化学手段，将两个或两个以上不同特性的细胞融合在一起，组成一个异型核细胞，新形成的异型核细胞称为杂交细胞。如果两个细胞中有一个为瘤细胞，则融合的细胞称为杂交瘤细胞，此项技术称为杂交瘤技术。杂交瘤细胞具有两种亲本细胞的基因和特性。由免疫 B 细胞与瘤细胞融合形成的杂交瘤细胞系可产生单一特异性的抗体。该融合的细胞是经过反复克隆而挑选出来的，由该克隆细胞所产生的抗体称之为单克隆抗体（mAb）。mAb 在分子结构、氨基酸序列以及特异性等方面都是完全一致的。

利用杂交瘤技术制备 mAb 的基本原理是：①淋巴细胞产生抗体的克隆选择学说，即一个克隆只产生一种抗体；②细胞融合技术产生的杂交瘤细胞可以保持双方亲代细胞的特性；③利用代谢缺陷补救机理筛选出杂交瘤细胞，并进行克隆化，然后大量培养增殖，制备所需的 mAb。

1. 细胞融合流程

（1）取指数生长期骨髓瘤细胞 SP2/0，1000r/min 离心 5min，弃去上清，用不完全培养液混悬细胞后计数，再用不完全培养液洗涤 2 次。

（2）同时制备免疫脾细胞悬液，用不完全培养液洗涤 2 次。

（3）将骨髓瘤细胞与脾细胞以 1：10 或 1：5 比例混合，置于 50ml 离心管内，用不完全培养液洗 1 次，1200r/min 离心 8min。

（4）弃去上清液，用滴管吸净残留液体，以免影响聚乙二醇（PEG）的浓度。

（5）轻轻弹击管底，使细胞沉淀略为松动。

（6）在室温下融合：①在 30s 内加入已 37℃预热的（含 5%DMSO）45%PEG（Merck，分子量 4000)1ml，边加边搅拌；②90s 后（若冬天室温较低，可延长至 120s），加入 37℃预热的不完全培养基，终止 PEG 作用，每隔 2min 分别加入 1、2、3、4、5、10ml。

（7）800r/min 离心 6min。

（8）弃去上清液，用含 20% 胎牛血清 RPMI 1640 培养液约 6ml 轻轻混悬，切记不可用力吹打，以免使融合的细胞散开。

（9）根据所使用 96 孔板的数量，于一块 96 孔板补加 10ml 完全培养液。

（10）将融合后的细胞悬液加入到含有饲养细胞的 96 孔板，100μl/孔，置于 37℃、5% CO_2 培养箱培养。一般一块 96 孔板含有 $1 \times 10^7 \sim 4 \times 10^7$ 脾细胞。

2. HAT 选择杂交瘤

HAT 选择性培养的原理：小鼠骨髓瘤细胞与免疫小鼠的脾细胞在融合剂聚乙二醇（PEG）作用下，细胞间发生随机的融合，形成具有 5 种细胞成分的混合物，包括未融合的骨髓瘤细胞与脾细胞，骨髓瘤细胞与骨髓瘤细胞、脾细胞与脾细胞、骨髓瘤细胞与脾细胞三种融合细胞。只有骨髓瘤细胞与脾细胞融合才能成为杂交瘤细胞。

欲从众多细胞中得到杂交瘤细胞，首先要清除两种亲本细胞及两种同种细胞融合的同核体细胞。小鼠脾细胞在体外培养只能存活数天，且不能增殖，因此不会影响杂交瘤细胞生长；骨髓瘤细胞具有极强的生长能力，且增殖速度快，需及时清除骨髓瘤细胞、骨髓瘤细胞与骨髓瘤细胞的融合细胞。

HAT 系次黄嘌呤（hypoxanthine，H）、氨基蝶呤（aminopterin，A）与胸腺嘧啶核苷（thymidine，T）的混合物，HAT 培养基也就是指含有这三种物质的细胞培养基。核苷酸是合成 DNA 的原料。核苷酸合成在细胞内具有从头合成途径（de novo pathway）和补救合成途径（salvage pathway）。叶酸在从头合成途径中是必不可少的。HAT 中的 A 是叶酸的拮抗剂，可以阻断骨髓瘤细胞利用从头途径合成 DNA。正常细胞在补救合成途径中可以利用 HAT 培养液中的 H 和 T，在次黄嘌呤-鸟嘌呤磷酸核糖转移酶（HGPRT）和胸腺嘧啶核苷激酶（TK）的催化作用下经补救途径合成 DNA。骨髓瘤细胞是经过 8-氮杂鸟嘌呤（8-AG）或 6-巯基鸟嘌呤（6-TG）筛选得到的遗传基因缺陷型的细胞系，缺乏利用 H 或 T 进行补救合成所需的酶 HGPRT 或 TK。因此，培养基中含有 A 时，细胞便只能通过补救合成途径合成核苷酸，从而导致缺乏 HGPRT$^-$ 或 TK$^-$ 的骨髓瘤细胞在 HAT 培养系统中死亡。由骨髓瘤细胞和脾细胞形成的杂交瘤细胞可从 B 细胞获得 HGPRT 和 TK，使杂交瘤细胞得以生存和增殖。

加 HAT 选择培养液的时间和浓度：一般在细胞融合 24h 后加入 HAT。HT 和 HAT 均有 50× 商品化试剂，试剂 1ml 加入 49ml 常用含 20% 胎牛血清完全培养液配制 HT 和 HAT。一般在用 HAT 维持 2 周后改用 HT，再维持 2 周后改用一般培养液。

3. 抗体的检测

经过选择性培养而存活的杂交细胞中，仅少数能分泌特异性抗体。通常在杂交瘤细胞铺满孔底 1/10 面积时开始检测特异性抗体，筛选出所需的杂交瘤细胞系。

应根据抗原的性质、抗体的类型来选择不同的筛选方法，以快速、简便、特异、敏感为前提。

检测抗体的常用方法有 ELISA、RIA（放射免疫测定）、FACS（荧光激活细胞分选法）和 IFA（免疫荧光试验）等。

（三）杂交瘤细胞的克隆化

克隆化通常就是将抗体阳性细胞克隆化。因为经过 HAT 筛选后的杂交瘤克隆不可能保证一个孔内只有一个克隆，可能含有抗体分泌细胞和抗体非分泌细胞，要想得到所需的抗体分泌细胞，需将其分离处理，就需要克隆化。克隆化的原则是检测抗体阳性的杂交克隆应尽早进行克隆化。抗体非分泌细胞的生长速度比抗体分泌细胞快，若不尽快分离，则抗体分泌细胞会被非抗体分泌细胞抑制而丢失。即使已克隆化的杂交瘤细胞也需要定期再克隆化，以防止杂交瘤细胞的突变或染色体丢失，从而丧失产生抗体的能力。

克隆化的方法最常用的是有限稀释法和软琼脂平板法。

（四）单克隆抗体的大量生产

体外大量培养杂交瘤细胞，从上清中获得单克隆抗体。也可体内接种杂交瘤细胞，制备腹水或血清，从中提取抗体。

（五）单克隆抗体的鉴定

对制备的单克隆抗体，需要对抗体的特异性、抗体类与亚类、中和活性、识别抗原表位及亲和力进行鉴定。

二、免疫细胞的体外制备与功能检测

（一）淋巴细胞分离

体外测定免疫细胞的功能，首先要从人或动物的外周血或组织中分离所需细胞。可根据细胞的表面标志、理化性质及功能进行设计，根据不同的实验目的选择不同的分离方法（如密度梯度分离法、黏附分离法、磁珠分离法和流式细胞分离法等），但无论采用哪种方法，收率高、纯度高、活性高是基本原则。

1. 外周血单个核细胞的分离

外周血单个核细胞（peripheral blood mononuclear cells，PBMC）包括淋巴细胞和单核细胞。目前常用分离 PBMC 的方法是葡聚糖-泛影葡胺（Ficoll-Urografin）密度梯度离心法。其原理是各种血细胞比重不同，利用相对密度为 1.077 的 Ficoll-Urografin 混合溶液（淋巴细胞分离液）作密度梯度离心时，使各种不同密度的细胞呈梯度分布。红细胞密度最大（1.093），沉至管底；多形核白细胞的密度为 1.092，铺于红细胞上，呈乳白色；PBMC 的密度为 1.075～1.090，分布于淋巴细胞分层液上面；最上面是血浆。

2. T 细胞和 B 细胞的分离

（1）尼龙毛分离法

尼龙纤维（nylon wool）即聚酰胺纤维。单个核细胞中的单核细胞和 B 细胞具有易黏附于尼龙纤维表面的特性，可将 T 细胞和 B 细胞分开。分离效果与尼龙纤维的质量有关，也与洗柱速度有关。洗柱速度太快会影响 T 细胞纯度，太慢则会使 T 细胞有所损失。

（2）E 花环沉降法

该法的基本原理是利用 T 细胞有绵羊红细胞（SRBC）受体（E 受体），其可与 SRBC 结合形成大的细胞集团，从而使 T 细胞与 B 细胞分离。将淋巴细胞与一定比例的 SRBC 混合，待淋巴细胞形成 E 花环后，用淋巴细胞分离液分离，悬浮在分层界面的细胞群富含 B 细胞，而沉降在管底的形成 E 花环的细胞用低渗法处理，使围绕在细胞周围的 SRBC 迅速裂解，则可获得纯的 T 细胞。

3. T 细胞亚群的分离

（1）亲和板结合分离法

利用亲和层析和抗体固相包被原理，将相应抗体结合于塑料平板上，由于各种淋巴细胞亚群具有不同的抗原性（即具有不同的表面标志），加细胞悬液后，凡具有相应表面标志的细胞则与相应抗体结合，而没有相应表面标志的细胞可从未吸附的细胞悬液中获取。

同样，如果将特异性抗原交联于塑料板上，可分离得到具有特异性抗原受体的淋巴细胞。但淋巴细胞受体与特异性抗原或抗体结合后，有可能引起细胞激活，因此，欲去除细胞悬液内某一细胞亚群时，该方法更适用。

（2）磁珠分离法

免疫磁珠（immune magnetic bead，IMB）法是一种特异性分离所需淋巴细胞的方法。首先将特异性抗体吸附在磁珠上，加到细胞悬液中，具有相应表面标志的细胞与磁珠上的特异性抗体结合，在外加磁场中，结合有相应细胞的免疫磁珠吸附于靠近磁铁的管壁上，将磁珠结合细胞与未结合磁珠细胞分开，即可获得纯度高的所需细胞。

（3）荧光激活细胞分选法（fluorescence activated cell sorting，FACS）

FACS 又称流式细胞术（flow cytometry，FCM），是一项集流体力学、激光、电子物理、光电测量、计算机、荧光化学及单克隆抗体技术于一体，可对细胞或其他生物微粒进行多参数定量测定和综合分析的技术。

（二）免疫细胞功能检测

1. T 细胞功能检测

T 细胞在体外受到有丝分裂原（PHA、ConA）或特异性抗原刺激后，细胞的代谢和形态会发生变化，主要表现为胞内蛋白质和核酸合成增加，发生一系列增殖反应。常用下列三种方法来检测。

① 形态学检查法：T 细胞在体外培养时，受到特异性抗原或有丝分裂原刺激后可转化为淋巴母细胞，其形态学变化明显，如细胞体积增大、形态不规则、胞质增多、胞质出现空泡、核染色质疏松、核仁明显等，通过染色镜检，可计算出淋巴细胞转化率。

② ^{3}H-TdR 掺入法：T 细胞在增殖过程中，DNA 合成明显增加，若加入氚标记的胸腺嘧啶核苷（^{3}H-Thymidine riboside，^{3}H-TdR），会被掺入到新合成的 DNA 分子中。细胞增殖水平越高，掺入的放射性核素就越多。培养结束后收集细胞，用液体闪烁仪测定淋巴细胞内放射性核素量，可反映细胞的增殖水平。

③ MTT 比色法：MTT 是一种噻唑盐，化学名为 3-(4,5-二甲基-2-噻唑)-2,5-二苯基溴化四唑。将淋巴细胞与丝裂原共同培养，在细胞培养终止前数小时加入 MTT，混匀继续培养。T 细胞增殖时，线粒体中的琥珀酸脱氢酶将 MTT 还原为蓝紫色的甲䐶（formazan）颗粒，并沉积于细胞内或细胞周围，甲䐶可被随后加入的盐酸异丙醇或二甲亚砜完全溶解。用酶标仪测定细胞培养物中的 OD 值，可反映细胞的增殖水平。MTT 法灵敏度虽不及 ^{3}H-TdR 掺入法，但操作简便，无放射性污染。

2. B 细胞功能检测

（1）B 细胞转化试验

原理与 T 细胞转化试验相同，但刺激物主要为美洲商陆（PWM）、富含葡萄球菌蛋白 A（SPA）的金黄色葡萄球菌、细菌脂多糖（LPS）、抗 IgM 抗体及 EB 病毒等。

（2）溶血空斑形成试验

溶血空斑试验（plaque forming cell assay，PFC）是体外检测 B 细胞抗体形成功能的一种方法。其原理是将绵羊红细胞（SRBC）免疫动物，4 天后取免疫动物的脾脏制成细胞悬液，与 SRBC 在适量琼脂糖内混匀后倾注于平皿中培养，抗体形成细胞（antibody-forming-cell，AFC）所产生的抗体与周围的 SRBC 结合，在补体的参与下可溶解周围的 SRBC，在 AFC 周围形成肉眼可见的溶血空斑。一个空斑代表一个抗体形成细胞，空斑数目即为 AFC 数，空斑大小表示 AFC 产生抗体的多少。

3. 吞噬细胞功能检测

（1）巨噬细胞功能检测

① 炭粒廓清试验：正常小鼠肝脏中 Kupffer（库普弗）细胞可吞噬清除约 90％炭粒，脾脏巨噬细胞约吞噬清除 10％炭粒。给小鼠定量静脉注射印度墨汁（炭粒悬液），间隔一定的时间反复取静脉血，测定血中炭粒的浓度。根据血流中炭粒被廓清的速度，判断巨噬细胞功能。

② 吞噬功能检测：巨噬细胞对颗粒性抗原物质具有很强的吞噬功能，常用鸡红细胞（CRBC）等作为被吞噬颗粒。将巨噬细胞与 CRBC 的悬液在体外混合、温育、涂片、染色、油镜下观察计数。通过计算吞噬百分率和吞噬指数来反映巨噬细胞的吞噬功能。

油镜下随机观察 200 个巨噬细胞，按下列公式计算吞噬百分率和吞噬指数。

$$吞噬百分率 = \frac{吞噬 CRBC 的巨噬细胞数}{200} \times 100\%$$

$$吞噬指数 = \frac{巨噬细胞吞噬的 CRBC 总数}{200}$$

正常参考值：吞噬率为 61％～64％；吞噬指数接近于 1。

（2）中性粒细胞趋化功能检测

① 滤膜渗透法（Boyden 小室法）：在上室加待测细胞，下室加趋化因子，上、下室用微孔滤膜隔开。37℃温育数小时。取滤膜清洗、固定、染色和透明，将透明后的滤膜置油镜下检测细胞在膜内通过的距离，从而判断其趋化作用。

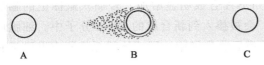

A   B   C

图 5-7   白细胞趋化运动示意图

② 琼脂糖平板法：将琼脂糖溶液倾倒在玻片上制成琼脂糖凝胶平板，在中央内孔加白细胞悬液，两侧孔内分别加趋化因子或对照液，置 37℃ 温育 2～3 小时后通过固定和染色，测量白细胞向左侧孔的移动距离即趋向移动距离（A）和向右侧孔移动的距离即自发移动距离（B），计算趋化指数（A/B），判断细胞的定向移动能力（图 5-7）。

4. 细胞毒试验

(1) ^{51}Cr 释放法

用 $Na_2{}^{51}CrO_4$ 标记靶细胞，若待检 CTL 能杀伤靶细胞，则 ^{51}Cr 可从被杀伤的靶细胞内释放出来，用 γ 计数仪测定 ^{51}Cr 放射活性。通过计算 ^{51}Cr 特异释放率，判断杀伤靶细胞的细胞毒活性。

(2) 乳酸脱氢酶释放法

乳酸脱氢酶（LDH）存在于细胞内，正常时不能透过细胞膜，当细胞受损伤或死亡时，细胞膜通透性增高，LDH 可释放到细胞外，此时细胞培养液中 LDH 活性与细胞死亡数目成正比，用比色法测定 LDH 活性，可计算出效应细胞的杀伤活性。本法具有操作简便快捷、自然释放率低等优点，可用于 CTL 及 NK 细胞活性测定，也可测定药物、化学物质或放射引起的细胞毒性。应注意较高浓度 FCS 中所含的 LDH 可能会干扰结果。

(3) 细胞染色法

在补体依赖性细胞毒试验中，细胞表面抗原与相应抗体结合后，在补体的参与下，通过激活补体引起靶细胞膜损伤，导致细胞膜的通透性增加、细胞溶解。用台盼蓝等染料进行细胞染色，染料可通过损伤的细胞膜进入细胞内使细胞着色，故可用于指示死细胞或濒死细胞，而活细胞不着色。通过显微镜计数着色的死亡细胞数所占总细胞数的比率，判断细胞死亡率。

(4) 凋亡细胞检测法

目前检测细胞凋亡的方法已有很多，包括形态学检测法、琼脂糖凝胶电泳法、原位末端标记法（TUNEL 法）和 FCM 等。

5. 细胞因子的检测

细胞因子检测不仅有助于临床疾病的诊断、预后判断和疗效观察，还是评估机体免疫状态的一个重要指标。目前，细胞因子的检测方法主要有生物活性检测法、免疫学检测法和分子生物学检测法。

(1) 生物活性检测法

根据不同的细胞因子具有不同的生物活性，可采用相应的检测方法。这些方法敏感性较高，但可能特异性不高、操作繁琐且易受干扰等。

① 细胞增殖或增殖抑制法。某些细胞必须依赖某种细胞因子才能生长（细胞依赖株），如 CTLL-2 细胞株的生长依赖 IL-2；而某些细胞因子能抑制细胞株的增殖，如 IL-1 对黑色素瘤细胞 A352 具有抑制作用。在一定浓度范围内，细胞增殖或细胞抑制程度与所加细胞因子的含量呈正相关。通过测定细胞增殖或生长抑制水平（^{3}H-TdR 掺入法或 MTT 法等），并与标准品进行对比，可得到样本中所测细胞因子的含量。

② 细胞病变抑制法。干扰素（IFN）可抑制病毒引起的细胞病变。体外培养细胞中，

加入含 IFN 的检测标本后，再加入病毒液感染细胞，IFN 可抑制病毒感染细胞，可通过染色法测得待检标本中 IFN 的活性。

③ 其他。靶细胞杀伤法、细胞因子诱导的产物分析法等。

（2）免疫学检测法

① ELISA 检测法：几乎所有的细胞因子都可以用 ELISA 进行检测，并且均有商品化的试剂盒供应。通常采用双抗体夹心 ELISA 方法，其包被抗体和酶标抗体多为抗同一细胞因子的两种不同表位的单克隆抗体。

② 胞内细胞因子检测法：采用标记有荧光素的抗细胞因子抗体染色，通过 FCM 检测，可精确判断不同细胞亚群的细胞因子的表达情况。

③ 酶联免疫斑点试验（enzyme-linked immunospot assay，ELISPOT）：是从单细胞水平检测分泌抗体细胞或分泌细胞因子细胞的一项细胞免疫学检测技术。其基本原理是用已知细胞因子的抗体包被固相载体，加入待检的效应细胞，温育一定时间后洗去细胞，如待检效应细胞产生相应细胞因子，则与已包被的抗体结合，再加入酶标记抗该细胞因子的抗体，加底物显色，在分泌相应细胞因子的细胞所在局部呈现有色斑点，一个斑点代表一个分泌相应细胞因子的细胞，可应用酶联斑点图像分析仪对实验结果进行自动化分析。

（3）分子生物学检测法

目前常用的在基因水平检测细胞因子表达的分子生物学方法有 RT-PCR、核糖核酸酶保护分析（RPA）、Northern 印迹、原位杂交（ISH）及微孔板定量分析特异性细胞因子 mRNA 等。

单 元 小 结

本节介绍了细胞培养技术在免疫学研究中的应用。对杂交瘤克隆及单克隆抗体制备、免疫细胞的体外制备与功能检测方法做了阐述。

相 关 链 接

1. http：//www.docin.com/p-466612546.html
2. http：//www.doc88.com/p-218942853912.html

复 习 思 考 题

1. 简述 HAT 选择性培养的原理。
2. 简述淋巴细胞分离常用方法。

（钟石根）

第五节　细胞培养在药理学研究中的应用

教学目的及要求

1. 掌握测定药物对培养细胞生长影响实验，培养细胞放射自显影术和培养神经细胞蛋白质总量流式分析的实验原理；

2. 了解各种实验的实验步骤。

一、测定药物对培养细胞生长影响的实验

药物作用后对细胞的生长有不同程度的影响，检测细胞生长状态可以进行药物疗效评价。目前常用的检测细胞生长的实验方法主要有以下几种：

1. 直接细胞计数

实验方法：

（1）如果是悬浮细胞，需要用染色剂区分死细胞和活细胞，然后计数。通常用0.4％台盼蓝染色细胞，活细胞因为细胞膜的屏障作用而使台盼蓝不着色，死细胞呈深蓝色。

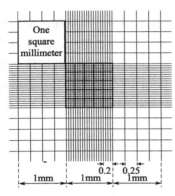

图 5-8　血细胞计数器的规格

（2）如果是贴壁细胞，在细胞因子作用适当时间后，用PBS洗去死亡细胞，用0.25％胰蛋白酶液消化细胞。加适量PBS吹打，使细胞分散成单个细胞。直接在血细胞计数板上计数细胞（图 5-8）。

（3）血细胞计数板计数

方法 A：计数 4 个大方格中的全部活细胞，按下式计算活细胞数：活细胞数（个/ml）＝计数的全部活细胞数×10000×稀释倍数×1/4 ［图 5-9(a)］。

方法 B：计数中间 5 个小方格的全部活细胞，按如下公式计算活细胞数：活细胞数（个/ml）＝计数的 5 个方格的全部活细胞数×50000×稀释倍数 ［图 5-9(b)］。

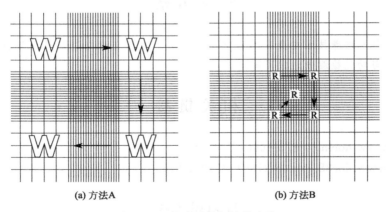

(a) 方法A　　　　　　　　　　(b) 方法B

图 5-9　血细胞计数板计数步骤

2. MTT 比色法

参考第五章第六节的 MTT 试验。

3. CCK-8 检测法

Cell Counting Kit-8（简称 CCK-8）试剂盒，是一种基于 WST-8 的广泛应用于细胞增殖和细胞毒性的快速高灵敏度检测试剂盒。CCK-8 的原理和 MTT 是一致的。WST-8 为一种类似于 MTT 的化合物，在电子耦合试剂存在的情况下，可以被线粒体内的一些脱氢酶还原生成橙黄色的 formazan。细胞增殖越多越快，则颜色越深；药物毒性越大，则颜色越浅。对于同样的细胞，颜色的深浅和细胞数目呈线性关系。WST-8 是 MTT 的一种升级替代产

品，和 MTT 或其他 MTT 类似产品如 XTT、MTS 等相比有明显的优点。WST-8 和 XTT、MTS 被线粒体内的一些脱氢酶还原生成的 formazan 都是水溶性的，可以省去后续的溶解步骤；WST-8 产生的 formazan 比 XTT 和 MTS 产生的 formazan 更易溶解；WST-8 比 XTT 和 MTS 更稳定，使实验结果更稳定；WST-8 与 MTT、XTT 等相比，线性范围更宽，灵敏度更高。CCK-8 是最近新出现的方法，已被广泛用于一些生物活性因子的活性检测、大规模的抗肿瘤药物筛选、细胞增殖试验、细胞毒性试验以及药敏试验等。

在实验步骤上，按 MTT 检测法培养细胞和用不同稀释度的药物处理细胞，每孔加入 $10\mu l$ CCK-8 溶液继续培养 $1\sim4h$ 后，直接在酶联免疫检测仪 OD490nm 测量各孔的吸光值。对悬浮细胞的测定有独特的优越性。

4. XTT/MTS 检测法

按 MTT 检测法培养细胞并用不同稀释度的药物处理细胞，置37℃、5% CO_2 培养箱孵育 $16\sim48h$，每孔加 $10\mu l$ XTT 或 $20\mu l$ MTS/PMS 混合液，继续培养 $3\sim4h$ 显色。用 XTT/MTS 代替 MTT 可省去溶解还原产物结晶的步骤，XTT/MTS 可以被活细胞中的代谢酶还原成黄色水溶性的代谢产物。检测前摇晃培养板 10s，混匀颜色。在酶联免疫检测仪 OD450nm 或 490nm 处测量各孔的吸光值（OD）。

5. NAG 检测法

（1）按 MTT 检测法培养细胞并用不同浓度的药物处理细胞。

（2）置 37℃、5% CO_2 培养箱孵育 $16\sim48h$。

（3）每孔加 $60\mu l$ NAG 染液，在 37℃、5% CO_2 的饱和水气 CO_2 培养箱中培养 4h。

（4）每孔加 $90\mu l$ 终止液，混匀后置酶联检测仪上 402nm 波长测定吸光度（OD）值。

6. Alamar Blue TM 摄入法

（1）按 MTT 检测法培养细胞并用不同浓度的药物处理细胞。

（2）在培养结束前 24h 加入 Alamar Blue 染料，96 孔细胞培养板每孔 $20\mu l$。

（3）在培养结束后，直接在酶联检测仪上测定光吸收值。氧化型 Alamar Blue 的最大光吸收在 570nm，用 OD570 减去 OD600 即为活细胞还原的 Alamar Blue 染料，颜色深浅与活细胞数成正比。

7. 碱性磷酸酶检测法（AKP 法）

（1）按 MTT 法用梯度药物处理靶细胞适当时间，用 PBS 洗两次洗去死亡细胞。

（2）向 96 孔细胞培养板各孔中加 0.2ml 新鲜配制的底物液（0.2mol/L 硼酸，1mmol/L $MgCl_2$，1.2mmol/L 甲伞基磷酸）。在 37℃、5% CO_2 的饱和水汽 CO_2 培养箱中培养 3h。

（3）在荧光计数仪上测定荧光的量，根据测定已知不同数目细胞的荧光量作出标准曲线，根据标准曲线可得到各孔中的活细胞数。

二、培养细胞的放射自显影术实验

放射自显影术（autoradiography；radioautography）用于研究放射性标记的化合物在细胞、组织和机体中的分布、定位、排出以及更新、合成、作用机理和作用部位等。放射自显影技术是利用放射性同位素电离辐射对含 AgCl 或 AgBr 乳胶的感光作用，对细胞内的生物大分子合成的特异性、部位、相对数量及其动态变化研究的一种细胞化学技术。其原理是将放射性同位素（如 ^{14}C 和 ^{3}H）标记后的化合物导入细胞或生物体内，掺入生物样品内的放射性同位素释放的核射线产生电离作用，使乳胶中一些银离子发生聚集而形成"影像"；显影后"影像"处银离子还原呈银原子，定影期间，乳胶内未聚集的银离子溶解至定影液中，生物样品内掺入放射性同位素的部位呈黑色，简称银粒。放射性标记化合物的掺入量、生物样品中核蜕变释放的射线量和银粒数三者之间成正比，由此可得知标本中所标记物质的组织或细胞内准确位置及数量。放射自显影的切片还可以再用染料染色，这样便可在显微镜下对标记了放射性的化合物进行定位或相对定量检测。这种放射自显影技术与电镜样品处理，则称之为电镜放射自显影。

由于有机大分子物质均含有碳原子和氢原子，故实验室一般常选用 ^{14}C 和 ^{3}H 标记这些大分子。^{14}C 和 ^{3}H 均为弱放射性同位素，半衰期较长，^{14}C 为 5730 年，^{3}H 为 12.5 年。一般 DNA 常选用 ^{3}H 胸腺嘧啶脱氧核苷（^{3}H-TDR）来显示，而 RNA 用 ^{3}H 尿嘧啶核苷（^{3}H-UDR）来显示；研究蛋白质用 ^{3}H 氨基酸来显示，研究多糖则常选用 ^{3}H 甘露糖、^{3}H 岩藻糖等。以下以培养细胞 DNA 合成的显微放射自显影为例介绍放射自显影技术方法。

1. 放射性 ^{3}H-TDR 标记生物样品的制备

放射性同位素实验操作步骤，应在指定的实验桌上具有放射性防护设施的托盘内进行。

（1）培养细胞

在洗净的青霉素瓶中放入一块长方形的盖玻片，加入 1ml 细胞悬液，置 37℃ 培养箱培养细胞。

（2）标记

当盖玻片 50％～70％ 表面有细胞生长时，将实验组的盖玻片转入装有 1ml 含 ^{3}H-TDR 培养液的青霉素小瓶内。对照组则倒掉原培养液后，加入 1ml 不含 ^{3}H-TDR 的新培养液。两组细胞置于 37℃ 恒温箱内继续培养 30min。

（3）洗涤

从青霉素小瓶中取出长有细胞的盖玻片，放在冷的 Hanks 液中洗涤 5～8min（中间换 Hanks 液 2 次），洗去玻片及细胞表面吸附的 ^{3}H-TDR。

（4）固定

将盖玻片放入 Carnoy 固定液中固定 30min，中间换液 1 次。

（5）洗涤

在 95％、75％ 的酒精中洗 2 次，每次 3min，然后将小玻片放在滤纸上干燥。

（6）贴片

在干净载玻片的中间偏右处滴上 1～2 滴中性树胶，将小玻片在无细胞的一面贴附在载片上，置 37℃ 温箱中干燥两天。

（7）编号

根据实验分组在载片近端处贴胶布，用铅笔在胶布上编号。

（8）涂保护膜

将两张载玻片无细胞的面紧贴在一起，将有细胞的一端浸入 37℃ 预温的 0.5％ 的明胶液中，缓慢取出，分开两张载片，竖放于切片盒中，置 37℃ 干燥。

2. 乳胶膜制备

这一过程全部在暗室安全红灯下进行。

（1）融化与稀释乳胶

在一个刻度离心管中加入 1～2ml 蒸馏水，然后在暗室安全红灯下加入等量的核 IV 乳胶或在有机玻璃盒内加 3～5ml 蒸馏水与等量的核 IV 乳胶，分别用于滴胶和浸胶制膜法。将离心管或有机玻璃盒置 40℃ 水浴 15min 融化乳胶。

（2）滴胶制膜法

将载玻片置金属板上预热 3min，用细玻璃棒吸取融化的乳胶，在载玻片上滴一滴乳液，用玻璃推子牵引乳胶，使乳胶均匀地覆盖在标本及载玻片上，暗室内干燥。

（3）浸胶制膜法

将两张载玻片无细胞的面紧贴在一起，将样品部分的载玻片完全浸在乳胶内缓慢取出，分开竖放在切片盒内，暗室内干燥。

（4）包装

乳液干燥后，将载玻片放入切片盒内，在盒的一端放一小袋吸水剂，盖好切片盒，盒外用黑纸包裹，标记盒内样品的组别及涂胶日期等。

3. 自显影"影像"的形成与显现

（1）"曝光"

放射性同位素核蜕变时放出的射线对乳胶的电离作用称为"曝光"，包装好的切片盒置 4℃冰箱内曝光 5～7 天。

（2）显影和定影

在暗室安全红灯下，将曝光的影片放入 18～20℃的显影液中 5～8min；从显影液中取出片子，立即放入停影液中漂洗 30s；然后，定影液内定影 15min，自来水中冲洗 30～60min，蒸馏水浸洗 1min，放在制片屉上干燥。

（3）染色

向自显影样品上加几滴 Giemsa 染色液，染色 10～15min，用蒸馏水洗净染液。

（4）脱水

将自显影片放在 37℃下干燥 2～3 天。

（5）透明及封片

自显影片经过两个二甲苯染色缸，共透明 15min。立即擦去多余的二甲苯，将片子平放在制片屉上，样品上加中性树胶，轻轻地盖上盖玻片，注意勿产生气泡，自然干燥。

4. 细胞 DNA 样品的观察

先在中倍镜下观察显微自显影样品的全貌，检查样品各部分的标记状况，有无假象，标记细胞的数量，然后在高倍镜下观察标记细胞中银颗粒的分布部位与数量。应在细胞核中看到银颗粒，而核仁处几乎无银颗粒。

三、培养神经细胞蛋白质总量的流式分析实验

流式细胞仪（flow cytometer）是以激光为光源，集流体力学、电子物理技术、光电测量技术、计算机技术以及细胞荧光化学技术、单克隆抗体技术等多种技术为一体的新型高科技仪器。流式细胞术（flow cytometry，FCM）是 20 世纪 70 年代发展起来的一种对处在快速直线流动状态中的细胞或生物颗粒的物理及化学性质进行快速测定分析并可分选的技术。生物学颗粒主要包括大的免疫复合物、DNA、RNA、蛋白质、病毒颗粒、脂质体、细胞器、细菌、真核细胞、杂交细胞等。生物颗粒理化性质包括细胞大小、细胞形态、胞浆颗粒化程度、DNA 含量、总蛋白含量、细胞表面抗原表达、细胞膜完整性等。目前这种快速有效的细胞分析技术已广泛应用于细胞生物学、免疫学、发育生物学、分子遗传学、细胞动力学、药物药理学、分子生物学、临床肿瘤学和临床血液学等诸多领域的研究。

FCM 通过同时测量细胞的多种参数来获取信息，细胞参数可分为结构参量和功能参量两大类。结构参量主要用于描述细胞的化学组分和形态特征；功能参量主要是描述细胞整体的理化和生物特性。这些参量有的需要经荧光标记才能进行测定，有的不需要荧光标记。DNA 或 RNA 的含量、蛋白质总含量、细胞内 pH 值和细胞大小等为结构参数；细胞周期动力学、特殊配体的鉴定、特殊细胞的生物活性等则为功能参数。

在药物学方面的研究中，FCM 可用于检测药物在细胞中的分布，研究药物的作用机制，耐药蛋白的含量，也可用于筛选新药，例如化疗药物对肿瘤的凋亡机制，可通过检测 DNA 凋亡峰、Bcl-2 凋亡调节蛋白含量等。

用 FCM 可以测定细胞中蛋白质的总含量，以反映被检测细胞整个细胞群体生长和代谢的状态，或区别具有不同蛋白含量的细胞亚群，如血液中白细胞的分类。检测总蛋白常用的荧光探针为异硫氰酸荧光素（fluorescein isothiocyanate，FITC），FITC 以共价键与蛋白上带正电的残基结合，经蓝光激发后发出明亮的绿色荧光。

以培养的神经细胞为例介绍细胞蛋白质总量的流式分析实验，实验步骤如下。

1. 选材

常用胚胎动物或新生鼠神经组织。鸡胚常选用胚龄 6~8d，新生鼠或胎鼠（12~14d）或人胚胎；小脑以 20~21d 小鼠胚胎；脊髓与背根神经节联合培养，常用 4~7d 鸡胚或 12~14d 小鼠胚胎，神经成活率高。从脑中取出相应组织，并用剪刀在解剖液中剪碎，以使胰酶充分消化。脊髓固定于琼脂板上，用小刀将其分成背腹两侧，分别培养。

2. 细胞分离与接种

神经组织用 0.25% 胰蛋白酶在 37℃ 孵育消化 30min，移入含 1% 谷氨酰胺和 10% 马血清的 MEM 接种液，停止消化，并吸去胰蛋白酶液，用细口吹打管吹打细胞悬液，使细胞充分分散，待沉淀后吸出上层细胞悬液，计数板计数细胞密度，接种于培养皿。

3. 维持培养液

接种后 24h，全部换成此液，以后每 2 周换一次，每次换 1/2。其成分为 MEM 中含 5% 马血清、1% 谷氨酰胺及适量的支持性营养物质。

4. 观察细胞状态

接种 6~12h，细胞开始贴壁，并有集合现象，细胞生长突起明显，5~7d，胶质细胞增生明显，7~10d，胶质细胞成片生长于神经细胞下面，形成地毯，2 周时神经细胞生长最丰满，四周晕光明显，一个月后，有些神经细胞开始退化，变形，甚至出现空泡，一般培养 2~4 周最宜。

5. 抑制胶质细胞生长

培养 3~5d 后，用阿糖胞苷或 5-FU 抑制神经胶质细胞的生长。神经细胞只能增大，不能增殖，只能原代培养，不能传代，不会有细胞周期，而且随培养时间的延长，细胞数量减少。在培养过程中，早期 9~12d 时，有较多的神经细胞死亡。在此之后存活下去的细胞一般突起长而多，且相互形成突触。

6. FCM 的蛋白总量分析实验

（1）试剂：异硫氰酸荧光素（FITC）用含 40mg/L RNase 的 PBS 配成工作浓度为 0.1~1.0mg/L 来标记蛋白质。

（2）方法

① 荧光抗体标记前用终浓度为 70% 的乙醇固定细胞，通常为 24h。

② 离心收集固定细胞，弃去固定液。

③ 用浓度为 0.1~1.0mg/L FIFC 标记细胞蛋白，室温下孵育 30min。

④ 流式细胞仪分析，使用氩激光，FL3 通道检测荧光信号，激发波长 488nm，荧光发射波长 515～535nm。

（狄春红）

四、心肌细胞培养在药理学研究中的应用

（一）乳鼠心肌细胞的实际应用

乳鼠心肌细胞培养法可用于药理学多项研究中，包括药效学及药物作用机制的研究。

1. 观察药物对体外培养正常信息细胞的影响

（1）电生理方面的研究

主要采用膜电位（包括静息电位和动作电位）、膜电阻及离子流测定等指标。近年来，应用电压固定技术及离子流知识，从离子水平研究心肌细胞兴奋的离子基础及某些药物的影响。

（2）生化指标方面的研究

应用现代生物化学及分子生物学技术，如放射性同位素、放射自显影术、放射免疫分析、仪器分析等方法，研究心肌细胞糖、脂肪、核酸、蛋白质及各种酶的变化，特别是对研究受体药理学有重要价值。

2. 观察药物对心肌细胞搏动节律的作用

为研究心律失常发生机制及抗心律失常药物，可在体外培养心肌细胞，用多种方法形成各种节律失常模型。主要方法如下。

（1）改变培养液中的离子浓度

如改变钠、钾、钙、镁等浓度，可使心肌细胞搏动加快、减慢、节律失常、颤动等。单细胞在低钾培养液（0.3mmol/L）和高钙培养液（20mmol/L）中，5min 内即可发生节律失常，持续 48h。细胞簇在含钾（0.4～0.5mmol/L）或钙（10～15mmol/L）的培养液中亦可发生节律失常。反之，高钾（10～40mmol/L）或低钙（1～0.01mmol/L）均可诱发节律失常，上述模型可为奎尼丁或普鲁卡因胺等药所拮抗。

（2）药物诱发节律失常

心肌细胞培养瓶中加入哇巴因 $10\mu mol/L$、$30\mu mol/L$、$60\mu mol/L$，可诱发节律失常，细胞发生颤动、扑动和扭动。乌头碱 $2.3\times 10^{-6}\,mol/L$ 或地高辛 $1\sim 2\mu g/ml$ 亦可诱发各种类型的节律失常。上述药物可与不同浓度的钾、钙、钠、镁等配合应用，而诱发不同类型的节律失常。

（3）其他

紫外线和激光微束刺激心肌细胞可造成节律失常，甚至颤动。在正常心肌细胞培养瓶中，部分心肌细胞可有自发性节律失常或阵发性节律失常，变化较大，不够稳定，一般不适于抗心律失常药的药理学研究。

3. 建立细胞病理模型，观察药物作用及研究其机制

（1）缺血样损伤模型

模拟临床缺血性心脏病的发病机制，减少能量及氧的供给，可产生心肌细胞缺血样损伤。取培养 2～3 天的心肌细胞若干瓶，分为：①对照组，用有氧有糖培养液；②模型组（即缺氧缺糖对照组），用不含葡萄糖的 Eagle 培养液充入高纯氮气（99.99%）饱和 15min，使培养液氧分压在 30mmHg 以下，置换培养瓶中的正常培养液后，向瓶内充氮 30s，然后塞紧瓶塞；③给药组，用无糖 Eagle 培养液稀释药物至所需浓度，经充氮后置换于培养瓶中，再向瓶中充氮 30s。将各组心肌细胞培养瓶置于 37℃恒温箱中，静置培养 6h，然后分

别观测乳酸脱氢酶、磷酸激酶及细胞搏动、形态等各项指标的变化，以判断心肌细胞损伤程度及药物有无保护作用。根据实验要求的不同，缺氧或缺糖可控制在不同程度、不同时间，或用氰化钠造成心肌细胞损伤。

（2）感染性损伤模型

可用多种病毒或其他微生物感染心肌细胞，模拟心肌炎，形成细胞病理模型。在心肌细胞培养第 2 天时，加入柯萨奇 B3 病毒 100TCID50，使搏动逐渐减慢甚至停搏，形态发生改变，甚至脱落、死亡。

（3）中毒性损伤模型

生物毒素如白喉毒素（10MLD/ml）、链球菌溶血素 O（100 溶血单位/ml）、副溶血弧菌毒素（0.2μg/ml）等均可造成心肌细胞的中毒性损伤。化学毒物如丝裂菌素 C（0.5～5μg/ml）、阿霉素、烟碱（3×10^{-6} mol/L）、CO、氰化钠及其他有毒物质或药物，均可造成心肌细胞中毒性损伤。

（4）免疫性损伤模型

特异性或交叉反应性抗体与结合了补体的心肌细胞表面抗原之间发生反应，可引起心肌细胞的免疫性损伤。用大鼠心肌匀浆给家兔皮下注射，每周 1 次，共 5 次。经鼠心抗原诱导，在兔体内形成抗鼠心抗体，制备成 γ 球蛋白，并与补体一起加入培养液，可使培养乳鼠心肌细胞发生免疫性损伤。此外，用抗体血清、链球菌溶血素 O、风湿热或风湿性心脏病病人的外周血淋巴细胞或血清，亦可诱发心肌细胞损伤。

（5）心肌病

患有遗传性特发性心肌病的叙利亚田鼠，在心肌细胞培养中可见明显异常，形态、功能及生化指标均有相应改变。

（6）心力衰竭

在培养 2～3 天的心肌细胞培养瓶中加入戊巴比妥钠 7×10^{-4} mol/L，可诱发搏动减慢，甚至停搏。哇巴因及其他强心药有明显治疗作用。

4. 强心苷机制的研究

早已证实体外培养心肌细胞对洋地黄类药物的反应与整体心脏相似，可用于强心苷及其作用机制的研究，可以对搏动频率、节律、强度、电生理特性及生化方法等指标进行研究。洋地黄类药物可增强心肌细胞搏动，地高辛 ED_{50} 为 3×10^{-9} mol/L，双氢地高辛 ED_{50} 为 5×10^{-8} mol/L。当洋地黄大于 10^{-7} mol/L 时可出现节律失常。与整体动物相反，洋地黄类药物可使心肌细胞搏动频率增快。在乳鼠心肌细胞培养时加入哇巴因 10μmol，可使细胞内钾含量减少 20%，钠含量增加 50%，静息快膜电位从对照值 -80mV 下降 20mV，与 EK 的减少一致。利用培养心肌细胞亦可研究强心苷对膜 Na^+-K^+-ATP 酶、钠泵、离子运转等作用机制的影响。

5. 受体的研究

近年已证明心肌细胞上存在肾上腺素 α 及 β 受体、胆碱 M 受体、前列腺素受体、组胺 H1 和 H2 受体等，可利用放射配基受体结合法分离、提纯、鉴定受体，进行直接研究，用于说明受体的实质及各类药物的作用机制，亦可用拮抗效应证实药物对各类受体的作用。例如肾上腺素、去甲肾上腺素和异丙肾上腺素对培养心肌细胞有正性变时性及变力性作用，且可被受体阻断剂所拮抗。应用这种方法可研究各种药物对某种受体的激动和阻断作用。据报道，在 5×10^5 mol/L 的心肌细胞培养中加入 ^{3}H-去甲肾上腺素 2×10^{-9} mol 时，可计算出受

体结合点为 2.75×10^6/细胞。应用阿普洛尔进行放射配基受体结合实验，用放射自显影方法测得受体密度为 3050 个。应用 ^{3}H-二苯羟乙酸奎宁酯（quinuclidinyl benzilate，QNB）进行受体结合的放射自显影研究，证实鼠心肌细胞培养的第二天，胆碱 M 受体密度为 400～800 个/μm^2，第七天为 850～1150 个/μm^2。每个心肌细胞面积约为 $300\mu m^2$，鼠心肌细胞培养第 2～7 天时每个细胞受体数为（$1.2～3.4$）$\times 10^5$。但用 N 受体阻断剂环蛇毒素（α-bun-garotoxin）10^{-7}mol 进行放射配基受体结合实验，未能证实心肌细胞有 N 胆碱受体存在。近年利用体外培养心肌细胞研究受体实质及受体药理学取得了很大进展，研究方法不断改进、更新，为心脏药理学研究提供了一种有用的工具。

6. 钙通道阻滞药研究

近年常用的实验方法有 6 个方面：①心肌收缩性研究，特别是兴奋－收缩解偶联现象，常用心肌条作标本进行实验，亦可用培养的心肌细胞进行研究；②放射配基结合实验，可以培养的心肌细胞为标本，用 ^{3}H-二氢吡啶类（如 ^{3}H-硝苯地平、^{3}H-尼群地平及 ^{3}H-尼莫地平）进行受体结合实验；③示踪研究，用 ^{45}Ca 研究心肌细胞 Ca^{2+} 运转情况以及药物的影响；④钙矛盾及拮抗效应的研究，在心肌细胞培养液中改变 Ca^{2+} 浓度，制造钙矛盾和各种高钙效应，用于研究各种药物对钙矛盾有无保护作用，对高钙效应有无拮抗作用而判断药物有无钙通道阻滞作用及作用机制；⑤电生理学方法，通过心肌细胞电生理参数的测定，特别是电压依赖性钙通道（voltage operated calcium channels，VOCs），可以鉴定慢通道阻滞剂；⑥其他，体内实验如心肌血流动力学研究，体外实验如血管条、心肌条、心脏灌流及其他分子药理学方法等。

7. 中药的研究

可直接观察中药对心肌细胞的作用，筛选抗心肌缺血，保护心肌损伤，调节心肌细胞代谢、离子转运、受体效应，抗心律失常、心力衰竭及各种心肌病的有效药物，并从细胞分子水平阐明其作用机制。由于中药的特殊性，目前很多研究对象是中药复方和单味药的粗制剂，对实验有一定影响，应尽量采用从中草药中提取的纯品。

（二）成年大鼠心肌细胞培养方法

1. 原理

哺乳动物心肌细胞在胚胎期与其他组织细胞一样，具有分裂、增殖能力，成体心肌细胞却是已丧失分裂能力的终末分化细胞，始终稳定于细胞周期的静止期。与其他组织细胞（神经细胞除外）不同，每个心肌细胞与个体都是同龄的。在体外条件下培养新生大鼠心肌细胞是常用的一种实验模型，用于观察不同干预因素的影响，研究药物的细胞及分子机制，尤其是在探讨诸如压力超负荷导致心肌肥大而发展为心力衰竭的过程中，利用成年鼠培养心肌细胞更具有特殊的意义。

2. 材料

（1）大鼠体重 200～300g。

（2）试剂：胶原酶 IA、透明质酸酶Ⅲ、层黏蛋白、M199 培养液、BSA、灌流液（表 5-1）。

表 5-1　灌流液成分

试剂	无钙灌流液	含钙灌流液	酶灌流液
NaCl/(g/L)	6.9	6.9	6.9
KCl/(g/L)	0.35	0.35	0.35
MgSO$_4$·7H$_2$O/(g/L)	0.269	0.269	0.269

续表

试剂	无钙灌流液	含钙灌流液	酶灌流液
KH$_2$PO$_4$/(g/L)	0.163	0.163	0.163
NaHCO$_3$/(g/L)	2.1	2.1	2.1
葡糖糖/(g/L)	2.0	2.0	2.0
CaCl$_2$/(g/L)		0.14	0.14
胶原酶/%			0.05
透明质酸酶/%			0.03

（3）仪器设备：细胞分离钢网筛（60目）、培养皿（100mm）、低温常速离心机、CO$_2$孵箱、恒流泵、恒温水浴、Langendorff离体心脏灌流装置、超净工作台。

3. 方法

（1）Langendorff灌流

① 将Langendorff离体心脏灌流装置放于超净工作台内。

② 取体重200～300g大鼠，雌雄不拘，常规方法开胸，行胸主动脉插管，用含钙灌流液逆灌，恒温37℃，pH值为7.4，95%O$_2$和5%CO$_2$充分饱和，灌注10～15min，恒流灌注量为8～10ml/min。

③ 换以无钙灌流液继续灌注至心脏完全停跳。

（2）酶灌注消化法分离心肌细胞

用酶灌流液循环灌注约20min，目视观察心脏肿胀、颜色泛白柔软即可停灌。灌流过程中始终通以95%O$_2$和5%CO$_2$混合气体，pH值为7.4，温度维持在37℃。

（3）制备细胞悬液

① 停灌后剪下左、右心室，两心室组织剪成约1.5mm×1.5mm小块，置于细胞分离钢网筛（60目）中研磨过滤，同时用无钙灌流液冲洗，滤液以700r/min离心1min，收集沉淀。

② 用3∶1的无钙灌流液与M199培养液洗涤细胞4～5次，悬液再悬浮于3%～6%BSA中梯度离心（700r/min离心1min，共2次）。

③ 沉淀重新悬浮于含有10%FCS的M199培养液中，加入青霉素（100u/ml）和链霉素（100u/ml），种植于用层黏蛋白（0.5μg/cm^2）预处理的100mm培养皿中，细胞浓度约为10^6/L。

④ 置于37℃孵箱中，30min后换液，弃去上清非贴壁细胞。

⑤ 如果培养皿预先不用层黏蛋白预处理，则将沉淀重新悬浮于含10%CS的M199培养液中，加入青霉素（100u/ml）、链霉素（100u/ml）及BrdU 10^{-4}mol/L后，置于37℃孵箱中2h，收集上清，差速贴壁法获得纯化心肌细胞。用层黏蛋白预处理培养皿的方法比较可靠，建议采用。

4. 结果与分析

（1）成年鼠心肌细胞培养的鉴定

相差显微镜下观察到心肌细胞呈杆状并具有明显的横纹结构。除上述形态特征外，成年鼠心肌细胞的胞核与胞质体积比明显小于其他细胞。采用上述方法，每个心脏可获得（2～4）×10^{6}个细胞，纯度95%，85%心肌细胞具有上述形态学特征，表明为钙耐受存活心肌细胞，存活时间30天以上。

（2）成年大鼠心肌细胞培养的特点

成年大鼠心肌细胞是由20%心肌细胞和80%非心肌细胞（主要为成纤维细胞，其他有血管内皮细胞、心内膜细胞和心外膜细胞等）组成。心肌细胞易受缺血、缺氧及各种内源性细胞因子损伤，其最终产生胞内钙超载而导致死亡。

5. 注意事项

成年大鼠心肌细培养与其他种类细胞的培养比较，有以下特点：①技术要求高，用酶灌流消化法分离培养成年大鼠心肌细胞，要求实验者具备熟练的离体心脏操作技术和细胞培养技术；②存活难；③纯化难；④分离步骤多；⑤污染概率高。其中钙耐受存活心肌细胞的分离和纯化是两大难点。采用低钙灌流及反复 BSA 梯度离心反复可获得钙耐受存活细胞；采用混合酶灌流消化法、钢网过滤、层黏蛋白预处理培养皿等方法纯化心肌细胞，即可获得高产量、高纯度和高存活力的心肌细胞。

五、脂肪组织和脂肪细胞对葡萄糖的转运实验

（一）脂肪细胞对葡萄糖的转运实验

1. 原理

葡萄糖在细胞内的转运系统包括细胞膜、胰岛素受体和葡萄糖转运载体等。胰岛素和某些降血糖药对该系统具有激活作用，可促进葡萄糖转运，从而调节糖代谢。本实验通过离体脂肪细胞与 2-脱氧-^{3}H-葡萄糖或 3-O-^{3}H-甲基葡萄糖温孵，检测脂肪细胞对葡萄糖的摄取情况，观察待测药物对其影响。

2. 材料

（1）动物

140～200g SD 或 Wistar 雄性大鼠一只。

（2）缓冲液

① 盐贮存液：NaCl 76.74g、KCl 3.51g、$MgSO_4 \cdot 7H_2O$ 3.63g、$CaCl_2 \cdot 2H_2O$ 3.63g，溶于 1000ml 蒸馏水中，4℃可存放 2 周左右。

② HEPES 贮存液：HEPES 23.8g、$NaH_2PO_4 \cdot H_2O$ 42g，溶于 1000ml 蒸馏水，pH 值调至 7.6（20℃），4℃可存放 2 周。

③ 10％白蛋白贮存液：称取 100g 白蛋白（Ⅱ、Ⅷ型），溶于 500ml 蒸馏水中，放置过夜后透析 12h（4℃），加水至 1000ml。用滤纸过滤 1 次后，用 0.8μm 微孔滤器再次过滤。应使溶液保持低温。pH 值调至 7.4，分装后－20℃可存放 1 年以上。

④ 缓冲液：1：10 盐贮存液、1：10HEPES 贮存液、一定量白蛋白贮存液（0.5％～5％），蒸馏水加至终体积。

⑤ 胶原酶缓冲液：胶原酶（Ⅱ、Ⅷ型）缓冲液含 0.5mmol/L 葡萄糖、3.5％BSA，浓度为 0.5mg/ml，pH 值调至 7.4（37℃），－20℃可存放 4 周。

（3）其他材料

50ml 塑料烧杯、300μm 尼龙筛、圆底塑料试管、37℃水浴箱、电磁搅拌器。

3. 方法

（1）脂肪细胞的分离与制备

① 断头处死大鼠后打开腹腔，取附睾脂肪垫，将脂肪垫用剪刀剪成 1～2mm 大小，置于含 3ml 胶原酶缓冲液（温度不低于 25℃）的烧杯中。

② 烧杯在 30℃水浴温孵 45min 左右，低速搅拌 1～2min，使 90％组织分散。

③ 将 300μm 尼龙筛折成漏斗状，置于圆底试管上，倒入细胞后用少量缓冲液冲洗。静置细胞 1～2min 后用长针头吸取试管底部的细胞碎片，加入 10ml 缓冲液后轻轻转动试管，

去除下沉物，重复该过程 3～4 次。

④ 量取浓缩的脂肪细胞悬液，用缓冲液稀释到相应浓度。

⑤ 用显微镜检查制备好的脂肪细胞：将 5μl 脂肪细胞悬液稀释 25～50 倍后进行细胞计数和细胞大小测量，调细胞浓度为 5×10^6/ml。亦可采用锇酸固定后的细胞。

（2）葡萄糖转运的测定

取 800μl 脂肪细胞（2×10^6～4×10^6），置于培养管中 37℃水浴温孵。用生理盐水将胰岛素和待测药物配成不同浓度，取 4～8μl 加到上述细胞悬液中。温孵 30～60min 后，加 80μl 2-脱氧-^{3}H-葡萄糖（1.22×10^{5}Bq/μmol），使其终浓度为 100μmol/L，温孵 3min。

取 200μl 悬液，加入 100μl 邻苯二甲酸二辛酯后，8500g 离心 20s，分离油相细胞层，加 5μl 闪烁液后计数。

细胞外放射性污染的排除：将 L-[^{14}C]-葡萄糖加入脂肪细胞悬液中，4℃放置 3min。离心后取油相细胞计数。校正后数值即为脂肪细胞对 2-脱氧葡萄糖的摄取值。

4. 结果与分析

（1）胰岛素和某些药物可直接促进脂肪细胞对葡萄糖的转运。

（2）有些药物对葡萄糖的转运无直接作用，但与低浓度胰岛素（≤1nmol/L）共同孵育，可增强胰岛素促进脂肪细胞对葡萄糖的摄取作用。

（3）非代谢的葡萄糖类似物 3-O-^{3}H-甲基葡萄糖与脂肪细胞温孵后，用快速过滤法亦可测定脂肪细胞对葡萄糖的摄取。

（二）脂肪组织对葡萄糖的转化实验

1. 原理

将葡萄糖氧化生成 CO_2 是脂肪组织或脂肪细胞代谢葡萄糖的主要方式之一。本实验通过测定脂肪组织或脂肪细胞氧化生成 CO_2 的量，以了解脂肪组织或细胞对葡萄糖的转化能力。

2. 材料

（1）动物

雄性 Wistar 大鼠。

（2）试剂

① 温孵液：NaCl 6.19g、NaHCO$_3$ 3.36g、CaCl$_2$ 0.11g、KCl 0.37g、MgCl$_2$ 0.10g，溶至 1000ml 蒸馏水中，pH 值调至 7.4。取上述液体 100ml，加明胶 20mg，D-葡萄糖 316mg，通 95% O_2 和 5% CO_2 混合气体。

② 5mol/L H$_2$SO$_4$，8mol/L NaOH。

③ U-^{14}C-葡萄糖，用蒸馏水配成 148kBq/ml。

④ 25% Triton、2,5-二苯基唑（2,5-diphenyloxazole，PPO）、1,4-双（5-苯基唑基-2-）苯[1,4-bis-(5-phenyl-oxazol-2-yl)-benzene，POPOP]苯基闪烁液，将 PPO 5.0g、POPOP 0.5g 溶解到 800ml 甲苯和 200ml TritonX-100 的混合溶液内。

（3）其他材料

25ml 烧瓶，带中心玻璃小瓶的橡皮塞。

3. 方法

（1）制备标本

雄性 Wistar 大鼠，禁食 12h 后脱臼处死。取附睾脂肪垫远端部分 100～200mg，称重后剪碎。称同质量组织块置于对照瓶中。

（2）按表 5-2 所示加入样品及试剂

表 5-2 脂肪组织对葡萄糖转化的测定

样品和试剂	对照管	测定管
温孵液/ml 组织样品/mg U-^{14}C-葡萄糖/ml 5mol/L H$_2$SO$_4$/ml	1.9 100～200 0.1 0.25	1.9 100～200 0.1 0.25
混匀后,37℃水浴振荡 2h[脂肪细胞对葡萄糖转化的测定与脂肪细胞对葡萄糖的转运实验类似,只是将组织样品用细胞样品(4×10^4/ml)1.9ml 代替]		
1.8mol/L NaOH(加到烧瓶中央小瓶中)	0.2	0.2
37℃水浴振荡 2h 后取出 0.1ml,加到闪烁液瓶中		
20％Triton 闪烁液	10	10
放置过夜,用闪烁仪计数		

4. 结果与分析

（1）计算出脂肪组织转化葡萄糖的能力

脂肪组织转化葡萄糖的能力＝(测定管 cpm－对照管 cpm)/[组织重量(g)×2(h)]

（2）计算出脂肪细胞氧化葡萄糖的能力

由测定管计数值减去对照管计数值和已知的 U-^{14}C-葡萄糖的比活性计算氧化为 ^{14}C 的 U-^{14}C-葡萄糖的量 (μmol),脂肪细胞氧化葡萄糖的能力以下式表示。

组织细胞氧化葡萄糖＝U-^{14}C-葡萄糖氧化为 ^{14}C 的量(μmol)/[2×10^5(个)×2(h)]

（袁红）

六、细胞培养用于抗动脉粥样硬化药物研究的实验

以血管内皮保护药物实验为例进行介绍。

1. 血管内皮细胞介绍

血管内皮细胞指血管内壁表面的薄层细胞，这些细胞把血管中循环的血液与血管壁的其他部分分隔开。血管内皮细胞的分布从心脏到毛细血管，存在于整个循环系统中。这些细胞不仅能维持血压，而且有助于使血液输送到肢体末端。不仅如此，高度分化的血管内皮细胞在一些组织（比如肾小球和血脑屏障）中还起到过滤特定物质的功能。

血管内皮细胞参与许多血管生理和病理过程，包括炎症反应、血管新生、血管收缩、血管扩张、动脉粥样硬化及血栓等。由于血管内皮细胞的功能障碍与诸多血管疾病相关，所以体外培养的血管内皮细胞系常用于有关的病理研究和药理评价。

人脐静脉内皮细胞系（human umbilical vein endothelial cells，HUVECs）是较为常用的一类人源血管内皮细胞系。与静脉血管内皮细胞或动脉血管内皮细胞等已经高度分化的细胞不同，脐静脉内皮细胞是一种干细胞，理论上有无限次传代的能力、易于实验操作。所以这类细胞系被广泛应用于血管内皮保护药物的筛选。

2. 动脉粥样硬化介绍

动脉粥样硬化（atherosclerosis）所致的心脑血管疾病是目前人类死亡的主要原因之一。动脉粥样硬化由多因素引起，其发病机理到目前为止仍未完全确定，目前主流学术观点认为脂代谢异常和局部血管的炎症反应均参与了动脉粥样硬化的形成。动脉粥样硬化形成机制是在多种致病因素（高血压、高脂血症、糖尿病、衰老、病毒、吸烟和酗酒等）的影响下，动

脉内皮坏死剥脱，产生和释放各种细胞黏附分子和生长因子并在它们的作用下，血小板和单核细胞在该处黏附，进而单核细胞进入内皮下间隙转化为巨噬细胞；血管中膜平滑肌细胞移行至内膜，并大量增殖或凋亡；巨噬细胞和平滑肌细胞摄取胆固醇转化为泡沫细胞，形成动脉粥样硬化的早期病变。在此基础上，该区域逐步发展为由坏死细胞碎片、胆固醇及其酯、血管平滑肌、巨噬细胞、T-淋巴细胞以及致密的纤维组织构成的纤维斑块。

血管细胞黏附分子-1（vascular cell adhesion molecule-1，VCAM-1）及细胞间黏附分子-1（intercellular adhesion molecule-1，ICAM-1）属于免疫球蛋白超家族，在内皮细胞上表达，受到炎症因子刺激后，其表达水平明显上升。由于 ICAM-1、VCAM-1 可强化白细胞和内皮细胞的粘附以及白细胞向内皮下的游走，因此认为它们在动脉粥样硬化的形成中起重要作用，研究其表达有助于解释动脉粥样硬化的形成。

本部分以人脐静脉内皮细胞（HUVECs）作体外模型，描述如何筛选抗动脉粥样硬化药物。首先，用 MTT 法选取适宜的药物浓度范围；接着在 THP-1 细胞的黏附实验中，检测药物处理后的 THP-1 细胞与 HUVECs 的黏附率；然后用酶标记免疫吸附试剂盒、流式细胞仪、免疫染色及蛋白质印迹测定 HUVECs 细胞的黏附分子 ICAM-1 和 VCAM-1 的表达；此外，实时荧光定量聚合酶链式反应也可用于检测药物刺激后的 VCAM-1 和 ICAM-1 表达。以上技术都是目前常用的筛选抗动脉粥样硬化药物的实验。

3. 人脐静脉内皮细胞培养

将人脐静脉内皮细胞（HUVECs）置于含有 2mmol/L L-谷氨酰胺、100u/ml 青霉素、100u/ml 链霉素、100μg/ml 肝素、30μg/ml 内皮细胞生长因子和 10% 胎牛血清的 F12K 营养培养液（Kaighns modification of Ham's F12 medium）中培养，且培养箱条件设置为 37℃、5% CO_2。根据生长状况每 2～3 天更换一次细胞培养液，每 4～6 天做一次细胞传代。显微镜观察，当细胞长满视野面积 80%～90% 时可用于实验，通常取 2～5 代细胞进行实验。需要注意的是，在实验前要把细胞培养瓶和细胞培养板底部覆盖一层 0.1% 的明胶以便脐静脉内皮细胞能更好地贴壁生长。

4. 药物抗动脉粥样硬化筛选模型（图 5-10）

（1）四甲基偶氮唑盐微量酶反应比色法 [3-(4,5-dimethylthiazol-2-yl)-2,5-diphenyltet-razoliumbromide，MTT]

详细步骤参考第五章第六节 MTT 法。

（2）细胞黏附测试（Cell adhesion assay）（图 5-11）

炎症反应在动脉粥样硬化的发病机制中起着极其重要的作用。其中 ICAM-1 和 VCAM-1 介导的血管内皮细胞和白细胞相互黏附、聚集是动脉粥样硬化的炎症反应发生的起始环节，除此以外，肿瘤坏死因子-α（Tumor necrosis factor-α，TNF-α）也在动脉粥样硬化的炎症反应中起着关键诱导作用。血管内皮细胞/人急性单核细胞白血病细胞黏附率是评估药物的抗动脉粥样硬化药效的重要指标之一。

① 将 HUVECs 培养于 96 孔板中，待细胞密度增长至合适实验时加入含不同浓度药物的生长培养基，37℃ 条件下培养 12h；

② 加入 10ng/ml 的 TNF-α，在 37℃ 条件下培养 6h；

③ 将药物处理过的 HUVECs 与钙黄绿素-AM 标记的人急性单核细胞白血病细胞系（human acute monocytic leukemia cell line，THP1）混合培养 30min，培养条件为 37℃、

5% CO_2（注意 THP1 培养基为 RPMI 1640 型，实验前须把 THP1 置于含 50nmol/L 钙黄绿素-AM 的无血清 RPMI 1640 培养基中培养 30min 以完成标记）；

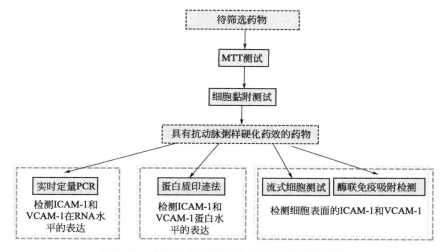

图 5-10 常用的药物抗动脉粥样硬化筛选模型

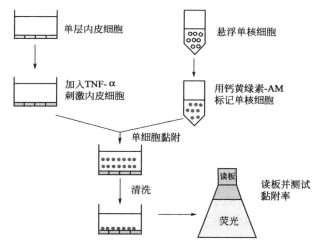

图 5-11 细胞黏附测试流程

④ 用荧光读板器测试激发光波长为 485nm、放射波长为 530nm 处的加药孔（Ft）和空白孔（Fb_1，仅含培养基）的荧光强度；

⑤ 用磷酸盐缓冲液（Phosphate buffer saline，PBS）冲洗细胞培养板 3 次以便除去多余的钙黄绿素-AM 标记的 THP1，然后加入细胞培养基并再次测试激发光波长为 485nm、放射波长为 530nm 处的加药孔（Fr）和空白孔（Fb_2）的荧光强度；

⑥ 计算血管内皮细胞/人急性单核细胞白血病细胞黏附率，计算公式为

$$AR(\%) = (Fr - Fb_2)/(Ft - Fb_1) \times 100\%.$$

需要注意的是，目前尚无对钙黄绿素-AM 生物毒性的深入研究，实验时务必谨慎操作。该物质有较强的生物膜渗透性，必须将其作为潜在的致癌物质。

（3）实时定量聚合酶链式反应（Real-time-Polymerase Chain Reaction）

实时荧光定量 PCR 技术，是指在 PCR 反应体系中加入荧光基团，利用荧光信号积累实

时监测整个 PCR 进程，最后通过标准曲线对未知模板进行定量分析的方法。该技术不仅实现了 PCR 从定性到定量的飞跃，而且与常规 PCR 相比，具有特异性强、有效解决 PCR 污染问题、自动化程度高等特点，现已广泛应用于抗动脉粥样硬化药物的筛选实验中。

① 采用试剂盒 RNeasy mini 试剂盒提取不同药物浓度或不同处理时间的 HUVECs 细胞中的总核糖核酸；

② 采用 SuperScript Ⅲ® First-strand 试剂盒将每个提取样品中的 0.7μg mRNA 反转录成 cDNA；

③ 用 ABI 公司生产的 7500 实时定量 PCR 仪检测各实验组细胞的 VCAM-1 和 ICAM-1 表达量，并以高水平表达的甘油醛-3-磷酸脱氢酶（glyceraldehyde-3-phosphate dehydrogenase，GAPDH）的核糖核酸为参照物，均一化所有的待测样品；

④ 将所得数据导入 EXCEL 软件并分析。

由于在实验过程中 RNA 极易被广泛分布的 RNA 酶降解，所以在 RNA 提取过程中要严格遵守操作规范，佩戴一次性的口罩及手套，并使用 RNA 酶抑制剂焦碳酸二乙酯（DEPC）处理过的器具以避免 RNA 酶的污染。

（4）蛋白质印迹法（Western blotting）

将不同药物浓度或不同处理时间的 HUVECs 的总蛋白进行 SDS-聚丙烯酰胺凝胶电泳，然后将蛋白质转至尼龙膜，用抗 ICAM-1 或抗 VCAM-1 的一抗及二抗进行免疫反应，显色后可显示 ICAM-1 或 VCAM-1 的存在与表达量，用来检测在不均一的蛋白质样品中是否存在目标蛋白。该技术有敏感度高、特异性强等优点，是检测 ICAM-1 或 VCAM-1 表达的一种最常用的方法

① 将 HUVECs 种于 96 孔板，加入不同浓度的药物在 37℃培养 24h；

② 然后用溶解于含 0.5％ FBS 的 10ng/ml TNF-α 刺激 6h；

③ 用 PBS 冲洗细胞并加入水解缓冲液（含 0.5mol/L 氯化钠、50mmol/L 三羟甲基氨基甲烷、1mmol/L 乙二胺四乙酸、0.05％十二烷基硫酸钠、0.5％聚乙二醇辛基苯基醚、1mmol/L 苯甲基磺酰氟，pH7.4）冰浴裂解 30min；

④ 在 4℃、11000g 下离心 30min 去除沉淀物，取上清；

⑤ 采用 BCA 蛋白试剂盒（PIERCE，Rockford，IL）测量蛋白含量；

⑥ 将裂解物均分上样到 10％ SDS-PAGE；

⑦ 把凝胶中的蛋白转移到聚偏氟乙烯膜（Bio-Rad，Hercules，CA）上；

⑧ 在室温，将膜浸入含 2％脱脂奶粉和 0.05％吐温 20 的 PBS 中 1h；

⑨ 清洗膜，在膜上加入抗 ICAM-1（1∶1000）或 VCAM-1（1∶500）的一抗，置于 4℃过夜；

⑩ 清洗膜，再分别加入 1∶7500 和 1∶2000 稀释的辣根过氧化物酶修饰的二抗；

⑪ 最后用 ECL advanced 检测试剂盒（Amersham，UK）显影。

蛋白质印迹法检测成功与否取决于转膜时蛋白质从凝胶中洗脱的效率、蛋白质与膜的结合能力、蛋白质与抗体的结合能力，通过设置正确的对照可以保证实验的准确性和特异性。例如阳性对照为明确表达蛋白质的组织或细胞，用于检测抗体工作效率；阴性对照为明确不表达检测蛋白的组织或细胞，用于检测抗体特异性；二抗对照是指不加一抗的对照组，用于检测二抗特异性；空白对照指不加抗体的对照组，用于检测膜的性质和封闭的效果。

（5）流式细胞术（Flow cytometry）

流式细胞术是一种在功能水平上对单细胞或细胞表面分子进行定量分析的检测技术，具有速度快、精度高、准确性好等优点，成为目前筛选抗动脉粥样硬化药物的有力手段。

① 将 HUVECs 种于直径为 25mm 的细胞培养板上，每孔约 5×10^5 个细胞，培养 6h；

② 用胰蛋白酶悬浮细胞并以 350r/min 的速度离心 3min，冰浴并加入 80% 乙醇固定 1h；

③ 用 PBS 清洗细胞 2 次，并将细胞与 $20\mu l$ PE 标记抗体（PE Mouse Anti-Human CD54，PE-Cy™5 Mouse Anti-Human CD106）置于室温结合 1h；

④ 用 PBS 清洗细胞 2 次，并用 $500\mu l$ PBS 悬浮细胞；

⑤ 用流式细胞仪检测样品的 FITC 阳性细胞数目，并据此推测 HUVECs 中 ICAM-1、VCAM-1 的表达水平。

注意染色时必须避光，保证细胞免疫荧光的稳定。荧光抗体染色反应充分洗涤，严格控制混匀和离心条件以避免细胞聚集或细胞碎片。

（6）酶联免疫吸附检测（Enzyme-linked immunosorbent assay，ELISA）

ELISA 是以免疫学为基础，将抗原、抗体的特异性反应与酶对底物的高效催化作用相结合的实验技术，在抗动脉粥样硬化的实验中，常用此技术定量分析 ICAM-1、VCAM-1 表达水平。酶的催化效率很高，间接地放大了免疫反应的结果，使测定方法达到很高的敏感度。ELISA 可用于精确检测药物处理后内皮细胞中 ICAM-1、VCAM-1 表达水平的变化，从而推测药物的抗动脉粥样硬化的效果。

实验步骤：

① 将 HUVECs 置于 96 孔培养板中，并用含有不同浓度药物的培养基处理 12h；

② 加入 10ng/ml 的 TNF-a 刺激 HUVECs 6h，使其表达 VCAM-1 和 ICAM-1，培养条件 37℃；

③ 加入含有 0.5%BSA 和山羊抗人 VCAM-1（1∶1000）或山羊抗人 ICAM-1（1∶100）抗体的 PBS 溶液，室温结合 1h；

④ 用含有 0.05% Tween-20 的 PBS 洗板；

⑤ 加入含有 0.5% BSA 和辣根过氧化物酶标记的小鼠抗山羊血清的 PBS 溶液，室温结合 1h；

⑥ 用含有 0.05% Tween-20 的 PBS 洗板；

⑦ 向培养板中加入含 3% 苯二胺和 0.03% H_2O_2 的底物溶液（pH7.4），并将 96 孔板置于暗处反应；

⑧ 15min 后加入 2mol/L H_2SO_4 终止反应，用 ELISA 读板器测量 490nm OD 值，注意需要设置只含二抗的细胞培养孔作为空白对照。

ELISA 测试灵敏度高，特异性强，但是测定中的各个环节对实验的检测结果都有较大影响，因此在使用试剂盒时必须严格按照说明书的指示规范操作。

单 元 小 结

本节介绍了细胞培养技术在药理学研究中的应用。重点阐述了药物对细胞生长影响的实验方法，如 MTT 比色法、放射自显影术实验、细胞蛋白总量的流式分析实验等；心肌细胞培养在药理学中的应用；细胞培养用于抗动脉粥样硬化药物研究的实验。

相 关 链 接

1. http://wenku.baidu.com/view/0c95f786bceb19e8b8f6ba41.html
2. http://tieba.baidu.com/f? kz＝11649635
3. http://www.bioon.com/experiment/cellular2/306243.shtml
4. http://www.docin.com/p-515670273.html

复习思考题

1. 简述放射自显影术和流式细胞术在其他研究领域的应用。
2. 简述其他细胞生物学的指标如细胞周期、细胞凋亡率和耐药相关蛋白表达检测等的联合检测在药理学研究中的应用。
3. 人脐静脉内皮细胞（HUVECs）有什么特点？为什么它比其他种类的内皮细胞系更广泛地应用于抗动脉粥样硬化药物的筛选？
4. 什么因素可诱发动脉粥样硬化？在动脉粥样硬化形成过程中，涉及哪些关键的细胞因子？
5. 列举常用的药物抗动脉粥样硬化筛选模型？

（李铭源，李振华）

第六节　细胞毒性检测

教学目的与要求

1. 掌握细胞毒性检测的各种试验方法的基本原理；
2. 熟悉各种试验方法的特点与试验结果的解读；
3. 了解各种试验方法的基本操作步骤和注意事项。

细胞毒性指由化学物质、免疫细胞或生物毒素导致细胞死亡、细胞溶解或细胞生长抑制。多种方法可以检测细胞毒性，包括检测细胞膜完整性的台盼蓝拒染试验和乳酸脱氢酶漏出试验，检测线粒体活性的四噻唑蓝（MTT）试验和检测细胞增殖能力的 ^{3}H 掺入试验，通过直接观察细胞形态变化评价毒物对细胞的影响以及细胞形态观察法等。

本节介绍检测细胞毒性的经典方法，包括台盼蓝拒染试验、MTT 试验、乳酸脱氢酶漏出率试验、蛋白质含量测定法、^{3}H 掺入试验以及细胞形态观察法。目前，这些试验均有现成的试剂盒可以购买使用。同时，由于新技术的发展，新的检测方法不断出现，比较典型的包括基于 MTT 法原理的 MTS 法和 CCK-8 法、基于检测 DNA 合成速率、代替 ^{3}H 掺入法的 BrdU 标记法，以及荧光标记的形态观察法等。各种方法各有优缺点，有兴趣的读者可以参考节后所列的相关链接。

一、台盼蓝拒染试验

台盼蓝（trypan blue）拒染试验是一种快速、简单和经济的检测细胞毒性的方法。其原理是，健康细胞具有完整的细胞膜，能够阻止台盼蓝染料透入，因此在光学显微镜下不染色；细胞损伤或死亡时，细胞膜完整性受损，台盼蓝可穿透细胞膜，与胞内 DNA 结合，使其着色，显微镜下呈均一的暗蓝色。严格来说，台盼蓝拒染试验检测的是细胞膜的完整性，而细胞膜丧失完整性，通常被认为细胞已经死亡。

1. 仪器、试剂与用品

（1）仪器与用品

普通显微镜、血球计数板、计数器、Eppendorf 管、微量加样枪与枪头。

（2）试剂

0.4%台盼蓝溶液、PBS 溶液。

2. 操作步骤

（1）接种细胞：6 孔细胞培养板中加入 2ml $1\times10^5\sim5\times10^5$ 细胞/ml 的细胞悬液，在细胞培养箱中培养 6～24h。

（2）处理细胞：更换新鲜培养基，加入含有待测物质或溶剂对照，在细胞培养箱中 37℃、5% CO_2 条件下孵育至所需时间。

（3）收集细胞：对于贴壁细胞先用胰酶和/或 EDTA 消化下细胞。对于悬浮细胞，则可以直接收集细胞。将收集的细胞在 1000r/min 离心 30s，用 PBS 重新悬起细胞。

（4）准备血球计数器：将盖玻片置于血细胞计数板上，调整位置使计数板上 $1mm^2$ 计数区位于盖玻片的中央。

（5）将 $50\mu l$ 细胞悬液和 $50\mu l$ 台盼蓝溶液加于 Eppendorf 管中，充分混合染色 1min。

（6）使用微量加样器将 $12\mu l$ 的 1∶1 混合的细胞悬液和台盼蓝溶液加入血细胞计数板边缘的小口，使液体通过虹吸作用沿盖玻片流入计数区，用吸水纸 N10 吸去盖玻片周围多余的液滴。

（7）显微镜下可见死细胞能被台盼蓝染色，呈深蓝色，而活细胞不被染色，呈无色透明状。分别记录死细胞和活细胞数。

3. 结果

根据各样品的死细胞和活细胞数计算样品的细胞活力：

$$细胞活力=\frac{活细胞数}{活细胞数+死细胞数}\times100\%$$

通过比较待测物质和溶剂对对照样品的细胞活力的影响，可以评价待测物质的细胞毒性。

4. 注意事项

台盼蓝对细胞具有毒性作用，染色时间不要超过 2min，同时尽快完成显微镜下细胞计数，否则将影响实验结果。

二、四噻唑蓝（MTT）试验

四噻唑蓝（MTT）全称为 3-(4,5-二甲基噻唑-2)-2,5-二苯基四氮唑溴盐[3-(4,5-dime-thylthiazol-2-y1)-2,5-diphenyltetrazoliumbromide]。MTT 试验既可用于检测细胞毒性，也可用于检测细胞生长。其原理为活细胞线粒体中的琥珀酸脱氢酶能使外源性 MTT 还原为水不溶性的蓝紫色结晶甲䐶（Formazan）并沉积在细胞中。后者可用二甲基亚砜（DMSO）溶解，并用酶标仪检测其在 570nm 波长处的光吸收值。MTT 试验结果反映的是活细胞中线粒体的功能，在一定细胞数范围内，MTT 结晶形成的量与活细胞数成正比，因此是活细胞数的间接指标。该法已广泛用于一些生物活性因子的活性检测、大规模的抗肿瘤药物筛选、细胞毒性试验以及肿瘤放射敏感性测定等。本法的特点是简单易行、灵敏度高、经济。但由于 MTT 经还原所产生的甲䐶产物不溶于水，需被溶解后才能检测。这不仅使工作量增加，也会对实验结果的准确性产生影响。目前，已有多种基于 MTT 法原理的改良方法，MTS 法和 CCK-8 法。

1. 仪器、试剂与用品

（1）仪器与用品：酶标仪、96 孔培养板、细胞培养箱、微量加样枪及枪头

（2）细胞、细胞培养液、待测物质及对照（用于溶解待测物质的溶剂）

（3）MTT 溶液：5mg/ml MTT 溶解于 PBS 中，在 4℃ 中可保存 2～3 周。

（4）DMSO 溶液。

（5）Sorensen 溶液：0.1mol/L 甘氨酸，0.1mol/L NaCl，溶于水，用 NaOH 调节 pH 值至 10.5，该溶液可在 4℃ 中保存 2 个月以上，但使用前需验证其 pH 值。

2. 操作步骤

（1）接种细胞：在 96 孔细胞培养板各孔中加入 $200\mu l$ 5×10^4 细胞/ml 的细胞悬液，使板上各孔的细胞数达 1×10^4。置于细胞培养箱中 37℃，5% CO_2 条件下过夜。注意：预留仅加有细胞培养液而无细胞的孔作为空白对照。

（2）细胞处理：小心吸去孔中的细胞培养液，加入含有带检测物质的细胞培养液，在细胞培养箱中 37℃，5% CO_2 条件下孵育至所需时间。注意：处理细胞时应包括如下对照孔：空白对照，仅培养液，无细胞也无待测物质；溶剂对照，细胞加入含有等量的溶解待测物质的溶剂的培养液。

（3）加入 MTT 溶液：小心吸去细胞培养液，每孔中加入 $180\mu l$ 新鲜培养液和 $20\mu l$ MTT 溶液，37℃、5% CO_2 细胞培养箱中孵育 4h。

（4）加入 DMSO：小心吸去含 MTT 的培养液，每孔加入 $200\mu l$ DMSO 溶液和 $25\mu l$ Sorensen溶液，置于细胞培养箱中过夜。

（5）将 96 孔培养板置于酶标仪中，以仅加有细胞培养液的孔为空白对照，读取 570nm 波长下各孔的吸光度。

3. 结果

通过比较用待检物质处理的和未处理的细胞之间吸光度的差异，可以了解待检测物质在特定溶度下对细胞生长的影响，即

$$生长抑制率 = \frac{OD_{570溶剂对照} - OD_{570待测物质}}{OD_{570溶剂对照}} \times 100\%$$

4. 注意事项

（1）MTT 有致癌性，使用时应戴手套。

（2）MTT 试验最后 OD 值应在 0～1.0 之间，以确保 OD 值与细胞数的相关性在线性范围内，因此试验前应优化每孔接种细胞数。

三、乳酸脱氢酶漏出率

乳酸脱氢酶（Lactate dehydrogenase，LDH）的主要功能在于糖代谢通路中催化丙酮酸转化为乳酸。在健康细胞，LDH 主要存在于胞浆中，不能通过细胞膜。当细胞受伤或死亡时，细胞膜通透性增加，LDH 可从胞浆中释放出来。此时细胞培养液中 LDH 活性与细胞死亡数目成正比，用比色法测定并与阳性对照孔 LDH 活性比较，可计算 LDH 漏出率。因此，乳酸脱氢酶漏出率试验也是通过检测细胞膜完整性检验细胞毒性作用。

需要注意的是，与本节所列的其他方法不同，本法检测的是在检测时间点死亡细胞所释放的 LDH 的活性，试验结果不反应待检测物质对细胞生长的抑制作用。而本节所列 MTT

法、蛋白测定法，与 ^{3}H 掺入法检测的是试验时间点的细胞总数，试验结果可能是生长抑制和细胞死亡的综合结果。因此，本法和其他方法结合应用，当细胞总数减少而 LDH 漏出为阴性时，可能预示待测物质仅抑制细胞生长而不直接导致细胞死亡。

1. 仪器、试剂与用品

(1) 仪器与用品：酶标仪、96 孔细胞培养板、细胞培养箱、微量加样枪及枪头。

(2) 细胞、细胞培养基、待测物质及对照（用于溶解待测物质的溶剂）。

(3) Triton X-100。

(4) 54mmol/L 磷酸缓冲液，pH 7.5。

(5) 丙酮酸溶液：6.48mmol/L 丙酮酸溶于磷酸缓冲液中。

(6) NADH 溶液：0.194mmol/L NADH 溶于磷酸缓冲液中。

2. 操作步骤

(1) 接种细胞：在 96 孔细胞培养板各孔中加入 2×10^4 个细胞/100μl 的细胞悬液或 100μl 细胞培养液（背景对照），细胞培养箱中培养 24～48h。对于贴壁细胞，更换培养液；对于悬浮细胞，直接进入下一步。注意，贴壁细胞用平底培养板，悬浮细胞用 U 型底培养板。

(2) 细胞处理：小心吸去细胞培养液，加入含有带检测物质的细胞培养液，在细胞培养箱中 37℃、5% CO$_2$ 条件下孵育至所需时间。注意，试验设计应包括只有培养液的背景对照、仅用溶剂处理的阴性对照以及用 10% Triton X-100 处理的阳性对照。10% Triton X-100 可杀死所有细胞，除作为阳性对照外，还用于估计最大 LDH 释放率。

(3) 在另外一个 96 孔培养板中加入 250μl NADH 溶液，从上述处理过的细胞中取 10μl 培养液样品加入相对应的孔中。对于悬浮细胞，直接加入 10μl 细胞悬液；对于贴壁细胞，加入 10μl 细胞培养液上清，充分混匀。

(4) 在各孔中加入 25μl 丙酮酸溶液，混匀，避光室温静置 15～30min，以背景对照为空白，用酶标仪读取 340nm 条件下的吸光值。

3. 结果

根据待测物质导致的 LDH 活性与阳性对照所致的最大 LDH 活性，计算待测物质所致细胞 LDH 释放率：

$$\text{LDH 漏出率}=\frac{\text{OD}_{340\text{待测物质}}-\text{OD}_{340\text{阴性对照}}}{\text{OD}_{340\text{阳性对照}}-\text{OD}_{340\text{阴性对照}}}\times100\%$$

LDH 漏出率越大，表明其细胞毒性越强。

4. 注意事项

培养液中的血清可能会影响试验结果，应尽可能使用无血清培养液以排除干扰。如果无法避免使用血清，则实验设计中应设立严格的平行对照。

四、细胞中蛋白质含量测定

细胞蛋白质含量取决于细胞物质的总量，可以用于估计细胞的生长情况和外来物质对细胞的毒性作用。蛋白含量常用比色法测定，其中以考马斯亮蓝 G-250 (coomassie brilliant blue G-250) 为染料的 Bradford 反应最为常用。考马斯亮蓝 G-250 在游离状态下呈暗红色，当它与蛋白质结合后变为青色，色素和蛋白质的结合物在 595nm 波长下有最大光吸收。在线性范围内，其光吸收值与蛋白质含量成正比，因此可用于蛋白质的定量测定。该法由

Bradford 于 1976 年建立，因其试剂配制简单，操作简便快捷，而且具有较高的灵敏度，故常被作为微量蛋白质快速测定的首选方法。

1. 仪器、试剂与用品

（1）细胞、细胞培养液（含血清及无血清）、待测物质及对照（用于溶解待测物质的溶剂）。

（2）0.01％考马斯亮蓝 G-250：100mg 考马斯亮蓝 G-250 溶于 50ml 95％乙醇，加入 100ml 85％磷酸；然后以水稀释到 1L。

（3）分光光度计。

（4）蛋白质标准溶液（10μg/ml BSA）。

（5）0.3mol/L NaOH 溶于水。

（6）6 孔细胞培养板。

（7）PBS 缓冲液，4℃预冷。

2. 操作步骤

（1）接种细胞：6 孔细胞培养板中加入 2ml $1×10^5 \sim 5×10^5$ 细胞/ml 的细胞悬液，在细胞培养箱中培养 6～24h。

（2）更换新鲜培养基，加入待测物质或溶剂对照，在细胞培养箱中 37℃、5％ CO_2 条件下孵育至所需时间。

（3）收集细胞：对于贴壁细胞先用胰酶和/或 EDTA 消化下细胞。对于悬浮细胞，则可以直接收集细胞。

（4）将收集的细胞在 1000r/min 离心 30s，用预冷的 PBS 重新悬起细胞。

（5）重复步骤（4）。

（6）溶解细胞：将 PBS-细胞悬液 1000r/min 离心 1min，除去上清，细胞沉淀加入合适体积的 0.3mol/L NaOH 溶液，用微量加样枪吹散细胞，室温放置 30min，使细胞溶解。

（7）在试管中分别加入 100μl 空白试剂（0.3mol/L NaOH），100μl 细胞溶解液和 100μl 蛋白标准溶液。每种样品 3 管。

（8）加入 1ml 考马斯亮蓝溶液，混匀，静置 10min。

（9）以空白试剂作对照，用分光光度计测各样品及蛋白标准在 595nm 处的吸光值（OD595）。

（10）做标准蛋白-OD_{595} 标准曲线，根据标准曲线计算各样品的蛋白溶度。

3. 结果

根据所测得各样品的蛋白浓度计算样品的总蛋白量：总蛋白量＝样品体积（加入 NaOH 溶液的体积）×样品蛋白浓度。

由于样品蛋白总量取决于细胞总量，可以比较待测物质处理后细胞和溶剂对照处理后细胞的总蛋白量差异，估计其细胞数的差异，从而评估待测物质的细胞毒性。

4. 注意事项

（1）在加入 NaOH 溶解细胞之前，应尽可能吸去离心管底部的残留 PBS 溶液，否则会影响样品的总体积，降低蛋白的实际浓度。

（2）溶解细胞时加入的 NaOH 溶液体积应合适，以使各样品所测得的 OD 值在标准曲线的线性范围内。

五、细胞 DNA 合成测定（^{3}H 掺入法）

DNA 合成速度是一种常用的测量细胞增殖快慢的指标。^{3}H 掺入法检测 ^{3}H 标记的胸腺嘧啶脱氧核苷（^{3}H-TdR）掺入细胞内新合成 DNA 的情况，是衡量细胞增生的主要指标。由于毒性作用下细胞分裂减少，也用于检测细胞毒性。与前述方法比较，本法敏感度和特异性均较高，但操作复杂，需要使用放射性材料。

1. 仪器、试剂与用品

（1）细胞、细胞培养液（含血清及无血清）、待测物质及对照（用于溶解待测物质的溶剂）。

（2）20×^{3}H 标记的胸腺嘧啶溶液：使用当天加 20μl 1mCi/ml[^{3}H] 胸腺嘧啶脱氧核苷于 980μl 无血清培养液。

（3）10%（w/v）三氯乙酸（TCA）溶液，4℃预冷。

（4）0.3mol/L 氢氧化钠。

（5）液闪溶液。

（6）液闪瓶。

（7）24 孔细胞培养板。

（8）液闪计数仪。

（9）同位素废物处理系统。

2. 操作步骤

（1）接种细胞：24 孔细胞培养板中加入 1ml 细胞/孔（$1×10^5 ～ 15×10^5$ 细胞），在细胞培养箱中培养 6～24h。

（2）用 PBS 洗涤细胞一次，加入 1ml 新鲜无血清培养液，继续培养 24 到 48h。

（3）更换新鲜无血清培养基，加入含有 50μl/孔的待检测物质或溶剂对照，在细胞培养箱中 37℃、5% CO_2 条件下孵育至所需时间。

（4）在孵育最后两个小时在各孔中加入 50μl 20×[^{3}H] 胸腺嘧啶溶液，37℃、5% CO_2 中继续孵育。

注：加入 ^{3}H 胸腺嘧啶的时间依细胞类型而异。

（5）将细胞培养板置于冰上使终止反应，用预冷的无血清培养液冲洗细胞 3 次，小心吸除残液。

（6）加入 1ml 预冷的 10%三氯乙酸，置于冰上 10min 使细胞蛋白和 DNA 沉淀。小心吸去三氯乙酸。

（7）重复步骤 6 两次使蛋白质和 DNA 充分沉淀。

（8）加入 0.5ml 0.3mol/L 氢氧化钠溶液，室温静置 30～60min 使沉淀充分溶解。将其中 250μl 转移至装有 5ml 液闪溶液的液闪瓶中，用液闪计数仪测量同位素水平。

3. 结果

^{3}H 掺入法试验结果反映细胞生长情况，待测物质的细胞毒性作用以细胞生长抑制率表示：

$$生长抑制率 = \frac{液闪计数_{溶剂对照} - 液闪计数_{待测物质}}{液闪计数_{溶剂对照}} × 100\%$$

4. 注意事项

（1）该试验使用同位素材料，必须在指定实验区域，按相关规定操作，以防止同位素污染试验操作人员与实验室环境。

（2）三氯乙酸具有强烈的腐蚀性。

六、细胞形态观察法

细胞死亡主要有两种机制：凋亡和坏死，二者表现为不同的形态学变化。通过伊红-亚甲基蓝差异染色法，可用普通显微镜直接鉴定细胞死亡。该法用酸性染料染细胞核，用碱性染料染细胞浆，从而使细胞核和细胞浆呈不同颜色。凋亡细胞在光学显微镜下表现为细胞体积减小、细胞核浓缩、染色质凝聚，以及由于细胞萎缩、碎裂而形成的有膜包围的含有核和细胞质碎片的凋亡小体。坏死细胞则表现为细胞核肿胀、崩解，细胞质呈现强嗜酸性，细胞空泡化，形成"幽灵细胞"，最后细胞发生溶解，细胞结构消失。与台盼蓝染色法比较，本法可以区分由于细胞凋亡或坏死导致的细胞死亡，而且操作快速简单；但结果的解读主观性较强，要求实验人员有一定经验。

1. 仪器、试剂与用品

（1）细胞、细胞培养液（含血清及无血清）、待测物质及对照（用于溶解待测物质的溶剂）。

（2）Cytospin 细胞离心涂片机。

（3）100％甲醇。

（4）酸性染料：0.1％（w/v）伊红 Y，0.1％（w/v）甲醛，0.4％（w/v）磷酸氢二钠，0.5％磷酸二氢钾。

（5）碱性染料：0.4％（w/v）亚甲基蓝，0.4％（w/v）azure，0.4％（w/v）磷酸氢二钠，0.5％磷酸二氢钾。

（6）DPX 封固剂。

（7）盖玻片。

（8）载玻片普通光学显微镜。

2. 操作步骤

（1）接种细胞：6 孔细胞培养板中加入 2ml $1\times10^5\sim5\times10^5$ 细胞/ml 的细胞悬液，在细胞培养箱中培养 6～24h。

（2）更换新鲜培养基，加入待测物质或溶剂对照，在细胞培养箱中 37℃、5％ CO_2 条件下孵育至所需时间。

（3）收集细胞：对于贴壁细胞，先用胰酶或胰酶与 EDTA 的混合液消化细胞。对于悬浮细胞，可以直接收集细胞。

（4）用 Cytospin 细胞离心涂片机将细胞涂于载玻片上。

（5）固定细胞：将涂有细胞的载玻片浸于 100％甲醇中 10s，反复 3 次。

（6）将载玻片浸入酸性染料溶液中 10s，反复 3 次。

（7）将载玻片浸入碱性染料溶液中 10s，反复 3 次。

（8）用双蒸水润洗玻片，空气中晾干，使用 DPX 封固剂封片。

（9）显微镜下观察细胞，根据细胞形态将细胞分为正常、凋亡和坏死，记录不同细胞数量。

3. 结果

细胞健康状态表示为死亡细胞占总细胞的百分比：

$$细胞死亡率＝\frac{凋亡细胞数＋坏死细胞数}{正常细胞数＋凋亡细胞数＋坏死细胞数}\times100\%$$

通过比较待测物质和溶剂对照对细胞状态的影响，可以评价待测物质的细胞毒性。

4. 注意事项

（1）贴壁细胞用胰酶/EDTA 处理时间不应过长，否则会影响细胞生长状态。

（2）收集细胞后应尽快用甲醇固定。

单 元 小 结

细胞毒性指由化学物质、免疫细胞或生物毒素导致细胞死亡、细胞溶解或细胞生长抑制。多种方法可以检测细胞毒性，本节介绍了细胞毒性检测的经典方法，包括台盼蓝拒染试验、MTT 试验、乳酸脱氢酶漏出率试验、蛋白质含量测定法、^{3}H 掺入试验，以及细胞形态观察法。

相 关 链 接

1. 细胞毒性试验方法集合：

http：//www. protocol-online. org/prot/Cell _ Biology/Cell _ Growth _ Cytotoxicity/index. html

2. Promega 公司关于细胞毒性试验的方法与产品介绍：

http：//www. promega. com/paguide/chap3. htm

3. Roche 公司关于细胞毒性试验的方法与产品介绍：https：//www. roche-applied-science. com/sis/apoptosis/docs/Apoptosis _ Cytotox _ CelProl _ 4th _ edition. pdf

4. Invitrogen 公司关于荧光检测细胞毒性的方法与产品介绍：

http： //www. invitrogen. com/site/us/en/home/References/Molecular-Probes-The-Handbook/Assays-for-Cell-Viability-Proliferation-and-Function/Viability-and-Cytotoxicity-Assay-Reagents. htmlhead2

5. 日本 Dojindo 同仁化学研究所 CCK-8 细胞毒性试验方法介绍：

http： //www. dojindo. com/newimages/CCK-8TechnicalInformation. pdf

复习思考题

1. 比较不同细胞毒性检测方法的异同。

2. 对于特定的试验方法，应该如何设定试验对照？

（连福治）

第七节　功能性细胞的制备

教学目的及要求

1. 熟悉常用功能性细胞的种类及名称；

2. 了解常用功能性细胞的制备方法和应用范围。

机体中每个细胞都具有相应的功能，来完成整个机体的发生发展。虽然每种相应功能的细胞发挥的作用程度、大小以及发挥作用的时间不一，但都是完整机体不可缺少的部分。当然，机体也同万物一样，细胞有轻重缓急的功能区别，所以人类对其认识和关注的程度也是不一样的。

一、免疫活性淋巴细胞的制备与应用

免疫活性淋巴细胞是免疫活性细胞（immunocompetent cell，ICC）中能接受抗原物质刺激而活化、增生、分化，发生特异性免疫应答的淋巴细胞，称为抗原特异性淋巴细胞或免疫活性细胞，即 T 淋巴细胞和 B 淋巴细胞。淋巴细胞中还有 K 细胞、NK 细胞等，也属免疫活性细胞类群。目前研究相对热门的免疫活性淋巴细胞主要有三种：TIL、LAK 和树突状细胞。

（一）TIL 细胞

TIL（tumor infiltrating lymphocyte，肿瘤浸润淋巴细胞）是从手术切除的肿瘤组织或转移的淋巴结中分离的淋巴细胞，经细胞因子（如 IL-2）诱导活化，经大量增殖后回输给原病人。TIL 细胞是一种较 LAK 细胞杀瘤效果好、特异性高、而扩增时对 IL-2 的作用浓度要求更低的肿瘤杀伤细胞。

1. 试剂和材料

手术切除的肿瘤组织；淋巴细胞分离液（100％及用 1640 培养液配制 75％浓度）；培养液：RPMI 1640 培养液＋10％AB 型血清＋IL-2（200U/ml）或 X-VIVO15 培养液；消化液：Ⅳ型胶原酶、Ⅰ型 DNA 酶、Ⅴ型透明质酸酶；器皿与仪器：75cm² 培养瓶，15ml 聚丙烯试管，手术刀、剪、镊，CO₂ 孵箱，三角烧瓶，磁力搅拌器等。

2. 实验操作

（1）在无菌条件下将切除的新鲜瘤体组织去除坏死部分与结缔组织，用 RPMI 1640 培养液冲洗干净，移至无菌平皿内用手术剪将肿瘤组织剪碎至 1～2mm³ 小块，置于 3600U DNA 酶、50μg 胶原酶和 125U 透明质酸酶的 RPMI 1640 培养液 40ml 中，混匀并移至带有磁棒的无菌三角烧瓶内，于 37℃恒温的磁力搅拌器上搅拌 1～2h。

（2）用 200 目孔径的不锈钢滤网将酶消化后的细胞悬液过滤，以除去未消化好的肿瘤组织块。经 1500r/min 收集单个细胞，用 RPMI 1640 或 X-VIVO15 培养液洗细胞 2 次，将细胞再悬浮。

（3）梯度离心分离 TIL 细胞：于无菌离心管内分层放入 100％及 75％的淋巴细胞分离液，其上再沿管壁轻轻加入细胞悬液，经 2000r/min 离心 20min，收集 100％分离液界面上的细胞为富含 TIL 细胞的悬液（75％的界面上是肿瘤细胞），再用 RPMI 1640 或 X-VIVO15 培养液将 TIL 细胞洗 2 次，以除去细胞分离液。

（4）将洗过 2 次的 TIL 细胞用含 10％ AB 型血清、20％ LAK 细胞培养上清液及 200U/ml IL-2 的 RPMI1640 培养液再悬浮（或用 20％LAK 细胞培养上清液及 200U/ml IL-2 的 X-VIVO15培养液代替 RPMI1640 培养液），细胞浓度调至 3×10⁵～5×10⁵/ml，分装于 75cm² 培养瓶中，置 5％ CO₂ 孵箱中 37℃培养。约每周换液 1～2 次，培养 15～20 天可回输给原病人。TIL 细胞最多可培养 3 个月。

3. 质控与提示

（1）TIL 细胞在低浓度（50U/ml）或高浓度（1000U/ml）的 IL-2 作用下才能扩增，而 LAK 细胞只能在高浓度（1000U/ml）IL-2 下才能扩增。

（2）来源于黑色素瘤及肾细胞癌组织中的 TIL 细胞，扩增培养的成功率在 70％。扩增失败常由于肿瘤标本的大部分已坏死或浸润淋巴细胞数量太少之故。

（3）若加入饲养层细胞（feeder cell），如用 EB 病毒感染的同种异体 B 淋巴细胞（BEBV）作为饲养细胞，可加快 TIL 的扩增速度，但此技术仅限于研究用。为增强 TIL 杀伤自身肿瘤细胞的活性，有些研究人员在培养 TIL 细胞的环境中加入自体肿瘤细胞。

（二）LAK 细胞

LAK（Lymphokine activated killer cell）细胞是用细胞因子（如 IL-2、IL-12 等）活化的杀伤细胞。即采用自体或同种异体外周血淋巴细胞，在体外经细胞因子活化 3～5 天，增强其广谱抗肿瘤作用的功能，并使数量大幅扩增，成为 LAK 细胞，可用于肿瘤的治疗，呈现高度的 MHC 限制的细胞毒作用。

1. 试剂和材料

新鲜的外周（肝素）抗凝血（或胎肝、胎脾等），淋巴细胞分离液，CMF-Hanks 液，培养基：①RPMI 1640 培养基（RPMI 10mmol/L、HEPES 2mmol/L、谷氨酰胺和庆大霉素各 $250\mu g/ml$）；②LAK 培养基，RPMI 1640 培养液，10％人 AB 型血清 IL-2 1000U/ml；③X-VIVO15 培养液。6 孔平底组织培养板和培养瓶、CO_2 孵箱。

2. 实验操作

（1）外周血单个核细胞（PBMC）的制备：取病人自体或 O 型供血者肝素抗凝血 40ml（病人或供血者，最好经 3 天 IL-2 的体内诱导后采血），加等量 CMF-Hanks 液稀释，用淋巴细胞分离液梯度离心（2000r/min 离心 20min），从分离液界面吸取淋巴细胞，即 PBMC。

（2）用 CMF-Hanks 液或 PBS 洗涤 2 次，用 LAK 培养基或用含有 1000U/ml IL-2 的 XVIVO15 培养液，细胞浓度调至 $2\times10^6/ml$，将细胞悬液移至 6 孔平板培养板内，置 5％ CO_2 孵箱，37℃培养 4～5 天。

（3）将增殖后的细胞悬液以 280g、离心 5min，收集上清液，冻存于－20℃待用（用于 TIL 细胞培养）。

（4）用 RPMI 1640 培养液或 X-VIVO15 培养液洗离心的细胞 2 次。

（5）经细胞计数，用输液用生理盐水重新悬浮细胞，调整细胞总数达 $0.5\times10^9\sim1\times10^9$ 回输给病人。同时，用形态学及功能分析等方法检测细胞活性，包括 FACS 扫描分析、CTL 活性与 NK 活性检测等。

3. 质控与提示

（1）LAK 细胞是从功能上而不是形态上定义的。这些细胞可表达多种表型，包括激活的 NK 细胞（CD56、CD3-、CD25）和细胞毒 T 淋巴细胞（CTL）（CD3、CD8），而且 CTL 细胞也常表达 CD56 标志，这些细胞对 NK 抵抗性靶细胞（如 Raji）具有细胞毒性。

（2）制备 LAK 细胞时，可用 AIM V 培养液或加有 10％胎牛血清的 RPMI 1640 代替 XVIVO15 培养液。当用于治疗时禁用牛血清培养 LAK 细胞。

（三）树突状细胞

树突状细胞（dendritic cell，DC）是一类具有树枝状突起的抗原呈递细胞，其分布广泛，由骨髓中的髓性多能干细胞发育而成，在免疫应答过程中至关重要。它是原发性混合淋巴细胞反应中的主要刺激细胞，可激活 Th 细胞发生增殖反应，还能刺激产生 TC 细胞。树突状细胞呈递抗原给 T 细胞提供稳定的微环境。常应用细胞因子 GM-CSF 和 IL-4 使血液中单核细胞分化成树突状细胞，并用 IFN-α 促进树突状细胞的成熟。

1. 试剂和材料

新鲜的外周（肝素）抗凝血液，淋巴细胞分离液，无钙镁 Hanks（CMF-Hanks）液，人重组 GM-CSF（hrGM-CSF），hrIL-4，hrIFN-α。培养液：①RPMI 1640 全培基，RPMI 1640 10% 胎牛血清（FCS、热灭活），2mmol/L L-谷氨酰胺、100IU/ml 青霉素、100μg/ml 链霉素、1g/L 非必需氨基酸、1mmol/L 丙酮酸钠、5×10^5mol/L 二巯基乙醇；②RPMI 1640/IL-4/GM-CSF，即 RPMI 全培基 IL-4（40ng/ml）GM-CSF（50ng/ml）；③RPMI 1640/IFN-α：即 RPMI 全培基 IFN-α（1～10ng/ml）。培养瓶（25cm² 和 75cm²），CO_2 孵箱，光学显微镜，血细胞计数器，垂直气流超净台，离心机等。

2. 实验操作

（1）按照前述方法制备单个核细胞，然后将洗涤过的 8×10^7 外周血单个核细胞重新悬浮在 2ml 的 Percoll 分层液（Ⅰ）（密度＝1.080g/ml）在这层液体的表面上轻轻铺上 2ml Percoll 分层液（Ⅱ）（密度＝1.069g/ml），后再于第二层液面上轻轻铺上 2ml 的 Percoll 分层液（Ⅲ）（密度＝1.060g/ml）

（2）20℃，1000g 离心上述形成的密度梯度 90min（慢慢增加速度，无制动停转）。

（3）离心后单核细胞存在于 Percoll 分层液（Ⅱ）和（Ⅲ）（密度较小的部分）之间的界面中，用毛细吸管仔细收集单核细胞，进行培养。

（4）第 3 天换液，轻轻吸去原培养液，加入等量含有 IL-4 和 GM-CSF 的新鲜 1640 培养液，继续置 CO_2 孵箱中培养。

（5）促树突状细胞成熟：单核细胞经与 IL-4 和 GM-CSF 的共同孵育，7 天左右使其分化成树突状细胞，但未成熟。此时轻轻吸去含有 IL-4 和 GM-CSF 的 1640 培养液，更换等量的含有 IFN-α 的 RPMI 1640 培养液，继续置 5%CO_2 孵箱中，37℃培养，至第 9 天时可获得成熟的树突状细胞。

3. 质控与提示

（1）细胞活性：用台盼蓝拒染法检测，至少应有 90% 的细胞具有活性。

（2）细胞分化能力检测：单核细胞开始培养时，细胞贴附于塑料培养瓶壁上，用抗 CD14 荧光抗体标记检测，细胞纯度均应为 90%～100%，当用 IL-4 和 GM-CSF 孵育 7 天和改用 IFN-α 孵育至第 9 天时，单核细胞分化为树突状细胞并不断趋向成熟，此时细胞不再贴壁生长，也不再表达 CD14 抗原，但能高水平表达 MHC-Ⅱ类抗原和 CD1α 抗原。

（3）许多种类的诱导剂都可用于人脊髓细胞转化成树突状细胞。

（4）单核细胞，如来源于骨髓的 CD34 细胞或来源于脐血的 CD34 细胞等不同的始动细胞，均可用于树突状细胞的分化培养。

（5）此项技术基于单核细胞贴壁而设计，也可用塑料培养袋培养，防止单核细胞的贴壁，但分离方法要改变为沉降法。

二、胰岛细胞的制备与应用

近年来，应用急性分离、培养的胰岛细胞进行膜片钳电生理研究，观察胰岛细胞膜各种离子通道在生理、病理及药物干预情况下开放、关闭，及其对胰岛素释放一系列过程的影响，成为揭示糖尿病的发病机制和探索新型降糖药物的热点。但胰岛细胞电生理的研究仍有许多问题要加以解决或完善。虽然分离胰岛的胶原酶消化方法早已建立，但影响胰岛分离效果的因素很多，因而胰岛的产量及其分离过程的稳定性和一致性一直难以令人满意。本文将以 Wistar 大鼠介绍胰岛细胞的制备和应用。

1. 试剂和材料

健康雌性 Wistar 大鼠，体重 200～250g，自由进食水，室温 20℃，24h 通风。Ficoll-400，胶原酶 V，胰蛋白酶和 DNase I，培养瓶，离心管、手术刀剪，CO_2 孵箱，光学显微镜，血细胞计数器，垂直气流超净台，离心机等。

2. 实验操作

（1）胰岛的分离、纯化

动物禁食 12h，10% 水合氯醛 300mg/kg 腹腔注射麻醉。酒精全身消毒后，腹部纵切口进入腹腔，暴露肝脏、十二指肠、胰胆管及部分胰腺。1 号丝线于胰管紧靠肠壁处结扎，自肠外从胰胆管靠近肠端逆行插管，将静脉留置针插入胰胆管约 1cm，动脉夹夹闭胰胆管近肝端。破心放血后，经胰胆管内插管注入预冷的 0.5mg/ml 胶原酶 V 溶液 8～10ml 使胰腺膨胀，迅速摘取整个胰腺，移入预置 6ml 冷 Hanks 液的消化瓶中。37℃ 水浴消化 10min 后，振荡使其呈细砂状，加入 4℃ 小牛血清 10ml 与 4℃ 预冷的 Hanks 液 30ml 终止消化。再用 600μm 滤网过滤，悬液 1000r/min 4℃ 离心 1～2min，沉淀物加入 4℃ Hanks 液洗涤，同样方法离心洗涤 1 次，加 4℃ Hanks 液重悬后均分到 2 支 15ml 离心管内，1000r/min 4℃ 离心 2min，弃去上清液。沉淀物加 25% Ficoll-400 溶液 4ml 混匀，其上依次分别加入 23%、20%、11% Ficoll-400 溶液和 Hanks 液各 2ml，3000r/min，4℃ 离心 20min，吸出 23%～20% 及 20%～11% 界面的胰岛，用 4℃ Hanks 液于 50ml 离心管离心洗涤 2 次备用。

（2）胰岛细胞的分离、培养

将获得的胰岛转入盛有 5ml 含 2mmol/L EGTA 的 D-Hanks 液中，37℃，200r/min 恒温摇床中孵育 10min，然后 100r/min 低速离心 2min，去上清液。向底部胰岛组织中加入 4ml 消化酶液，吹打 4min 后自然沉降 1min。吸取上层 1.5ml 消化液转入装有 3ml 培养基的另一个 10ml 离心管中，同时补加 1.5ml 消化酶液。如此反复 3 次，胰岛已基本分散成单细胞。1000r/min 离心 5min，底部沉淀用 Hanks 液清洗 2 次，再以 600r/min 离心 8min。只留 0.3ml Hanks 液及底部细胞，吹打使细胞重悬浮后转入 DMEM 高糖培养基（含 10% 胎牛血清、10% L-谷氨酰胺、100U/ml 双抗），在 37℃、5% CO_2 的培养箱中培养。

（3）胰岛细胞培养观察

培养 12～24h，胰岛细胞开始贴壁，生长状况良好，培养第 2～3 天细胞处于快速生长期，培养第 4 天细胞生长状态最佳，细胞膜完整，细胞折光性好，培养第 6 天开始，贴壁不牢的细胞及悬浮细胞逐渐增多，细胞形态及结构开始紊乱，细胞生长基本停滞。

3. 质控与提示

胰腺摘取时要尽量迅速，并应尽可能地剔除脂肪、淋巴及肠系膜血管等组织，因为它们修剪的彻底与否直接影响消化程度的判断，而且修剪不够充分，这些组织会充当胶状物形成的介质，使胰岛的产率降低。其次，适宜的消化程度决定着胰岛的产量和纯度。如果消化不足，胰岛不能完全从胰腺组织中游离出来，即使游离出来，其表面所黏附的外分泌腺泡液也将使胰岛密度改变，得不到很好的纯化。相反，如果消化过度，游离下来的胰岛会遭到胶原酶或源于外分泌组织中毒性物质的继续作用而造成结构和功能的损害。因此，消化程度的掌握至关重要。

在胰腺组织消化时，由于局部热或冷缺血以及分离消化过程中的组织损伤，常易形成一种黏稠的胶状物，可捕获大量胰岛，从而减少胰岛的收获量。因此，减少或避免在消化过程中形成胶状物就显得十分重要。

三、造血干细胞的制备与应用

造血干细胞是指存在于造血组织中的一群原始多能干细胞。可分化成各种血细胞，也可转分化成神经元、少突胶质细胞、星形细胞、骨骼肌细胞、心肌细胞和肝细胞等。造血干细胞是第一种被认识的组织特异性细胞。1961 年 Till 和 McCulloch 首次通过小鼠脾集落形成实验证实造血干细胞在成体内的存在。造血干细胞是体内各种血细胞的唯一来源，它主要存在于骨髓、外周血、脐带血中。可见，人体有三个部位可产生和存储造血干细胞：大部分在骨髓里，所以叫骨髓造血干细胞；一部分在外周血中，也就是在血管里面有少量的造血干细胞；还有就是在脐带里有大量丰富的造血干细胞。现在人们可通过一些药物将骨髓中的造血干细胞"动员"到外周血中。

CD34 单抗标记的造血干细胞不仅可以通过 FACS 分选分离，也可通过其他不同的免疫吸附技术分离。免疫吸附分离的基本过程是先将与特异性 CD34 单抗结合的细胞通过某种亲和力量吸附于特定的吸附物上，然后通过一定的方法将分离的 CD34+细胞自吸附物上洗脱并收集。常用的分离 CD34+细胞的免疫吸附方法有亲和柱层析、汰洗和免疫磁性分离三种。

1. 亲和柱层析

利用生物素（biotin）和抗生物素蛋白（avidin）间的亲和力来分离细胞的方法，其基本过程是将悬浮 MNC（monocyte，单核细胞）与生物素连接的 CD34 单抗孵育标记，标记好的标本通过抗生物素蛋白过滤柱，CD34+细胞被保留于过滤柱，然后通过振荡洗脱收集纯化的 CD34+细胞。现在临床分离 CD34+细胞中应用最多的由 CellPro 公司开发的自动细胞分离仪 Cepratea 系统。

2. 汰洗法（Panning）

这一方法的代表是 Applied Immune Sciences（AIS），Inc. 的 CELLectora 系统。基本过程是将 MNC 置于已通过共价黏附（soybean agglutinin，大豆凝集素）处理的多聚乙烯塑料瓶中孵育，SBA 凝聚 RBC、B 和 T 淋巴细胞、单核细胞和基质细胞而初步富集 1.5～5 倍的 CD34+细胞，再将未黏附的初步富集的细胞转移至通过共价黏附 CD34 单抗（ICH3）的塑料瓶中，CD34+细胞即黏附于瓶内，而后通过振荡洗脱即收集到纯化的 CD34+细胞。

3. 免疫磁性分离

这一方法是通过直接或间接的方式将 CD34 单抗标记的细胞与特殊的顺磁性微珠连接，连接微磁珠的细胞经过放置于强磁场中的过滤柱时被吸附，而未连接微磁珠的细胞被过滤掉，去除磁场后通过冲洗即收集到纯化的 CD34+细胞．这一类的商品化分离仪主要有 Isolexa 系列（Baxter Biotech）和 Miltenyi 生物技术公司的 MACS 系列，应用于临床分离 CD34+细胞的有 Isolexa-300 和 CliniMACS。

单 元 小 结

本节介绍了功能细胞的制备方法，阐述了免疫活性淋巴细胞的制备与应用；胰岛细胞的制备与应用；造血干细胞的制备与应用。

相 关 链 接

1. TIL（肿瘤浸润淋巴细胞）细胞的培养：http://www.bbioo.com/experiment/18-

2313-1. html

　　2. LAK（Lymphokine activated killer cell）细胞的培养：http://www.bio1000.com/experiment/cell/231022.html

　　3. 树突状细胞（dendritic cell，DC）的体外培养：http://www. bbioo. com/experiment/18-2307-1.html

　　4. 大鼠胰岛细胞的分离、纯化和培养研究：http://journal. 9med. net/html/qikan/hlxyylbj/zglnbjyx/2009472/z%20%20t/20090806092035443_486911.html

　　5. 如何分离培养 CD＋造血干细胞：http://www.dxy.cn/bbs/topic/69319

复习思考题

　　1. 什么是 TIL 细胞？有什么功能？

　　2. 什么是 LAK 细胞？可以发挥什么作用？

　　3. 胰岛细胞制备的注意事项？

　　4. 什么是造血干细胞？

（陈功星）

第六章 干细胞技术

教学目的及要求

1. 掌握干细胞的定义及生物学特征，干细胞的特性分析及基本分类；
2. 熟悉多种成体干细胞的分离培养，胚胎干细胞的培养，诱导多能干细胞的原理；
3. 了解胚胎干细胞的诱导分化，诱导多能干细胞的技术，胚胎干细胞及 iPS 细胞的鉴定，干细胞的应用及意义。

第一节 概 述

一、干细胞的定义

"干细胞"（stem cell）这个名词最早在 1896 年的一篇生物学文献中被用来描述存在于寄生虫生殖系中的祖细胞，此后作为一个基本的生物学概念一直沿用至今。其中"干"译自英文"stem"，有起源、茎干的含义。随着生物学研究的不断发展，"干细胞"一词的内涵被不断修正和完善。

目前较为公认的干细胞定义为：具有克隆形成、自我更新能力和多向分化潜能的细胞。简单地说，干细胞不仅可以产生与其自身完全相同的子代细胞（自我更新），而且能够产生至少一种类型的分化的子代细胞（分化的多潜能性）。

二、干细胞的生物学特征

上述的干细胞的基本定义是建立在其生物学特征之上的，也就是说，干细胞最基本的生物学特征就是：自我更新、克隆形成和多向分化潜能。下面具体讨论这三个特征。

（一）自我更新

干细胞第一个特征是具有强大的自我复制的能力。人们常常用"永生的"、"无限的"等词汇描述干细胞的增殖能力，但由于动物生存周期的有限性，我们只能在体外建立相应的系统来研究干细胞的这一特征。一般来说，大多数体外培养的体细胞在出现复制停止或明显衰老之前传代倍增能力是有限的（少于 80 代）。因此，我们认为当一种细胞可以传代倍增上述数量的 2 倍（160 代）以上，且未发生癌变时才可被称为"具有强大的增殖能力"。目前仅有人或小鼠的胚胎干细胞（Embryonic stem cells，ESC）及成体的神经干细胞（NSC）等少数几种类型的细胞达到了这种标准。

那是不是只有这几种细胞才能被称为真正的干细胞呢？最近的研究表明，成体干细胞不仅受到细胞内遗传因素的严格调控，还受到细胞外的微环境即"niche"的共同调控。这些 niche 由细胞或非细胞的组分构成，并通过与成体干细胞的相互作用来调节成体干细胞的自我更新与定向分化。目前对 niche 的研究还不足以让我们在体外完全模拟体内环境，使成体干细胞展示其无限增殖的能力。不过，造血干细胞移植后可以在受体病人体内显示出维持终生的增殖能力，这足以证明成体干细胞的自我更新能力。

（二）克隆形成能力

克隆形成能力指单个细胞可以创造出更多干细胞的能力，即单个细胞可以通过不断的自我复制形成一个同质性细胞的群体——克隆。克隆形成能力是干细胞最重要的特征，是其自我更新、多向分化和谱系等所有特征的基础。因此，克隆形成能力也常被称为干细胞建系的"金标准"。

（三）分化潜能

分化潜能指干细胞可以发育为各种不同类型的终末分化细胞的能力。其中胚胎干细胞可以分化为三胚层的各种细胞类型，具有最广泛的分化潜能。但是许多成体干细胞仅能通过不对称分裂产生一个干细胞子代和一种类型的终末分化细胞，这些具有自我更新能力但只能向单一类型细胞分化的细胞是否符合多向分化潜能的标准，是不是真正的干细胞？研究者的争论使得多向分化潜能成为干细胞概念中最具争议的部分，目前的建议是将单潜能细胞称为祖细胞加以区分。

根据前述的干细胞的定义及基本特征，我们通常采用不同的分类标准将干细胞进行进一步的分类。

根据干细胞不同的分化潜能可将其分为以下类型。

全能干细胞：指具有分化为组成生命个体所有类型细胞能力的细胞。在特定条件下，每个全能干细胞都可以发育成为一个完整的生命个体。胚胎干细胞就是典型的全能干细胞，例如将小鼠胚胎干细胞通过一定媒介（四倍体胚胎）移植入雌性小鼠子宫内，可以发育为一只所有细胞均来源于该胚胎干细胞的小鼠。

多能干细胞：指具有产生多种类型分化细胞的能力，但已失去发育为完整个体能力的一类干细胞。又可以细分为多胚层多能干细胞和单胚层多能干细胞。例如骨髓间充质干细胞可以分化为中胚层的骨、肌肉和外胚层的神经元等组织细胞，属于多胚层多能干细胞；而造血干细胞仅能分化为各种类型的血液细胞，属于单胚层多能干细胞。

单能干细胞：指除了自我复制外，只能分化为一种类型子代细胞的一类细胞。多数成体干细胞属于单能干细胞，例如肌肉中的成肌细胞等。

根据干细胞的来源可将其分为以下类型。

胚胎干细胞：指来源于哺乳类动物胚胎发育早期囊胚期内细胞团细胞，在体外特定培养条件下得到的特殊细胞，这些细胞具有在体外无限自我复制和分化为体内任何种类细胞的潜能。同时，胚胎干细胞可以通过体细胞核移植技术获得，称为核移植胚胎干细胞。其中，人类胚胎干细胞不仅可以为研究人类发育早期过程和药物筛选提供理想的细胞模型，更为临床上治疗难治性疾病开拓了新的途径。我们将在下面的章节中详细阐述胚胎干细胞的分离、鉴定和培养等内容。

成体干细胞：指存在于一种已分化组织中的未分化细胞，它能自我更新并具有分化为其所在组织的分化细胞的能力。近年来，多种组织的成体干细胞被大量发掘出来，脑、脊髓、外周血、血管、骨骼肌、表皮、视网膜、肝脏和胰腺等3个胚层来源的组织均发现了成体干细胞，但迄今不能证实所有的组织都存在干细胞。

其他诱导多能干细胞：诱导性多能干细胞（induced Pluripotent Stem Cell，iPSC）诞生于2006年，由日本的Yamanaka实验室将外源的四种转录因子（Oct4，Sox2，c-Myc和Klf4）导入小鼠成纤维细胞，逆转至多能干细胞状态。2007年，这一技术分别被Yamanaka和Thomson研究室在人类的体细胞上实现。诱导多能干细胞是干细胞研究领域的重大突破，与其他类型的干细胞不同，iPS来源于终末分化的体细胞，通过重编程过程，逆向转变为多能的干细胞。相关技术原理及操作流程将在后续章节中详述。

肿瘤干细胞：指存在于肿瘤组织中的极小一部分具有干细胞性质的细胞群体，具有自我更新的能力，是形成不同分化程度肿瘤细胞和肿瘤不断扩大的源泉。目前已经在乳腺癌、脑肿瘤、前列腺癌、肝癌、胰腺癌等多种肿瘤细胞系及组织中成功分离出肿瘤干细胞。肿瘤干细胞现在仍是备受争议的一个概念，特别是对于肿瘤干细胞的真正来源众说纷纭，干细胞突变、细胞融合、胚胎干细胞残留等都有可能是肿瘤干细胞产生的原因。肿瘤干细胞与肿瘤细胞具有异质性，其生物学特性和对治疗手段的敏感程度也不完全一致，是否真正存在肿瘤干细胞，许多科学家仍持保留态度。

三、干细胞的分离、鉴定和特征分析

我们已知道，干细胞是指那些具有克隆形成、自我更新能力和多向分化潜能的细胞。这一定义主要概括了干细胞的功能，而对于其形态等其他特征并未做出具体描述。事实上，各种各样的干细胞形态和表型上差距巨大，也无法进行统一的描述。目前干细胞的分离鉴定主要是基于干细胞特异表达的基因和细胞表面标记物的基础上的。

干细胞特别是成体干细胞的分离，通常首先获得含有这些干细胞的组织，进行原代培养粗分离，然后根据不同干细胞的特性，基于干细胞的特异表达的基因和细胞表面标记物进行精细分离。

目前常用分离方法有免疫磁珠分选法和荧光激活细胞分选（流式细胞分选）法。免疫磁珠分选法（magnetic activated cell sorting，MACS），是根据抗原抗体反应原理，将磁性微珠耦联在抗体上与细胞上的特异抗原结合，从而使目的细胞滞留在磁场中，达到分离的目的。荧光激活细胞分选法（fluoresence-activated cell sorting，FACS），是将待分选细胞进行特异基因的免疫荧光染色，应用流式细胞仪将符合条件的目的细胞从整个细胞群中分离出来。以上两种方法都是基于干细胞特异基因和细胞表面标记物的抗原抗体反应来实现的。

胚胎干细胞的特异表达基因有 Oct4、Nanog 等。小鼠的胚胎干细胞的细胞表面标记物为 SSEA1（stage-specific embryonic antigens），人类胚胎干细胞的细胞表面标记物为 SSEA3、SSEA4、TRA-1-60 和 TRA-1-81 等同样是胚胎干细胞，人类的和小鼠的细胞表面标记物明显不同，未分化的人类胚胎干细胞不表达 SSEA1，只有在分化时表达 SSEA1，而未分化的小鼠胚胎干细胞仅表达 SSEA1。

造血干细胞的特异表达基因和表面标记物有 CD34、CD133 和 Sca-1 等，神经干细胞则有 Nestin、p75 Neurotrophin 等。

在实际运用中，常常采用阳性筛选和阴性筛选相结合，以及多种表面标记的多重分选法。通过不同的筛选策略，最后可以获得高纯度的目的细胞。

在分离纯化获得干细胞后，一般要进行一定的扩增培养以获得足够的细胞进行后续实验。由于目前体外培养条件的限制，在培养过程中细胞有可能发生各种各样的改变，这时的细胞是否是我们需要的目的干细胞呢？此外，分离纯化获得的干细胞是否是符合要求的目的干细胞呢？这就需要对这些干细胞进行各类鉴定和特征分析。

一般来说，鉴定和特征分析包括形态学特征、增殖能力分析、特异表达基因和细胞表面标记物鉴定以及分化能力鉴定等。

以人类胚胎干细胞的鉴定为例：①有正常的克隆表型；②有正常的核型，良好的扩增能力，能够进行多代扩增（160 代以上）并保持未分化状态；③碱性磷酸酶（Alkaline Phosphatase，AP）表达阳性，SSEA-1、SSEA-3、Tra-1-60 及 Tra-1-81 等胚胎干细胞表面抗原

表达阳性，Nanog 及 Oct4 等胚胎干细胞特异表达基因表达阳性；④可以形成包含三个胚层细胞的拟胚体（Embryoid Body，EB）（三胚层体外分化潜能）；⑤可以在免疫缺陷小鼠体内形成包含三胚层细胞的畸胎瘤（三胚层体内分化潜能）。

单 元 小 结

干细胞指具有克隆形成、自我更新能力和多向分化潜能的细胞，其基本特性是自我更新、克隆形成和多向分化潜能。

根据分化潜能可将干细胞分为全能干细胞、多能干细胞和单能干细胞。根据来源不同，可将干细胞分为胚胎干细胞、成体干细胞、诱导多能干细胞和肿瘤干细胞。

干细胞的分离鉴定主要是基于干细胞特异表达的基因和细胞表面标记物的基础上的。常用分离方法有免疫磁珠分选法和荧光激活细胞分选法等。

相 关 链 接

1. 国际干细胞学会 http://www.isscr.org/
2. 哈佛干细胞研究中心 http://www.stembook.org/

复习思考题

1. 干细胞的主要生物学特性是什么？
2. 根据来源可将干细胞分为哪些种类，各种类的特点分别是什么？

（成璐）

第二节　成体干细胞的分离培养

近年来，多种组织的成体干细胞被分离和证实，同时成体干细胞跨组织的横向分化能力被发现使成体干细胞的研究日益受到重视。成体干细胞有许多其自身的优点：获取相对容易；源于患者自身的成体干细胞在应用时不存在组织相容性的问题，避免了移植排斥反应和使用免疫抑制剂；理论上，成体干细胞致瘤风险低，而且所受伦理学争议较少；成体干细胞还具有多向分化潜能。因此，人们对成体干细胞在临床治疗中的应用寄予很高的期望。本节将详细论述不同类型成体干细胞的分离培养。

一、造血干/祖细胞

造血干细胞（hematopoietic stem cell，HSC）是指具有自我更新能力和多向分化潜能的造血细胞。造血干细胞是目前研究方法最多、技术手段最成熟的一类组织干细胞，是成体干细胞研究的典范。一个造血干细胞可以重建机体的整个造血系统。早期的 HSC 研究主要集中于形态学基础，但由于其形态和大小与普通淋巴细胞很相似，很难在形态学上识别造血干细胞。直到 1961 年 Till 和 McCulloch 的脾集落形成实验，开创了量化干细胞活性的尝试。目前的研究表明，造血干细胞具有以下特点：①大多数处于静止期（G0 期），②缺乏系特异性抗原（lineage specific antigen），如 B 淋巴细胞系（CD19）、T 淋巴细胞系（CD3）、

NK 细胞（CD59）、红细胞系（CD91）等，统称为 Lin 抗原；③具有特定的造血干/祖细胞表面标记，如 CD34，CD133，ABCG2 和 Sca-1 等。

根据造血干细胞的这些特征，研究者开发了不同的分离纯化方法。例如：根据干细胞体积小，密度低的特点使用密度梯度离心法进行分离；根据其特异的表面标记物使用荧光激活细胞分选或免疫吸附分离；根据干细胞处于 G0 期，对细胞周期特异性的细胞毒性药物不敏感，使用细胞周期药物（5-Fu 或 4-HC 等）进行分选等。HSC 也可以用活性染色剂 Hoechst-33342 以及侧群（side population）细胞的方法来富集。随着 FACS 和 MACS 技术的飞速发展，一种联合非 HSC 表达的阴性选择和 HSC 表达的阳性筛选的方法成为从小鼠和人类分离 HSC 的最有效方法，通过这种方法，可以获得高纯度的造血干/祖细胞。例如，通过 CD34 阳性筛选及 Lin 抗原阴性筛选可获得高纯度的造血干细胞。在人造血干细胞的分离中，目前仍使用 CD34+作为人组织中 HSC 一般标记物。

HSC 移植是目前治疗血液肿瘤疾病的常用方法，其治疗效果是其他疗法所无法替代的。由于 HSC 来源有限，单个个体所能提供的 HSC 数量有限，使得 HSC 移植治疗受到了很大限制。因此，大量的研究集中在 HSC 的体外扩增上，目前使用的 HSC 体外扩增方法主要有两种：细胞因子支持下筛选 CD34+细胞的体外扩增；基质支持下的灌注培养。

以细胞因子支持下的 HSC 扩增为例，即使使用一定的细胞因子进行体外扩增，常常遇到的情况是整个造血细胞数量扩增了，但 CD34+、CD38-的早期造血细胞数量并没有明显的扩增，并且 HSC 有加速分化的趋势，其对长期造血能力的重建能力降低了。目前较好的一个生长因子扩增体系是 Gammaitoni 等 2003 年发现的，其使用造血生长因子组合 FL，SCF，TPO，IL-6 等，将分离纯化获得的 HSC 在体外扩增培养 2 周后，CD34+细胞开始增殖，LTC-IC（long term culture initiating cell）分析，培养 4 周细胞的 LTC-IC 可扩增 7.4 倍，5 周可扩增 11.3 倍。其中 CD34+、CD38-的早期造血细胞扩增近 50 倍。

各种新的造血因子和体外扩增方法正在研究中，但目前由于其体外培养体系的不完善性，造血干细胞尚无法实现在体外的长期培养。

二、间充质干细胞

间充质干细胞（mesenchymal stem cell，MSC）是一群具有自我更新能力和多向分化潜能的多能干细胞。间充质干细胞分布广泛，可以从骨髓、脂肪、脐带血和皮肤结缔组织等多种组织中分离获得。同时，间充质干细胞可以分化为不同胚层的多种组织细胞，特别是中胚层和外胚层的组织细胞，例如软骨、脂肪细胞和神经等。MSC 的这种易获得、易扩增、多潜能以及免疫原性弱等特性使其在再生医学中的应用前景十分光明。

根据组织来源和组织中 MSC 含量的不同，目前常常选用不同的方法进行分离培养。例如，可以采用原代细胞分离培养法从骨髓和脂肪组织中分离培养 MSC，可以采用 Ficoll-Hypaque 液使用密度梯度离心法从骨髓和脐带血中分离 MSC 等。

MSC 最早是在骨髓中分离获得的。虽然在正常情况下，MSC 在骨髓中的含量非常低，仅占骨髓单核细胞的万分之一以下，但其在体外易分离，并能进行大量扩增而保持细胞表型及分化潜能不变，从骨髓中分离培养 MSC 仍是目前最常用的分离培养方法。以下以动物骨髓间充质干细胞的分离培养为例进行说明。

（1）动物骨髓取材：取新生猪的小腿和大腿股骨和胫骨，浸泡于 75%酒精中 10min，使用含双抗（青霉素、链霉素）的 PBS 冲洗 3 次。剪开骨两端，暴露骨髓腔，用含 10%胎牛血清（FBS）的 DMEM 培养基的无菌注射器冲洗，将骨髓收集至 50ml 无菌离心管中。

1200r/min 离心 5min，使用上述培养基重悬细胞一次，再次 1200r/min 离心 5min，培养基再次重悬后将细胞移入培养瓶中。

（2）培养瓶在 CO_2 培养箱中培养，待细胞贴壁后换液去除未贴壁的其他杂质细胞。3 天后换液，可见微小克隆。

（3）约 1 周后传代，传代时使用 PBS 清洗细胞 2 次，37℃下 0.25％胰酶消化 5min，用含 10％胎牛血清（FBS）的 DMEM 终止胰酶作用。将细胞吹打为单细胞后按 1∶3 转入新的培养瓶中。骨髓来源的 MSC 呈长梭形，成纤维细胞样形态，易于扩增。

（4）此后可按 1∶3 或 1∶4 持续传代。一般 MSC 在体外可以稳定传代 20～30 代。

三、神经干细胞

早期的研究认为神经细胞是终生存活的，不能进行分裂。后来在对胎脑的发育研究中首次证实了多潜能神经细胞的存在。1992 年，科学家从成体脑组织中分离并最终证实了神经干细胞的存在。神经干细胞（neural stem cell，NSC）是指那些具有分化为神经元，星形胶质细胞和少突胶质细胞的多向分化潜能，能够自我更新并提供大量脑组织细胞的细胞群。

神经干细胞主要来源于神经组织，包括胚脑的脑皮质、纹状体、海马、中脑、小脑以及成体大脑齿状回颗粒细胞下层和侧脑室室管膜下区，以及脊髓等组织。

神经干细胞是目前继造血干细胞之后研究比较全面的一种成体干细胞，由于其免疫原性低，体外扩增性好，可在移植的宿主体内长期存活并能在功能上修复神经系统等特征，神经干细胞移植研究已成为干细胞移植治疗的前沿和热点。目前常用的神经干细胞分离方法主要为三种：无血清培养基原代培养法、FACS 法和 MACS 法。其中 FACS 法和 MACS 法是根据细胞表面特异标记物来分选细胞，但目前公认的可用于分选的神经细胞表面标记物很少，有效的分选难度很大。实际操作中是以原代培养法为主，下面以大鼠胎脑神经干细胞的分离培养为例进行说明。

（1）取怀孕 14 天的大鼠，颈椎脱臼处死，75％酒精浸泡消毒。

（2）在无菌环境下打开孕鼠腹腔，取出胎鼠，用 PBS 溶液洗涤数遍。

（3）剪开胎鼠，在体视显微镜下分离出胎脑，并剥离脑膜。

（4）分离的胎脑组织经 PBS 溶液洗涤移至新的培养皿中，将组织尽量剪碎后加入胰酶消化 20min。

（5）加入含 10％胎牛血清（FBS）的 DMEM 终止消化，尽量吹打细胞形成单细胞悬液。

（6）进行细胞计数，1200r/min 离心 5min 收集细胞。

（7）加入 NSC 培养液重悬细胞，按照一定密度转入培养瓶中进行培养。

（8）培养 4～5 天进行传代。收集培养的神经细胞，1200r/min 离心 5min，弃上清，用胰酶消化为单细胞进行传代。

（9）此后每 7 天左右进行传代。3～4 周后可获得大量的神经干细胞球，此后可使用胰酶或机械法传代。

四、其他成体干细胞

除了上述的造血干细胞、神经干细胞和间充质干细胞之外，成体组织中还存在皮肤干细胞、肌肉干细胞、脂肪干细胞、肝脏干细胞等多种成体干细胞。

细胞特异性表面抗原的标志是成体干细胞从组织中分离的基本方法，但由于目前多数成体干细胞的缺乏可用于分离的特异性表面标记物，给成体干细胞的分离带来了一定的技术困难。发掘新的特异性强的成体干细胞的表面标志物也是成体干细胞基础研究中的重点和亟待解决的问题。

单 元 小 结

造血干细胞是目前研究最透彻的成体干细胞。一种联合非 HSC 表达的阴性选择和 HSC 表达的阳性筛选的方法成为从小鼠和人类分离 HSC 的最有效方法，可以获得高纯度的造血干细胞。

间充质干细胞广泛分布在骨髓、脂肪、脐带血和皮肤结缔组织等多种组织中。根据组织来源和组织中 MSC 含量的不同，常常选用不同的方法进行分离培养。目前最常用的分离培养方法是从骨髓中采用原代细胞分离培养法分离培养。

常用的神经干细胞分离方法主要为三种：无血清培养基原代培养法、FACS 法和 MACS 法。目前常用的方法是从神经干细胞丰富的胎脑、新生脑组织中用原代培养法获得神经干细胞。

复 习 思 考 题

1. 造血干细胞有哪些分离方法？
2. 成体干细胞的优点是什么？常见的成体干细胞有哪些？他们的基本分离方法是什么？

（成璐）

第三节　胚胎干细胞体外培养与定向诱导分化

一、胚胎干细胞的研究历史

早在 20 世纪 50 年代，科学家已开始了对多能干细胞的研究，最早的研究材料是一种称为畸胎癌的生殖腺恶性肿瘤。1964 年，Kleinsmith 和 Pierce 的关键实验证实畸胎癌中的胚胎癌（embryonic carcinoma，EC）细胞具有自我更新能力并能发育为三胚层的多种分化组织，EC 细胞成为第一个被证实的多能干细胞。

此后的研究发现，EC 细胞注射入小鼠囊胚后可以参与大部分器官组织的形成，甚至参与了种系发育，这使得对哺乳动物基因组进行基因修饰成为可能。但是，EC 细胞形成嵌合体的能力以及嵌合体动物的正常发育都有许多问题，并且通过种系克隆获得 EC 细胞的概率太低，无法满足基因操作对细胞数量的要求，人们不得不考虑从其他途径获得多能干细胞。

当研究者直接将小鼠囊胚进行体外培养后发现其衍生细胞的许多特征，包括细胞形态、表达的抗原、细胞表面分子标记物等都与 EC 细胞十分相似。研究者开始尝试从囊胚中分离多能干细胞。1981 年，英国的 Evans 和 Kaufman 使用 EC 细胞培养体系成功地从小鼠囊胚中分离出内细胞团细胞并建立了第一个小鼠胚胎干细胞系。到目前为止，基于小鼠胚胎干细胞和同源重组的基因打靶技术已经获得了数百个不同的人类疾病小鼠模型，涉及心血管疾病、神经退化疾病、糖尿病和癌症等。基于这一技术发明的重大意义，三位科学家在 2007 年凭借这一成果分享了当年的诺贝尔生理学及医学奖。

此后，科学家们投入了极大的热情建立各物种的胚胎干细胞系。但由于技术和伦理的诸多问题，在小鼠胚胎干细胞建立的将近 15 年后，1995 年，美国的科学家 Thomson 才建立了灵长类动物恒河猴的胚胎干细胞系。1998 年，Thomson 又建立了人类胚胎干细胞系。2008 年，在经历了 20 多年的努力摸索后，英国科学家 Smith 和华裔科学家应其龙建立了大鼠胚胎干细胞系。其他多数哺乳动物，包括猪、牛、羊等，虽然也有科学家尝试建立相应胚胎干细胞系，但获得的都为类 ES 细胞，一直没有胚胎干细胞系得到公认。

二、胚胎干细胞建系

经典的建立胚胎干细胞系的方法是从囊胚的内细胞团分离出胚胎干细胞。下面以小鼠和人的胚胎干细胞为例，说明其建系过程。

1. 小鼠胚胎干细胞建系

（1）用胎龄 12.5 天的小鼠胚胎制备小鼠胚胎成纤维细胞（MEF）饲养层。这些饲养层细胞需要经过支原体检测并经辐照或用丝裂霉素 C 处理以使其丧失分裂能力，然后铺板于合适的细胞培养皿中。

（2）以小鼠交配检查到阴栓为 0.5 天计算，取 3.5 天的母鼠剖杀取出子宫，使用 10% DMEM 培养液冲洗双侧子宫，将获得的胚胎使用蛋白酶去除透明带，或使用玻璃针剥离透明带。

（3）将去除透明带的小鼠囊胚单个放置到铺有 MEF 细胞的培养皿中。

（4）待囊胚贴壁生长几天后，用玻璃针将内细胞团用机械法分离切割为几个细胞块，接种到新的铺有 MEF 细胞的培养皿中。

（5）用机械法重复上述传代方法，至有足够的细胞数量时，改用胰酶消化法进行传代，一般 2~3 天传代一次。

2. 人类胚胎干细胞建系

（1）从特定机构获得体外人工授精的剩余胚胎。需要经过专门的医学伦理委员会的同意和病人的知情同意。

（2）用胎龄 12.5 天的小鼠胚胎制备小鼠胚胎成纤维细胞（MEF）饲养层。这些饲养层细胞需要经过支原体检测并经辐照或用丝裂霉素 C 处理以使其丧失分裂能力，然后铺板于合适的细胞培养皿中。

（3）人类胚胎体外发育到成熟囊胚期，通常为 5 天。用 5~10μl 的 0.5% 链霉蛋白酶于 37℃处理至透明带溶解，也可使用拉制的玻璃针机械法剥离透明带和饲养层细胞。

（4）将剥离掉透明带和饲养层的内细胞团放置到已铺好饲养层细胞并含有人胚胎干细胞培养液的细胞培养皿中。

（5）每天换液 1/2，当内细胞团细胞生长足够大时，机械法将生长物分离为 2~3 个细胞块，并放置于含有新饲养层细胞和培养液的培养皿中，继续生长。

（6）当细胞增殖到足够数量可以用酶消化时，以 1:3 用胶原酶消化传代，也可以冻存。

通常在胚胎干细胞建系后，需要按照一定的标准对其进行鉴定，只有当建立的细胞系经鉴定符合所有标准，才能被真正称为胚胎干细胞系。以人类胚胎干细胞为例，一般需要进行下述的所有鉴定。

（1）未分化人胚胎干细胞分子标记物表达情况的检查。

根据 2003 年《科学》杂志 Ali 等的文章，对在未分化人胚胎干细胞表达的 Class I 和 Class II 标记物分别通过 RT-PCR 和免疫荧光染色进行检测。常用的免疫荧光染色步骤如下：

① 首先把人类胚胎干细胞在 4% 多聚甲醛（4%PFA）中室温固定 30min。

② 在无水乙醇中浸泡 2 次，每次 20min（注意：此步骤仅限于核蛋白）。

③ 将上述溶液吸干，先用 $1\times$ PBS 洗涤 1 次，再用抗体稀释液（0.2%BSA 和 0.1% TritonX100溶于 PBS）洗涤 2 次。

④ 用封闭液（含 1%BSA＋4%normal serum＋0.4%TritonX100 的 PBS 溶液）封闭细胞 1h。

⑤ 将一抗稀释在抗体稀释液中，加到样品上，置于摇床上，室温 2h 或 4℃放置过夜。

⑥ 吸弃或回收一抗，用 PBT（0.1%TritonX100）洗涤细胞 3～5 次。

⑦ 将二抗稀释在抗体稀释液中，并加到细胞样品上，室温放置 1h。

注意：从步骤 7 开始，样品要注意避光！

⑧ 用 PBT 洗涤 3 次。

⑨ 将 DAPI（1mg/ml PBS）母液以 1：1000 用 PBS 稀释，室温放置 5min。

或将 JASmin（hochest）母液以 1：1000 用 PBS 稀释，室温放置 5min。

⑩ 用 PBS 洗涤 2 次，每次 5min。

⑪ 用 4%多聚甲醛再次室温固定 30min。

⑫ 用 PBS 洗涤 2 次，每次 5min。

⑬ 用荧光显微镜观察结果，并进行拍照。

（2）核型检测

（3）体外长期生长能力和生长特性的检测

如长期传代、细胞周期、克隆形成能力等。

（4）表观遗传学检测

鉴定关键转录因子（如 Oct4、Nanog 等）的启动子区域的去甲基化状态。

（5）冻存/复苏能力检测

（6）端粒酶活性检测

（7）体外三胚层分化潜能鉴定

一般为拟胚体形成实验，并检测拟胚体中的分化细胞是否涵盖三胚层的多种细胞类型。

（8）体内三胚层分化潜能鉴定

一般为畸胎瘤形成实验，并检测在免疫缺陷小鼠中形成的畸胎瘤是否含有三胚层的各类分化细胞。

三、胚胎干细胞的培养

一般情况下，小鼠的胚胎干细胞是生长在小鼠胚胎成纤维细胞构成的饲养层上。进一步研究发现，Buffalo 大鼠肝细胞制备的条件培养液可以支持小鼠胚胎干细胞的无饲养培养，而后又发现，这一条件培养液中的白血病抑制因子 LIF（leukemia inhibitory factor）就足以支持小鼠胚胎干细胞的无饲养层培养。

目前比较常用的小鼠胚胎干细胞培养具体方法请参见第二部分。

人类胚胎干细胞的培养与小鼠胚胎干细胞有较大的差异，包括培养基的成分、传代时间和方法等都有所不同。相对于小鼠胚胎干细胞培养，人类胚胎干细胞培养在多个方面是相当有技术难度的，一旦操作不当，轻则导致细胞局部分化，重则导致细胞完全分化，无法留存未分化的人类胚胎干细胞。

下面简单介绍人类胚胎干细胞的培养方法。

需准备的材料：人类胚胎干细胞完全培养液、胶原酶Ⅳ、基质胶、小鼠成纤维细胞（饲养层细胞）等。

1．预铺饲养层细胞

通常提前两天准备饲养层细胞。

（1）预先在培养瓶或皿中铺上基质胶，并加入适量成纤维细胞培养基。

（2）复苏饲养层细胞：准备水温略高于 37℃ 的水，从液氮中取出冻存的失活过的 MEF 细胞，立即投入水浴中，迅速解冻（1min 之内）。

（3）根据预实验将相应数量的饲养层细胞加到之前已经准备好的瓶（或孔板或皿）中，混匀。推荐的饲养层细胞密度为 3 万个/cm²。

2．人胚胎干细胞的传代及培养（以 T25 培养瓶为例）

（1）从培养瓶中吸出旧的人胚胎干细胞培养液。

（2）立即加入 3～4ml 37℃ 预热的 Ⅳ型胶原酶到瓶中，轻微摇晃培养瓶使之覆盖到所有的细胞。

（3）将 T25 瓶重新放回 37℃ 培养箱中，放置 20～30min。

（4）消化期间可以处理预铺了饲养层细胞准备用来传代的新培养瓶，处理如下：吸弃里面的成纤维细胞完全培养基，加入 1ml 人类胚胎干细胞培养液（不含 bFGF）洗涤 feeder cell（只要将瓶底盖过），吸弃，然后加入 4～5ml 新的人类胚胎干细胞完全培养基，以备传代。

（5）待克隆消化下来后，取出培养瓶，将瓶中液体连同脱落的克隆转移到 15ml 离心管里。加入 2ml 的人类胚胎干细胞培养液（不含 bFGF），混匀。

（6）待干细胞团块沉降下来后，吸弃上清液。

（7）加入 2ml 新鲜的人类胚胎干细胞培养液（不含 bFGF）洗涤细胞（即吹打重悬），待细胞沉降下来后，吸弃上清。

（8）加入 2ml 新鲜的人类胚胎干细胞完全培养基重悬细胞，并用移液枪吹打克隆到适合大小，然后根据自己需要按比例传代。

（9）传代后的第一天，不需更换新的培养液，从第二天起，每天换液进行日常培养。人胚胎干细胞的传代周期为 6～7 天。

四、胚胎干细胞的定向分化

胚胎干细胞具有分化为体内各种细胞的潜能，这是它在再生医学领域应用的基础。自 1998 年人类胚胎干细胞分离培养获得成功以来，人们已经成功地在体外将胚胎干细胞分化为神经元、肝细胞、内皮细胞、心肌细胞、胰腺 β 细胞和造血细胞等。胚胎干细胞在体外保持未分化状态需要特殊的培养条件，例如饲养层细胞和特定的细胞因子等。一旦这些培养条件发生改变，胚胎干细胞就会自发分化。在特定的条件下，胚胎干细胞可以向一定的胚层或组织细胞进行分化，这就是胚胎干细胞的定向分化。

目前常用的胚胎干细胞定向分化策略为：①改变培养条件，包括在培养液中添加或去除各种生长因子、小分子化合物诱导剂等，或将胚胎干细胞与其他细胞进行共培养；②在胚胎干细胞中导入特定的外源基因，通过这些外源基因的表达促使胚胎干细胞向特定胚层或组织分化。

以胚胎干细胞向血液细胞定向分化为例，小鼠胚胎干细胞向血液干细胞分化的方法已较成熟，采用悬浮培养、共培养以及过表达特殊基因的方法都可以诱导小鼠胚胎干细胞向造血干细胞分化。目前研究者通常结合各种方法以不断提高诱导分化的效率和获得造血干细胞的造血功能重建能力。其中，Wang 等通过过表达 HoxB4 并在拟胚体形成过程中诱导 Cdx4 基因的表达，与 OP9 细胞共培养，最后获得的造血干细胞在移植后可形成良好的血液系统，首次证实了可移植性的胚胎干细胞来源的血液干细胞。

单 元 小 结

　　胚胎干细胞是哺乳动物囊胚内细胞团细胞在体外特定培养条件下得到的特殊细胞，具有在体外无限增殖和分化为体内任何种类细胞的潜能。

　　经典的胚胎干细胞建系方法是使用早期囊胚分离其内细胞团细胞在体外培养获得。这些细胞还需要经过各种鉴定才可称为胚胎干细胞系。

　　胚胎干细胞的培养需要特殊的饲养层细胞，并需要在培养液中添加不同的生长因子。不同物种的胚胎干细胞培养条件也不相同。

　　胚胎干细胞的定向分化是其在临床应用的基础，常用的定向分化策略包括改变培养条件和导入特定的外源基因。

复习思考题

　　1. 目前已经获得胚胎干细胞的物种有哪些？
　　2. 人类胚胎干细胞系的主要鉴定标准是什么？

（成璐）

第四节　诱导多能干细胞（iPS 细胞）技术

一、定义

　　以病毒载体、质粒等介导特定转录因子（如 Oct4、Sox2、c-Myc、Klf4）过表达，迫使体细胞重编程为类似于胚胎干细胞（embryonic stem cells，ESC）的多能干细胞状态的技术，即为诱导性多能干细胞（iPS）技术。该技术最早由日本科学家 Yamanaka 于 2006 年建立，这一技术的诞生为干细胞研究领域带来了重大的突破。

二、iPS 技术的原理

（一）iPSCs 和 ESCs 的比较

　　iPS 细胞是否与 ES 细胞完全一样，一直是受到质疑的问题。尽管 iPS 细胞与 ES 细胞在诸多方面，诸如细胞周期、表面标记物表达、表观遗传修饰、端粒酶活性、体外分化及定向分化能力、甚至生殖系嵌合能力等方面表现出极大的相似性。然而，Chin 等采用全基因谱分析比较了 ES 细胞与 iPS 细胞的基因表达，结果显示，iPS 细胞与 ES 细胞的基因表达虽有部分重叠，却不完全相同。这也许取决于目前 iPS 技术的不完善，导致了细胞的重编程程度不完全。这种差别并不能证明 iPS 细胞在医学上有应用缺陷。正如 Kaji 等通过单细胞转录分析表明，即使是小鼠的 ICM 同 ES 细胞也有基因表达的差异，不同 ESC 细胞系之间也有差别。这些差别可能影响干细胞分化成某种细胞的效率，但未必影响所分化成的细胞的功能。我们不能因为 iPS 细胞是"人造的"，而 ES 细胞是"自然的"，就片面地认为它们之间的差异决定 iPS 细胞处于劣势。当然，对 iPS 细胞进行更详细的特征分析，确认其与人类 ES 细胞是否存在极大临床差异是很有必要的。相信，随着 iPS 技术的不断推进和革新，进一步使重编程程度深入彻底，iPS 细胞与 ES 细胞之间的区别会越来越小。

（二）二次诱导的 iPS 细胞

Wernig 等用 Dox 诱导慢病毒表达系统获得的 iPS 细胞，以该 iPS 细胞生成嵌合体小鼠，再从嵌合体小鼠的不同组织器官中分离原代细胞，作为二次重编程的初始靶细胞。由于嵌合体鼠的成体细胞已包含有 Oct4、Sox2、c-Myc、Klf4 这四个基因，因此不需要另外受病毒感染来导入基因，只需要再加入 Dox 即可诱导二次重编程的发生。

利用这一技术生成的二次诱导的 iPS 细胞的遗传背景完全相同，可以利用这项技术产生无数的相同干细胞，以便利于实验用途。而且，二次诱导的 iPS 细胞可以用来筛选推动重编程的效应因子，对明确重编程影响因子的作用提供了一个可靠有效的工具。总之，这些细胞将允许科学家们在标准化条件相同的前提下研究重编程的过程。

（三）转录因子

1. Oct4

在众多的 iPS 研究中，Oct4 一直被认为是重编程过程中不可或缺的转录因子，在重编程的起始阶段起重要作用。Oct4 是主要在发育早期的胚胎、生殖细胞和未分化的 ES 细胞中表达的全能性基因。当这些细胞被诱导分化为体细胞时，Oct4 的表达明显下降；Oct4 能够促使 ICM 形成，Oct4 缺失突变的胚胎只能发育到囊胚期，其内部细胞不能发育成内细胞团；Oct4 还能维持 ES 细胞未分化状态并促进其增殖。由此可见，Oct4 是哺乳动物胚胎发生中的一个关键调控因子，而且可能在维持细胞的全能性及未分化状态中起关键作用，是细胞全能性的标志基因之一。

Oct4 可直接与下游基因启动子区的重复序列 AGTCAAAT 结合，从而激活或抑制该基因的转录；它还可以与某些辅助因子（ELA、Sox2 和 Rox-1）形成异源二聚体来调节下游基因（FGF4、UTF1、Opn、Rex1、ETn052 等）的表达情况。

有趣的是，Oct4 对 ES 细胞命运的调控呈现剂量依赖性。在小鼠 ES 细胞内，当其表达量增加 2 倍时，ES 细胞向原始内胚层和中胚层分化；抑制 Oct4 的表达，ES 细胞向滋胚层分化；只有一个较小范围的适宜剂量才能够维持 ES 细胞的多能性。而且，在撤除培养基中外源性抑制分化因子的情况下，Oct4 则无法维持 ES 细胞的未分化状态，这说明 Oct4 不能独立维持 ES 细胞的多能性。在 ES 细胞中，对 Oct4 的精确调控是如何实现的呢？有多少转录因子参与其中呢？这些问题还需要进一步的研究来阐明。

2. Sox2

在目前发现的 Oct4 的靶基因中，Sox2 作为调控 ES 细胞全能性的基因也备受瞩目。研究显示，Sox2 在早期胚胎发生、神经分化和晶状体发育等多种重要的发育事件中都起着关键的作用。在干细胞中，Oct4 通常通过与 Sox2 结合，形成 Oct4/Sox2 蛋白复合体，共同调控 FGF4、UTF1 等因子的表达来维持 ES 细胞的全能性。当 Sox2 表达降低时，即使 Oct4 的表达正常，ES 细胞仍然会向外胚层分化。因此，Sox2 同样是 ES 细胞多能性调控网络的重要组成部分。

3. c-Myc 与 Klf4

c-Myc 是继 p53 之后最为受人瞩目的原癌基因，它与人类基因组有 25000 个结合位点。它的 N 端可以与 TRRAP、TIP48 相作用，影响组蛋白乙酰化酶、ATP 酶的作用，而 C 端含有螺旋-环-螺旋（HLH）及亮氨酸拉链结构域，在与 max 蛋白形成稳定的复合物后与 DNA 序列（CACA/GTG）相结合，调节基因的表达。1993 年，c-Myc 缺失的小鼠胚胎不能在妊娠中存活引起了关注，c-Myc 也第一次与干细胞建立了联系。c-Myc 还被证明与细周期的调控相关，它通过若干种途径推进细胞从 G1 期进入 S 期，缩短了 G1 期，而 ES 细胞的特点就是增殖速度快，细胞周期短，这种特殊的细胞周期主要归因于 G1 期短。c-Myc 对细胞周期的影响进一步密切了它与 ES 细胞的联系。

Klf4 是 Klf（Krüppel-like transcription factors，Klfs）家族的一员。Klf 家族蛋白是与细胞分化相关的转录因子，目前已有超过 16 个家族成员被发现，在 ES 细胞中发挥着维持一小部分 ES 细胞特异性基因表达的作用，并与 Nanog 共享大量共同的靶基因。作为 Klf 家族的一名成员，Klf4 与 STAT3 途径相关，并与 Oct4 和 Sox2 相互作用而激活 ES 细胞中的主要启动子 Lefty1。虽然在 ES 细胞中下调 Klf4 不表现出明显的表型，但这可能归因于 ES 细胞中 Klf 家族中很多其他成员的补偿作用。而同时敲除多个 Klf 蛋白将导致 ES 细胞的分化，过表达 Klf4 的 ES 细胞表现出不易分化。种种证据表明 Klf 蛋白是多能干细胞转录调控网络的关键成员。

目前，对重编程过程中 Klf4 和 c-Myc 的作用有三种假设：①Klf4 和 c-Myc 使成熟细胞产生肿瘤样转变，赋予了体细胞无限增殖以及 ES 细胞样的快速生长能力；②c-Myc 可对体细胞的染色质进行修饰，使得体细胞的染色体结构由紧密重新变得松散，以便转录因子更容易与重编程中所需的基因结合，从而调控基因表达；③Klf4 通过对成体细胞内 Lefty1 转录的促进作用，来协同 Oct4 和 Sox2 起始体细胞内 ES 细胞关键基因的表达。基于上述因素，Klf4 和 c-Myc 可提高重编程的效率。

Yamanaka 最初使用的 OSKM 转录因子的组合来诱导重编程，结果导致后代小鼠的高成瘤率。后来的实验中，他们放弃了 c-Myc，虽然不使用 c-Myc 的重编程效率相对低，而且花的时间要长一些，但是得到真正 iPS 细胞的比例要大得多。该结果表明 c-Myc 的作用主要是加速细胞的生长，而不是进行重编程。而且，使用 OSKM 组合得来的 iPS 细胞制造的嵌合体小鼠的癌症发病率较高。后续的研究人员仅用 Oct4 和 Sox2 就能够诱导成纤维细胞的重编程，仅用 Oct4 就能够诱导神经干细胞的重编程，也证明了 c-Myc 及 Klf4 对体细胞重编程不是必需的。

4. Nanog

Nanog 最初因被发现在缺乏 LIF 的情况下能够维持小鼠 ICM 及 ES 细胞的自我更新及多能性，而缺失 Nanog 基因的 ES 细胞向体壁和脏壁内胚层分化，就此建立了 Nanog 与 ES 细胞的联系。它拥有两个强大的转录激活子，是 Oct4 的强力激活子，并参与 Oct4 表达的调控，因而与 ES 细胞间的紧密联系更为明确。缺失 Nanog 基因的 ES 细胞高表达促分化的基因（GATA4、GATA6 及 CDX29H），因此，推测 Nanog 对促分化基因的抑制作用是它维持 ES 细胞多能性的关键。此外，研究表明 Nanog 可通过结合 Smad1 来抑制 BMP 诱导的 ES 细胞的分化，都说明了 Nanog 在维持 ES 细胞多能性中所扮演的重要角色。

5. 其他因子

（1）Lin28

Lin28 也是用于重编程体细胞的因子之一，它对 Let-7 家族 miRNAs 的负调控作用建立了其与维持干细胞多能性间的桥梁。

miRNAs 在维持 ES 细胞多能性中也起到了重要作用，Let-7 家族 miRNA 能够促进肿瘤干细胞的分化，miRNAs 生成过程中的工具酶 Dicer 或 DGCR8 缺失的 ES 细胞不能够分化，而 Lin28 起到了抑制 miRNA 合成的作用。研究表明，Lin28 能够介导 Let-7 家族 miRNA 前体的末端尿苷化，从而阻断了 Dicer 的作用及 Let-7 家族 miRNA 的成熟。已有证据显示，

Let-7 家族成员能够促进肿瘤干细胞的分化。因此，Lin28 可能通过抑制 Let-7 介导的成纤维细胞分化来达到提高重编程效率的作用。

（2）SV40LargeT 抗原

SV40（Simian vacuolating virus 40），猴空泡病毒 40，是在人类和猴中都发现的多瘤病毒。SV40LargeT 抗原（SV40LT）就是来源于 SV40 病毒的一个原癌基因。SV40LT 是 SV40 病毒感染宿主细胞后的早期转录产物，能够整合病毒基因组到宿主基因组，调控宿主细胞的细胞周期，以促进病毒在宿主细胞内的复制。

SV40LT 在重编程中也扮演了重要的角色。Cheng 研究组将 OSKM 结合 SV40LT 诱导成纤维细胞重编程，不仅能显著提高 iPS 细胞产生的效率，而且 iPS 细胞提前 1~2 周产生。Yu 等以 episome 为载体，以 IRES2 连接 Oct4、Sox2、Nanog、Lin28、Klf4 及 c-Myc 六种因子并没有能够诱导人类成纤维细胞的重编程，因为细胞大量死亡；当 SV40LT 加入 IRES2 的串联体系后，才能够获得人类 iPS 克隆。

SV40LT 在 iPS 过程中的作用可能是对抗 c-Myc 对细胞的毒性，使细胞得以存活，这一机制可能与 SV40LT 对宿主细胞周期的调控有关。SV40LT 对宿主细胞周期的调控是通过其与抑癌因子 P53 及 P105 结合，使之失活，从而使得细胞从 G1 期进入 S 期实现的，其结果就是抑制了细胞的衰老，增加了细胞存活时间，从而提高了 iPS 的效率。

（四）信号通路

ES 细胞的自我更新及全能性维持依赖于若干条信号通路组成的调控网络，在人和小鼠以及大鼠内的信号通路调控机制也各有不同。对信号通路的研究，不断揭示着 ES 细胞多能性的调控机理对信号通路的调控在 iPS 过程中发挥了重要的作用。

1. TGF-β 信号通路

TGF-β 家族成员是在胚胎发育中起重要作用的分泌型细胞因子，在早期胚胎的细胞命运决定中起关键作用。研究表明，TGF-β/Activin/Nodal 是维持人类胚胎干细胞多能性的主要信号通路。

Li 等发现以化合物 A-83-01 抑制 TGF-β 信号通路，可以更快速高效地诱导小鼠肝脏前体细胞及人类成纤维细胞的重编程。Ichida 等利用另一种可抑制 TGF-β 信号通路的小分子化合物 E-616452（他们将其命名为"RepSox"）代替了 OSKM 组合中的 Sox2 和 c-Myc，诱导了 MEF 重编程为 iPS 细胞。

这两个独立的实验均显示了抑制 TGF-β 信号通路可提高 iPS 效率。在 Ichida 等的研究中，TGF-β 信号通路的抑制取代了 Sox2 的作用，有趣的是，这一抑制作用并没有增加内源 Sox2 的表达，而是导致了稳定地处于部分重编程状态的细胞群体的 Nanog 的持续表达。

2. MEK 和 GSK3 信号通路

Ying 和 Smith 研究室利用"3i"培养条件建立大鼠 ES 细胞的研究成果显示，只需利用一些含有特定激酶的小分子化学抑制剂和无任何生长因子的培养基就可很好地维持大鼠 ES 细胞的自我更新和全能性。所谓 3i 即联合使用：①FGF 受体酪氨酸激酶抑制剂（SU5402）；②MEK1/2 抑制剂（PD184352，PD0325901）；③GSK3 抑制剂（CHIR99021）。PD0325901 是强效 MEK/ERK 抑制剂，可代替 SU5402 和 PD184352。该研究表明：SU5402 与 PD184352 联合使用抑制 FGF/MEK/ERK 信号通路，即抑制了干细胞分化的信号通路，而这条通路的抑制可以使 ES 细胞处于基础状态，细胞增殖很慢；配合 CHIR99021 的使用可抑制 GSK3 通路，进而激活 Wnt 信号通路，促进了 ES 细胞快速增殖却不分化。对于这三条信号通路的抑制，可很好地维持 ES 细胞的自我更新和全能性，而不需要加入 LIF 和 BMP 或 LIF 和血清。Ying 和 Smith 等的 3i 培养体系也给 iPS 细胞的诱导生成提供了一些启示。

Silva 等的研究表明，同时抑制 MEK、GSK3 信号通路，结合 LIF，可以诱导小鼠的神经干细胞仅依赖 Oct4 和 Klf4 就能够重编程。Shi 等以 OSK 结合 MEK 信号通路的抑制剂诱导了小鼠的神经前体细胞重编程为 iPS 细胞，也印证了抑制 MEK、GSK3 信号通路在重编程过程中的增效作用。MEK 信号通路抑制剂 PD0325901 的使用使得真正意义的 iPS 细胞比例增加，大大降低了非 iPS 克隆的数量。抑制 MEK 信号通路能够抑制小鼠 ES 细胞的分化，这一作用反应在 iPS 过程中表现为增加了 iPS 细胞多能状态的稳定性。

3. Wnt 信号通路

Marson 等的研究证明，通过在小鼠成纤维细胞重编程体系中添加 Wnt，激活 Wnt 家族经典途径中的 β-catenin，或者适当抑制其磷酸激酶 GSK-3β 的活性，可以明显提高无 c-Myc 参与的 OSK 介导的 iPS 的效率。

Wnt/β-catenin 信号通路与 ES 细胞的核心转录调控网络的关系也许可以解释 Wnt 信号通路在 iPS 过程中的作用。在 ES 细胞特异的关键基因中，大约有一半为 Oct4、Sox2 和 Nanog 的共同靶基因，其中包括有参与 Wnt 信号通路的基因。因此，Wnt 基因家族可能是通过 Oct4、Sox2 和 Nanog 的下游基因的作用在 iPS 细胞生成的过程行使其重编程功能。此外，c-Myc 是 Tcf/β-catenin 的下游基因，而 Wnt3a 可以有效地替代重编程中 c-Myc 作用的原因，可能与其可以提高靶细胞内 c-Myc 的表达有关。

（五）表观遗传学特征的调控

ES 细胞与源自 ES 细胞的分化细胞表现出许多表观遗传特征的不同，其中包括组蛋白的改造、PcG（polycomb group）蛋白家族结合方式的改变、增殖时间（replication timing）以及染色质可接近性（accessibility）的改变等。ES 细胞的染色体特征是在多能性基因的启动子区组蛋白 H3 与 H4 高度乙酰化；H3 的第 4 位赖氨酸甲基化、第 9 和第 27 位赖氨酸去甲基化，这些特征被认为是一个基因活化的标志。ES 细胞中 H3 组蛋白第 4 和第 27 位赖氨酸同时处于甲基化状态被认为是染色体可塑性的标志。ES 细胞与分化细胞之间表观遗传状态的差异提示着表观遗传机制在影响细胞命运方面的作用。

体细胞在经历重编程，转变为 iPS 细胞后，表观遗传特征发生了明显的改变，这是一种趋向于 ES 细胞表观遗传状态的改变，主要表现为：DNA 高度去甲基化；组蛋白 H3、H4 高度乙酰化及组蛋白 H3 中个别赖氨酸的甲基化。以组蛋白的修饰为例，通常 H3K4 三甲基化促进转录，而 H3K27 三甲基化抑制转录。利用染色质免疫共沉淀（chromatin immuno-precipitation，ChHIP）对近 1000 个基因转录起点的 $-5.5kb \sim +2.5kb$ 区域进行整体分析显示，小鼠 iPS 细胞 H3K4 和 H3K27 的三甲基化模式更接近 ES 细胞，而与转染前的 MEF 差异较大，H3K27 三甲基化改变尤为明显。人 iPS 细胞组蛋白 ChHIP 分析也证实了 iPS 细胞的 Oct4、Sox2、Nanog 等多能性相关基因的启动子区域高度 H3K4 三甲基化和低 H3K27 三甲基化，与 ES 细胞一致，而与初始靶细胞有较大差异。显然，表观遗传机制也参与到 iPS 过程中来。

后续的研究表明，具有表观遗传修饰作用的小分子化合物在 iPS 的过程中扮演了十分重要的角色。目前 iPS 过程中使用的小分子化合物主要包括以下三类：DNA 甲基化酶抑制剂、组蛋白去乙酰化酶抑制剂、组蛋白甲基化酶抑制剂。Mikkelsen 等采用向重编程体系中加入 DNA 甲基转移酶Ⅰ的 siRNA 的方法大大提高了重编程的效率。这些"增效"因素都在履行着同样的使命，那就是推动成体细胞到 iPS 细胞转变过程中若干表观遗传状态的改变。

表观遗传机制在 iPS 过程中究竟扮演着什么样的角色呢？目前仍不十分清楚。有的研究人员猜测：组蛋白的乙酰化及去甲基化的直接结果是使得染色质的构型发生改变，结构变得松散，对于转录因子由初始的"封闭状态"转变为"开放状态"，更便于转录因子进入相应作用位点，发挥调控作用。特定基因启动子区 DNA 的去甲基化使得转录因子的结合位点暴露出来，转录因子得以结合到靶基因上，行使其调控表达的功能。表观遗传的修饰参与基因表达的调控，更重要的是，它对于维持细胞每一阶段所处的状态起了关键作用。

三、iPS 细胞的诱导技术

（一）小鼠 iPS 细胞的诞生

2006 年，Yamanaka 研究组以逆转录病毒为载体介导外源基因的过表达，实现了对小鼠成体细胞的重编程。他们首先利用同源重组技术构建了将 β-gal 和 neomycin 抗性基因融合（βgeo）作为筛选基因敲入 Fbx15 基因下游的转基因小鼠（Fbx15$^{\beta geo/\beta geo}$）。Fbx15 是在小鼠的 ES 细胞以及早期胚胎特异性表达的基因，却不是维持小鼠 ES 细胞多能性必需的基因。Fbx15$^{\beta geo/\beta geo}$ 小鼠的成体细胞一旦被重新编程，Fbx15 基因就会被激活，其下游融合的基因也同时表达，可以通过 β-gal 显色及 neomycin 抗性的表现而将重编程细胞筛选出来（见图 6-1）。

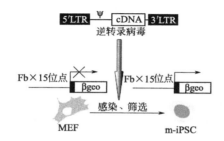

图 6-1　Yamanaka 建立小鼠 iPS 细胞的策略

在 MEF 细胞内将 βgeo 基因敲入 Fbx15 基因启动子的下游，作为重编程的靶细胞；以逆转录病毒为载体介导转录因子在 MEF 内的过表达；当 MEF 被重编程为 m-iPSC 时，Fbx15 基因表达，其启动子下游融合的 βgeo 也同时表达，就能够通过抗药性及 β-gal 染色将 iPS 克隆筛选出来

对于外源基因的选择，他们以与维持 ES 细胞特性紧密相关的 24 种基因作为备选。初始的靶细胞为小鼠胚胎成纤维细胞（mouse embryonic fibroblasts，MEFs）。筛选方案为：①以单个基因来诱导重编程；②导入全部 24 个基因；③从 24 个基因中剔除单一基因，筛选出 10 个关键因子，进而从这 10 个因子中进一步通过剔除单一基因的方案筛选。通过这样的方案，以抗 G418 克隆及 ES 样克隆生成的数量为依据，最终筛选出 Oct4、Sox2、c-Myc 及 Klf4 四个转录因子的组合足以诱导 MEF 重编程至多能干细胞状态。以这四种病毒混合感染 MEF 2 周后，抗药性的干细胞样克隆出现，这种细胞被命名为 iPS 细胞。

这样建立的小鼠 iPS 细胞与小鼠 ES 细胞不仅具有相似的细胞形态及克隆形态，而且均表现为碱性磷酸酶阳性；表达胚胎干细胞的表面标记物和核抗原；表达 ESC 特异性的基因；Oct4 与 Nanog 启动子区表现出与小鼠 ES 细胞相似的组蛋白修饰状态；具有体外形成拟胚体，体内形成畸胎瘤的分化多能性；具有端粒酶活性及正常核型。然而，他们这一次并没有报道生殖系嵌合的嵌合体小鼠的生成，而这是鉴定多能干细胞多能性的黄金指标。

由于 Fbx15 不是维持小鼠 ES 细胞多能性的必需基因，因此以 Fbx15 为报告基因筛选出的小鼠 iPS 细胞与小鼠 ES 细胞仍表现出很多的不同之处。全基因组范围内的基因表达谱分析显示，这些小鼠 iPS 细胞与小鼠 ES 细胞有相当大一部分基因的表达不同；Oct4 与 Nanog 的启动子区只有部分去甲基化；这些小鼠 iPS 细胞注入小鼠囊胚中能形成含三个胚层组织的胚胎，然而这些源自 iPS 细胞的嵌合体小鼠多在胚胎发育中期死亡。这表明，以 Fbx15 为筛选基因的 iPS 细胞是介于 MEF 与 ES 细胞之间的一个中间阶段的细胞。

2007 年，Yamanaka 研究组及 Jaenish 研究组分别独立地改进了 iPS 技术。以维持小鼠 ES 细胞多能性的必需基因 Nanog 代替 Fbx15 为筛选 iPS 克隆的报告基因。实验证明，以 Nanog 表达筛选出的小鼠 iPS 细胞的 Oct4 与 Nanog 的启动子区高度去甲基化，具有与小鼠 ES 细胞更为相近的基因表达谱，且获得了嵌合体小鼠。在生物学潜能和表观遗传状态上，这些体外诱导的多能性干细胞与 ES 细胞已经难以区别。Jaenish 研究组更是获得了四倍体补偿的发育晚期胚胎。

（二）人 iPS 细胞的诞生

2007 年 11 月，日本的 Yamanaka 研究组及美国的 Thomson 研究组几乎在同时宣布了人 iPS 细胞的诞生，成果分别发表在《Cell》和《Science》杂志上。

Yamanaka 研究组采用小鼠 iPS 技术中的转录因子组合：Oct4、Sox2、Klf4 及 c-Myc（OSKM），以逆转录病毒（retrovirus）为载体，诱导了一位 36 岁妇女的表皮细胞和一位 69 岁男性的结缔组织细胞重编程为人类 iPS 细胞。Thomson 研究组则利用不同的转录因子组合：Oct4、Sox2、Nanog 及 Lin28（OSNL），以慢病毒（lentivirus）为载体，诱导了胎儿成纤维细胞逆转至多能干细胞状态。

这两个研究小组诱导生成的人 iPS 细胞在细胞形态、克隆形态、碱性磷酸酶（Alkaline phosphatase，AP）表达、表面标记物表达、基因表达、端粒酶活性、表观遗传学状态、体外形成拟胚体、体内形成畸胎瘤的能力及 X 染色体失活等方面均与人类 ES 细胞相似。就基因表达谱而言，以 Yu 等建立的人类 iPS 细胞为例，iPS 细胞的整体基因表达模式与 ES 细胞相似，而与成纤维细胞差异明显。尽管不同的 iPS 克隆之间的基因表达模式存在一些差异，但这种差异甚至小于不同的人 ES 细胞系之间的表达差异。

四、iPS 细胞的鉴定

iPS 细胞的鉴定同 ES 细胞的鉴定一样，主要包括以下几个方面的鉴定内容：细胞形态（高核质比）、克隆形态（圆形或卵圆形，扁平、致密、边缘光滑）、碱性磷酸酶表达、表面标记物及核抗原的表达（如 SSEA1、SSEA3、SSEA4、Tra-1-60、Tra-1-81、Oct4、Nanog、Rex1、E-cadherin 等）、ES 细胞特异性基因定量分析（Oct4、Sox2、Rex1、Dppa2、Dppa4、Utf1 和 Nanog 等）、端粒酶活性、表观遗传学状态（包括 ES 细胞特异基因启动子区的 DNA 甲基化程度及组蛋白乙酰化程度）、核型、借助 microArray 分析比较初始靶细胞、iPS 细胞以及 ES 细胞的基因表达谱、体外形成拟胚体、体内形成畸胎瘤的能力及 X 染色体失活状态等，而鉴定 iPS 多能性的黄金指标是生殖腺嵌合及在四倍体补偿试验中产生正常后代的能力。

单 元 小 结

诱导多能干细胞（iPS）技术通过转入外源因子将体细胞重编程至多能干细胞状态。

iPS 细胞与 ES 细胞在诸多方面，诸如细胞周期、表面标记物表达、表观遗传修饰、端粒酶活性、体外分化及定向分化能力、甚至生殖系嵌合能力等方面表现出极大的相似性，但由于目前 iPS 技术的不完善性，所以存在一定的差别。

诸多转录因子如 Oct4、Sox2、c-Myc、klf4、lin28、sv40LargeT 等被认为在体细胞的重编程过程中起着重要的作用。曾在 ES 细胞中证明有关键作用的信号通路如 TGF-β 信号通路、MEK 与 GSK 信号通路以及 Wnt/β-catenin 信号通路等也在 iPS 的产生过程中起重要作用，并与上述的转录因子间有着极大的关联。

复习思考题

1. iPS 的技术原理是什么？其中转录因子起着怎样的作用？
2. iPS 细胞和 ES 细胞之间的差别在哪里？
3. 如何提高 iPS 细胞产生的效率？目前产生 iPS 的方法有哪些？

（吴昭，崔春）

第五节　胚胎干细胞/iPS 细胞的应用及意义

一、人类疾病模型的建立以及病人特异的疾病机理研究

iPS 细胞最大特色是"患者特异性"及"疾病特异性"。基于这两点，iPS 细胞可以重现患者的疾病发生，作为人类疾病模型而探究疾病发生发展的机理，并筛选出患者特异的有效药物，最终找到疾病治疗的切入点。

Park 等建立了 10 多种遗传性疾病的 iPS 细胞系，包括肌肉萎缩症、Ⅰ型糖尿病、唐氏综合征、唐氏舞蹈病、帕金森氏症等。这些 iPS 细胞均能够成功分化为治疗疾病所需要的相应细胞类型。这些疾病中很多都很难甚至不可能用动物模型进行研究，而重编程的细胞定向分化为疾病相关的细胞类型，对于探明疾病的机理及药物筛选提供了新工具。

Frank 等以 Cre-LoxP 系统介导转录因子过表达诱导帕金森氏症（PD）患者皮肤细胞的重编程，其后将患者 iPS 细胞定向分化为 PD 患者受损的多巴胺神经元。

Dimos 等将一位 82 岁肌肉萎缩侧索硬化症（ALS）患者的体细胞重编程为 iPS 细胞，又将该 iPS 细胞定向分化为在该疾病中受损的运动神经元。这是第一次将来自慢性病患者的皮肤细胞重组为 iPS 细胞，再诱变成研究和治疗疾病所需的特定细胞类型。

Ebert 等将脊髓性肌萎缩症（SMA）儿童的皮肤细胞诱导为 SMA-iPS 细胞。SMA 是一种遗传疾病，它会攻击脊髓内的运动神经细胞，人体内缺乏 SMN 蛋白（SMN 蛋白是运动神经元生存蛋白，能够使肌肉活动）时会引发该疾病。患有该疾病的婴儿出生 6 个月后，该疾病就会慢慢发展，接着肌肉出现萎缩，无法控制运动，直至完全瘫痪，2 岁左右就会死亡。Ebert 等将这些 SMA-iPS 细胞定向分化为运动神经细胞，源自于 SMA-iPS 细胞的运动神经细胞也携带了该遗传性疾病的特征。同时，他们也使用了该儿童健康母亲的细胞制造了运动神经细胞。源自 SMA-iPS 的运动神经细胞在 2 个月后开始死亡，而源自其母亲正常 iPS 细胞的运动神经细胞则正常生长。由于 iPS 细胞能够无限扩增，为更好地理解疾病的机理及药物筛选提供了无穷的疾病细胞来源。更为重要的是，他们通过对 SMA 疾病机理的研究，筛选 SMN 诱导复合物刺激增加该运动神经元中 SMN 水平，从而为该疾病的治疗及药物筛选打下了基础。

Fanconi 贫血（FA）是一种遗传性疾病，表现为一系列的血液系统异常，从而导致机体

在抵抗感染、氧气运输和凝血方面出现障碍。即使患者在接受骨髓移植纠正了血液问题后，也可能发展出癌症以及其他严重的疾病。Raya 等采用携带 FANCA 蛋白的慢病毒载体感染 Fanconi 贫血症患者的体细胞纠正基因突变，再将纠正突变的体细胞诱导为 iPS 细胞，新诞生的 FA-iPS 细胞与人类的 ES 细胞以及健康供体身上得到的 iPS 细胞相差无几。该 FA-iPS 细胞的 FA 通路功能正常，并且能够产生属于骨髓细胞系和类红细胞系的不含疾病的造血祖细胞。这是首次通过基因修饰，运用疾病特异的 iPS 细胞对人类遗传性疾病进行体外尝试性治疗。

家族性自主神经功能障碍（FD）是一种罕见、却致命的周围神经疾病，由基因 IKBKAP8 的突变引起。该病会对控制触觉、血压、流泪等功能的神经元产生影响。主要表现为肌肉缺乏张力和反射控制，从而产生疼痛、高血压和呼吸困难等症状。科学家们一直无法建立这种疾病的动物模型。Lee 等以 iPS 手段诱导了 FD-iPS 细胞的生成，并定向分化 FD 患者的 iPS 细胞生成了有缺陷的周围神经元。基因表达分析显示，在体外实验中 IKBKAP 发生组织特异性误剪接，并且患者的神经冠前体所表达的正常 IKBKAP 转录水平特别低。转录组分析和细胞分析表明，神经分化和细胞的迁移行为存在缺陷。这些神经分化和迁移的差异指导研究人员来衡量 3 种药物的疗效，其中一种称为激动素（Kinetin）的药物被发现几乎可以完全扭转剪接错误，进一步的治疗还可以扭转神经元分化的缺陷，而不影响细胞的迁移能力。这项工作是首次利用患者的 iPS 来源的分化细胞进行药物筛选，朝利用 iPS 技术生成相关人类疾病模型的方向迈出了一步，在功能分析中也朝候选药物识别的方向迈出了一步。

表 6-1　已报道的建立疾病特异性 iPS 细胞系的遗传性疾病

ADA-SCID	腺苷脱氨酶重度联合免疫缺陷病
Gaucher disease type Ⅲ	Ⅲ型戈谢病
Duchenne muscular dystrophy	杜兴氏肌肉萎缩症
Becker muscular dystrophy	贝克肌肉萎缩症
Down syndrome	唐氏综合症
Parkinson's disease	帕金森病
Juvenile diabetes mellitus	青少年糖尿病
Swachman-Bodian-Diarnond syndrome	舒-戴二氏综合症
Huntington disease	亨廷顿舞蹈病
Lesch-Nyhan syndrome(carrier)	莱施-奈恩二氏综合症（携带者）
Amyotrophic Lateral Sclerosis(Lou Gehrig's disease)	肌萎缩性脊髓侧索硬化症（路格里克氏病）
Spinal Muscul Aratrophy	脊髓性肌萎缩症
Familial Disautonomia	家族性自主神经功能障碍
Fanconi anemia	范可尼贫血
Amyotrophic Lateral Sclerosis	肌肉萎缩侧索硬化症
β-Thalassemia	β-地中海贫血症

这些研究工作为开拓 iPS 细胞用于建立人类疾病模型、探究疾病机理以及疾病特异和患者特异的药物筛选提供了第一手可借鉴的依据。

二、为新物种提供多能干细胞系

目前取得公认的哺乳动物的 ES 细胞系只有小鼠、恒河猴、人类及大鼠的 ES 细胞系，这些细胞系均是采用传统的分离内细胞团方法获得的。采用这一方法所获得的其他的哺乳动物 ES 细胞系（如猪、羊等）往往因为核型异常、不具备分化的多能性、不具有生殖系嵌合能力等缺陷而只能称之为"类 ES 细胞系",并不是真正的 ES 细胞系。

ES 细胞与同源重组技术是制造高品质转基因动物模型的两个重要条件。高品质的转基因动物可以用于提高动物生长性状、制造抗病新品系、作为生物反应器制造活性物质或药物、敲除免疫原性基因、作为器官移植供体等,具有广阔的应用前景。然而,许多物种 ES 细胞系的缺乏严重阻碍了其转基因动物模型的建立。iPS 技术的诞生开拓了制造多能干细胞系的新途径。

（一）大鼠 iPS 细胞系

大鼠是历史上第一个被驯化用于科学研究的哺乳动物,用于科研已有超过 150 年的历史。由于其在生理结构上比小鼠更接近人类,且体型较小鼠大,手术操作方便,因此是非常重要的动物模型。然而,自 20 世纪 80 年代,曾有多个研究室尝试采用传统的分离囊胚期 ICM 的方法建立大鼠 ES 细胞系均未获成功。直到 2008 年 12 月 24 日,Buehr 等和 Li 等才建立起真正意义的大鼠 ES 细胞系。

在大鼠 ES 细胞系诞生之前,iPS 技术启发了科研人员用另一种途径建立大鼠的多能干细胞系。2008 年 12 月,Xiao 研究组报道了大鼠 iPS 细胞系的建立,他们以慢病毒为载体介导 OSKM 在大鼠成纤维细胞及骨髓细胞内的过表达,成功将大鼠的成体细胞诱导为 iPS 细胞。Li 等则以逆转录病毒介导 OSK 组合过表达,联合 MEK 抑制剂和 GSK3 抑制剂介导的 Wnt 通路的激活,并进一步用 TGFβ I 型受体抑制剂来稳定上述作用,实现了大鼠肝脏细胞的重编程。这两个研究组得到的大鼠 iPS 细胞在细胞形态、克隆形态、表面标记物、基因表达、表观遗传状态、体内外分化为三胚层能力等方面表现相似,并且与小鼠 ES 细胞在上述方面具有相似性。

该研究成果第一次原则性地证明了 iPS 技术可以用来建立历史上难以建立胚胎干细胞系的物种的干细胞系。

（二）猪 iPS 细胞系

2009 年,Xiao 等三个研究组相继建立了猪的 iPS 细胞系。Xiao 研究组利用 Tet-on 慢病毒表达系统介导 OSKM 组合及 OSKMNL 组合的过表达诱导猪耳尖成纤维细胞及骨髓间充质细胞为 iPS 细胞。他们所建立的猪 iPS 细胞具有胚胎干细胞的形态、可无限增殖、有端粒酶活性、具有体内及体外向三胚层分化的潜能。在表面标记物表达上,猪 iPS 细胞不表达 SSEA1,表达 SSEA3、SSEA4,与人类 ESC 相似。猪 iPS 细胞的生物学特性为尚未建立的猪 ES 细胞的特点提供了评估的标准。

Xiao 研究组建立的猪 iPS 细胞系是基于 Tet-on 慢病毒系统所建立的,撤去诱导表达药物 Dox 后,外源基因的表达基本消失。这一系统可以对重编程因子的表达实时调控,为寻找和确定可维持多能干细胞自我更新及多能性的生长因子和小分子、揭示猪多能干细胞全能性的机理、建立猪 ES 细胞系提供了理想的工具和平台。此外,Dox 可诱导系统避免了外源基因表达的不可调控,可以及时地关闭外源基因的表达,有利于生成嵌合猪和克隆猪。在尚未获得猪 ES 细胞系的情况下,猪 iPS 细胞结合同源重组技术无疑为建立基因精确修饰的转基因猪或基因敲除猪提供了便利,是目前解决转基因效率低下的最佳替代方案。基因精确修饰的高品质的转基因猪或基因敲除猪可用作人类疾病模型、转入抗病基因建立具抗病性的新品系或敲除免疫相关基因用作器官移植供体,具有非常现实的畜牧经济及医药学价值。

由于缺乏适宜的培养体系,目前世界上仍没有培育出一株公认的猪 ES 细胞系,因此猪 iPS 细胞系的成功建立意味着科研人员可以利用 iPS 这一手段建立更多的有蹄类动物的多能干细胞系，并最终过渡到 ES 细胞系的建立。

科学家们的大量工作使得未来有望利用 iPS 技术为那些难以建立 ES 细胞系的物种建立多能干细胞系，进而可以用于制造转基因动物及保护珍贵物种，从而更好地实现其生物医药价值和经济价值。

三、再生医学中的应用

人类 ES 细胞因其分化多能性有着诱人的应用前景，人类 ES 细胞走向真正的临床应用却面临着一个巨大的障碍——免疫排斥，现存的所有人类胚胎干细胞系对于任何一例患者的器官或细胞移植来说都是异体组织。人类 iPS 细胞技术以患者自身的体细胞重编程，可以产生患者特异的多能干细胞，理论上，免疫排斥的问题迎刃而解。因此，它在患者特异的药物筛选及再生医学领域都有着极其重要的应用价值。

iPS 技术在再生医学中的应用主要取决于以下几点：①iPS 细胞再生医学的应用策略；②iPS 细胞定向分化的能力及其实用性；③iPS 技术的安全性。

（一）iPS 细胞再生医学的应用策略

iPS 技术可以让科学家们在培养皿中修正细胞本身的基因缺陷，然后用修复了的细胞进行治疗，这是未来 iPS 用于再生医学的一种策略。Hanna 等将这种策略在小鼠身上进行了演示。他们将人源化的镰刀型红细胞贫血病小鼠的成纤维细胞重编程为 iPS 细胞，利用基因打靶技术纠正了 iPS 细胞内突变的基因，然后将得到修正的 iPS 细胞定向分化为造血干细胞，移植回小鼠体内。他们首次建立了 iPS 技术进行治疗的小鼠模型，他们的工作表明前述的策略是可行的（见图 6-2）。

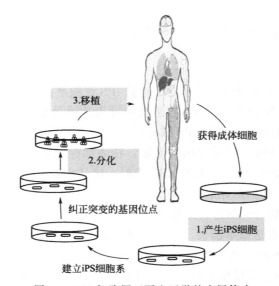

图 6-2 iPS 细胞用于再生医学的应用策略

首先获得患者的体细胞进行原代培养，将其重编程为 iPS 细胞，从而建立患者特异性的多能干细胞；进而在 iPS 细胞水平纠正细胞的遗传缺陷，建立正常的患者特异的多能干细胞；诱导 iPS 细胞定向分化为所需的特定细胞类型，并移植回患者体内

引自 Cui Chun，Rao Lingjun，Cheng Linzhao Xiao Lei. （2009）Generation and application of human iPS cells. Chinese Science Bulletin. 54，9-13

Zou 等借助锌指核酸酶（zinc finger nucleases）技术定点修复了源自阵发性睡眠性血红蛋白尿（PNH）患者的疾病 iPS 细胞的缺陷基因 PIG-A。该锌指核酶技术可诱导靶向基因

形成序列特异性的双链 DNA 断裂，从而在不影响打靶细胞核型和多能性的前提下大大提高同源重组效率。这一研究首次展示了在人类 iPS 细胞中可以定点修复或突变一个基因，为疾病 iPS 细胞通过同源重组进行疾病治疗提供了借鉴，解决了人类 iPS 细胞未来用于干细胞治疗的一个重要技术环节。

（二）iPS 细胞定向分化的能力

由于 iPS 细胞的患者特异性，因此 iPS 细胞可以作为患者特异的细胞源用于临床的移植治疗及药物筛选。iPS 细胞能否定向分化为所需要的细胞类型是关乎其应用价值实现的重要环节。已有的研究表明，小鼠 iPS 细胞可以定向分化成为心肌细胞、血管平滑肌细胞、造血细胞、血小板、角膜上皮细胞等；人类 iPS 细胞可以定向分化为神经元、心肌细胞、内皮细胞、造血细胞、肝脏细胞、胰岛 β 细胞等多种细胞类型。这些研究结果充分说明，人类 iPS 细胞具有与人类 ES 细胞相似的定向分化能力。iPS 细胞可以提供源源不断的患者特异的特定细胞类型，用于疾病发生发展机制的研究、药物筛选以及移植治疗。

（三）iPS 技术的安全性

随着 iPS 技术的不断革新，其安全性也在不断提高。正如前面所讲述的，目前人类 iPS 技术已经实现了不含外源载体的重编程技术，并且蛋白质诱导及 miRNA 技术在 iPS 技术中的运用进一步提高了 iPS 技术的安全性。由于 c-Myc 基因具有危险性，已经有多个报道显示不依赖 c-Myc 及 Klf4 也能够诱导 iPS 细胞的生成，但是经过研究发现这些无 c-Myc 基因的 iPS 细胞依然具有致瘤性。因此，进一步的发掘更安全有效的重编程因子或是重编程方法也是 iPS 技术面临的严峻挑战。

单 元 小 结

iPS 细胞与 ES 细胞相比，最大的特色是"患者特异性"及"疾病特异性"，因此可以作为人类疾病模型而探究疾病发生发展的机理，并筛选出患者特异的有效药物，最终找到疾病治疗的切入点。

目前 iPS 技术已经在多个暂未建立 ES 细胞系的物种中得以应用，譬如猪、绵羊、山羊等。因而未来有望利用 iPS 技术为那些难以建立 ES 细胞系的物种建立多能干细胞系，进而可以用于制造转基因动物及保护珍贵物种，从而更好地实现其生物医药价值和经济价值。

iPS 细胞解决了异体移植过程中的免疫排斥问题，所以在再生医学中有着很大的应用前景。我们可以在体外修正患者特异性 iPS 细胞本身的基因缺陷，然后将修复了的 iPS 细胞分化为患者需要的细胞，移植入患者体内进行治疗，这是未来 iPS 用于再生医学的一种策略。iPS 细胞真正应用于临床，还需要解决安全性方面的诸多问题。

复习思考题

1. iPS 细胞相比 ES 细胞来说，最大的优势在哪里？
2. 目前 iPS 细胞应用于临床是否安全？如何解决安全性方面的问题？
3. 目前 iPS 技术应用于临床的最大屏障是什么？哪些问题亟待解决？

（吴昭，崔春）

第二部分
动物细胞培养实验教程

实验一　动物细胞培养的无菌操作

防止和控制污染是决定细胞培养成功和后续研究工作成败的首要条件。由于体外培养的细胞缺乏抗感染能力，在操作的每个环节中要注意消毒灭菌，必须严格要求无菌操作，严防微生物和非实验细胞的污染。同时，工作者必须注意自身安全，用消毒液消毒手部皮肤，穿戴上口罩、无菌手套和工作服。

一、实验用品的消毒

玻璃器皿等常用干热消毒法，在干烤箱160℃ 90～120min 干烤灭菌；玻璃制品、塑料橡胶制品、金属器械等用湿热消毒，在121℃高压消毒15～20min；培养液、消化酶等不能采用高压灭菌，可用 0.22μm 微孔水系滤器过滤除菌。

二、实验室区域消毒

缓冲间、无菌室地面、桌椅表面、超净工作台面，用0.3％新洁尔灭或来苏儿等拖地或擦拭；无菌室空气、超净工作台内等用紫外线消毒，在实验前、后开灯照射 30～60min。

三、实验操作

在进行培养操作时，首先要点燃酒精灯，实验用的玻璃材料要用消毒过的镊子夹取，就近火焰并迅速来回三次烧灼。金属器械蘸酒精烧灼即可，但烧灼时间不宜过长，待冷却后夹取组织，以免损伤组织。试剂瓶盖用 75％酒精棉球擦拭消毒即可。整个操作动作要准确，又不能过快，以防空气流动增加污染机会。手不能触及已消毒器皿，若已接触，要用火焰烧灼消毒或取备用品更换。为拿取方便，工作台面上的物品要有合理的布局，原则上右手用品放置在右侧，左手用品放置在左侧，酒精灯置于中央。工作由始至终要按照一定顺序，组织或细胞在处理之前，切勿过早暴露在空气中。同样，培养液在未用前，不宜过早开瓶；用后如不再重复使用，应立即将瓶口封闭。吸取营养液、PBS、细胞悬液及其他液体时，应分别使用不同吸管，不能混用，以防扩大污染或导致细胞交叉污染。操作中不能面向操作区讲话或咳嗽，以防唾沫把微生物带入工作台面而发生污染。

（袁红）

实验二　动物细胞培养常用设备的使用

一、显微镜（实图 2-1）

倒置显微镜是组织细胞培养室日常工作的必需的仪器设备，用于观察细胞的生长情况和有无污染等。若有条件，可配置带有照相和摄影系统的高质量相差显微镜、荧光显微镜、激光共聚焦显微镜、活细胞工作站等，便于随时观察、记录、摄影细胞生长情况。

二、CO_2 培养箱（实图 2-1）

CO_2 培养箱是组织细胞培养实验室日常工作必需的常规仪器设备，维持体外培养细胞

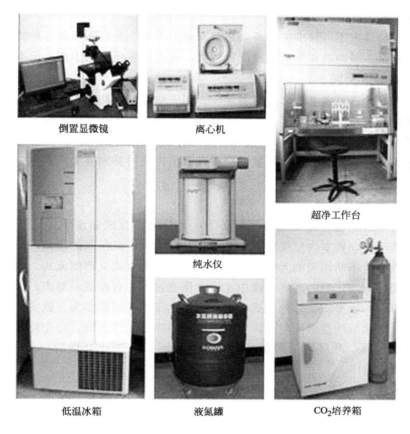

实图 2-1 细胞培养常用设备

和体内细胞恒定温度环境下生长。通常情况下，温度为 37℃，温差变化一般不超过±0.5℃，CO_2 浓度通常多为 5%，以维持稳定的 pH 值，适用于开放和半开放培养。由于培养箱与外界保持通气状态，可用培养皿、培养板或培养瓶等培养细胞；用细胞培养瓶培养时，应将瓶盖略微旋松，使培养瓶内与外界保持通气状态，培养箱内空气必须保持干净，定期用紫外灯照射或酒精擦拭消毒。为维持箱内湿度，避免培养液的蒸发，应放置盛有无菌蒸馏水的水槽。应做到定期清洁水槽、更换无菌蒸馏水。

三、离心机（实图 2-1）

离心机是细胞培养室必备的常用设备之一，进行制备细胞悬液，洗涤和收集细胞。培养细胞的离心速度一般要求在 1000r/min，可常规购置 4000r/min 离心机。根据不同需要购置其他类型如大容量或可调温等特殊功能的离心机，在使用时应对称平衡，拧紧容器封口。

四、冰箱（实图 2-1）

冰箱是细胞培养室必备常用设备之一，有普通冰箱、冷藏箱、低温冰箱和冰柜、超低温冰箱等。培养液、生理盐水、PBS、Hanks、消化酶等短期保存的制剂和标本应储存在 4℃ 冰箱或冷藏箱；血清、未使用的培养液、消化酶等需要保持生物活性和长时间存放的制剂和标本需储存在 −20～−70℃ 的低温冰箱、冰柜或超低温冰箱。细胞培养室冰箱属专用设备，严禁放置易挥发、易燃和有毒等对细胞有害物质。定期做好清洁保养工作，保持冰箱内的整洁；多人使用，物品应分区放置，并贴标签注名和时间。

五、天平

天平是细胞培养室不可缺少的设备，通常有扭力天平、分析天平和各种精密天平。用于培养液、生理盐水、缓冲液和酶消化液配置称量，扭力天平还可用于离心标本的平衡。

六、液氮容器 （实图 2-1）

液氮容器是细胞培养室必备常用设备之一，用于储存细胞和组织。液氮容器有多种类型和规格，根据需要选择合适的容器。提篮式储存盒能分门别类地存放不同人员各种细胞和组织，分类造册登记存放人员、（组织）细胞种类和存放时间。液氮温度可达－196℃，使用时谨慎小心，防止冻伤。由于液氮会挥发，应定期观察，及时补充液氮，避免挥发过多造成细胞受损。

七、超净工作台 （实图 2-1）

超净工作台是细胞培养室必备常用设备之一，分为垂直式和水平式，工作原理大致相同，由鼓风机作动力，将室内空气经粗过滤器初滤，由离心机压入静压箱，再经高效空气过滤器精滤，形成连续不断均匀的无尘无菌的清洁气流。垂直式又称侧流式，侧流式净化工作台结构较为封闭，将净化后的空气气流由左或右侧通过工作台面流向对面，也有从上向下或从下向上流向对侧；水平式又称外流式，水平式净化工作台结构多为开放式，工作台面没有设置防护挡板，净化后的空气面向操作者流动。使用净化工作台前，应先用75％乙醇或2％来苏尔消毒擦拭台面，开启风机和紫外灭菌灯 30min 以上净化处理后，关闭紫外灭菌灯，10min 后进行培养操作。

八、水纯化装置 （实图 2-1）

细胞培养对水的要求很高，与细胞培养有关的液体配置用水必须纯化处理。可利用离子交换纯水装置和蒸馏器对水进行纯化。最能普及的是自动双重纯水蒸馏器，但不能用普通自来水蒸馏，若长时间使用则蒸馏器内有水垢形成，影响蒸馏效果。现在一般使用纯水仪，根据需要选择配备杀菌、去酶或除热源装置，出水电导率应在 $15 \sim 18.2 M\Omega \cdot cm$ 之间。

九、消毒器

消毒器细胞培养室必备常用设备，分干热和湿热消毒灭菌器，用于细胞培养操作过程所需物品消毒灭菌。干热消毒灭菌有电热干烤箱，将洗净玻璃器皿用报纸（牛皮纸）等包装，鼓风升温至 160~170℃ 90~120min，或 180℃ 45~60min；湿热消毒灭菌，常用有手提式高压蒸汽消毒器，将包装好的器皿、胶塞、金属器械等装入高压锅内，盖好盖子，打开开关和安全阀，随着温度的上升，安全阀冒出蒸汽 3~5min 后，关闭安全阀，至 121℃ 15~20min 即可。全自动高压消毒锅，使用方便、快捷，选择固体或液体消毒模式，设定消毒压力和工作即可。物品取出，烘干备用。

（袁红）

实验三　动物细胞培养实验玻璃器皿的清洗、包装和高压蒸汽灭菌

一、玻璃器皿的清洗

玻璃皿在组织细胞培养中使用量最大。浸泡、刷洗、浸酸和冲洗是玻璃器皿清洗

的四个基本步骤。玻璃器皿在清洗后不仅要求干净透明无油迹，而且不能残留任何物质。

（一）浸泡

新瓶使用前应先用自来水简单刷洗，然后稀盐酸液浸泡过夜，以中和碱性物质。初次使用和培养使用后的玻璃器皿均需先用清水浸泡，以使附着物软化或被溶解掉。再次使用的玻璃器皿用后要立即浸入水中，且要求完全浸入，不能留有气泡或浮在液面上，因为其上常附有大量的蛋白质，干后不易洗掉。

（二）刷洗

玻璃器皿表面通常会附着较牢的杂质，所以浸泡后的玻璃器皿一般要用毛刷沾洗涤剂刷洗，以除去器皿表面附着较牢的杂质。刷洗力度要适中，否则器皿表面光泽度会有损害。将刷洗干净的玻璃器皿洗净、晾干，备浸酸。

（三）浸酸

是清洗过程中关键的一环。清洁液是由重铬酸钾、浓硫酸和蒸馏水按一定比例配制而成，其处理过程称为浸酸。浸泡时清洁液要充满器皿，勿留气泡或器皿露出清洁液面。浸酸时间不应少于 6h，一般过夜或更长。要小心放取器皿。清洁液对玻璃器皿无腐蚀作用，其去污能力很强可除掉刷洗不掉的微量杂质。

常用的清洁液按重铬酸钾与浓硫酸及蒸馏水的配制比例不同分为强清洁液、次强清洗液和弱清洁液（实表 3-1）清洁液配制时应注意安全，必须穿戴耐酸手套和围裙，并要保护好面部及身体裸露部分。配制过程中使重铬酸钾溶于水中，然后慢慢加浓硫酸，并不停地用玻璃棒搅拌，使产生的热量挥发。配成后清洁液一般为棕红色。

实表 3-1　清洁液配制比例

成分	强清洁液	次强清洁液	弱清洁液
重铬酸钾/g	60	100	50
浓硫酸/ml	800	160	90
蒸馏水/ml	200	1000	1000

（四）冲洗

玻璃器皿在使用后，刷洗及浸泡后都必须用水充分冲洗，使之尽量不留污染或残迹。冲洗最好用洗涤装置，既省力，效果又好。如用手工操作，则需先用自来水冲洗 10～15 次，最后用蒸馏水清洗 3～5 次，晾干备用。

二、培养用品的包装

进行消毒前要对细胞培养用品进行严密包装，以便于消毒和贮存。常用的包装材料：牛皮纸、硫酸纸、棉布、铝饭盒、较大培养皿等，近几年用铝箔包装，非常方便、适用。培养皿、注射器、金属器械等用牛皮纸包装后装入饭盒内，可以对较大的器皿进行局部包扎。

三、培养用品的消毒灭菌

发生培养物的细菌、真菌和病毒等微生物的污染是细胞培养的最大危险。污染主要是由于操作者的疏忽而引起，常见的原因有操作间或周围空间的不洁，培养器皿和培养液消毒不合格或不彻底。由于有关培养的任何环节的失误均能导致培养失败，故细胞培养的每个环节都应严格遵守操作常规，防止污染发生。

消毒方法分为三类：物理灭菌法（紫外线、湿热、干烤、过滤等）、化学灭菌法（各种化学消毒剂）和抗生素。

高压蒸汽灭菌是最有效的一种灭菌方法。主要应用于布类、橡胶制品（如胶塞）、金属器械、玻璃器皿、某些塑料制品以及加热后不发生沉淀的无机溶液。消毒物品不能装得过满，保证其内气体的流通以防止消毒器内气体阻塞而发生危险。要定时检查压力及安全，防止意外事件发生。

（孙鹂）

实验四　动物细胞培养常用液体配制和无菌处理

细胞在体外的生存环境是人工模拟的，除需无菌、温度、空气、pH 值等条件以外，最主要的是培养基，它是细胞的生存环境供给细胞营养和保证细胞生长的物质。因此，细胞培养基的设计应该是为细胞提供一个尽可能接近体内的环境。培养基必须具有下述基本条件：①营养物质，培养基必须供给活细胞所需要的全部盐类；②缓冲能力，培养基必须含有非毒性的缓冲液，而且 pH 值在 7.2～7.4；③等渗性，溶解于培养基的物质浓度产生的等渗性必须与细胞内的液体一致；④无菌，培养基不能有微生物，培养的活细胞会被利用培养基繁殖起来的微生物所破坏。

培养基种类很多，按其物质状态分为半固体培养基和液体培养基两类，按来源分为合成培养基和无血清培养基。

一、平衡盐溶液（balanced salt solution，BSS）

BSS 又称平衡盐溶液，具有维持渗透压、控制酸碱度平衡的作用，同时供给细胞生存所需的能量和无机离子。其中盐是细胞生命所需成分，而且在维持渗透压、缓冲和调节溶液的酸碱度方面起着重要的作用。绝大多数培养基是建立在 BSS 基础上，添加氨基酸、维生素和其他与血清中浓度相似的营养物质。

常用的平衡盐有：①D-PBS 平衡盐，不含碳酸氢钠；②Hanks 平衡盐（HBSS），含碳酸氢钠 0.35mg/L；③Earles 平衡盐（EBSS），含碳酸氢钠 2.2mg/L；④PBS 平衡盐，无 Ca^{2+}、Mg^{2+}。

二、消化液

消化液的主要作用是用于分离组织和分散细胞。常用的消化液有胰蛋白酶（Trypsin）和二乙胺四乙酸二钠两种溶液。可以单独使用或者混合使用。

胰蛋白酶（简称胰酶）是一种黄白色粉末，易潮解，应放置冷暗干燥处保存。胰酶的主要作用是水解细胞间的蛋白质，使细胞相互离散。目前应用的胰蛋白酶主要来自牛或猪的胰腺。胰酶溶液在 pH8.0、温度为 37℃时作用能力最强。注意胰酶活力在钙离子、镁离子和血清蛋白的存在下会降低。因此，常用无 Ca^{2+}、Mg^{2+} 的 D-Hank′s 平衡盐溶液配制成 0.25％胰酶溶液。消化细胞时，加入一些血清或含血清的培养液，或胰蛋白酶抑制剂，能终止胰蛋白酶的消化作用。

胰蛋白酶溶液配制：

（1）称取胰蛋白酶粉末置烧杯中，先用少许 D-Hanks 平衡盐溶液（pH7.2 左右）调成糊状，再补足 D-Hanks 平衡盐溶液，搅拌混匀，置室温 4h 或冰箱过夜，并不断搅拌振荡；

（2）次日，先用滤纸粗滤，再进行过滤除菌，分装入瓶中，低温冰箱保存备用，常用浓度为 0.25％ 或 0.125％。胰蛋白酶溶液偏酸，使用前可调用碳酸氢钠溶液调 pH 值至 7.2～7.4。

保存条件：配制好的胰蛋白酶溶液必须保存在 $-20℃$ 冰箱中，以免分解失效。

培养基的配制：

目前在国内市场主要是干粉型，应正确配制，才能保证培养基质量。配制培养基要注意以下问题：

（1）认真阅读说明书。说明书都注明干粉不包含的成分，常见的有 $NaHCO_3$、谷氨酰胺、丙酮酸钠、HEPES 等。这些成分有些是必须添加，如 $NaHCO_3$、谷氨酰胺，有些根据实验需要决定。

（2）配制时要保证充分溶解，在培养基完全溶解后，$NaHCO_3$、谷氨酰胺等物质才能添加。

（3）应使用双蒸水或三蒸水配制培养基，离子浓度很低，三蒸水最佳。

（4）所用器皿应严格消毒。

（5）配制好的培养基应马上过滤，无菌保存于 4℃。

三、其他常用液体

（一）Hanks 液

用途：用于保存标本

配制：500ml

称量：NaCl 4g，KCl 0.2g，$MgSO_4 \cdot 7H_2O$ 0.1g，$Na_2HPO_4 \cdot 12H_2O$ 0.067g，KH_2PO_4 0.03g，$CaCl_2$ 0.07 g，葡萄糖 0.5g。

步骤：

（1）将 NaCl、KCl、$MgSO_4 \cdot 7H_2O$、$Na_2HPO_4 \cdot 12H_2O$、KH_2PO_4、葡萄糖依次溶解在 300～400ml ddH_2O 中，为 A 液。

（2）将 $CaCl_2$ 溶解在约 50ml ddH_2O 中，为 B 液。

（3）将 B 液缓缓倒入 A 液中，并不断搅拌，为 C 液。

（4）在 C 液中加入 1ml1％酚红，混匀，加水至 500ml，即为 Hanks 液，此液偏酸。

消毒：121℃10min 高压消毒（消毒时压力波动不能大，否则葡萄糖会沉淀出来，消毒完毕，等冷却后才能打开高压锅，避免液体冲出）。

保存：4℃。

使用：使用时，先加入 5.6％ $NaHCO_3$ 调 pH 至 7.2 左右，再加入 10％（体积/体积）青链霉素液。

（二）5.6％ $NaHCO_3$ 液

用途：调节溶液的 pH 值

配制：50ml

称量：$NaHCO_3$ 2.8g

步骤：将 $NaHCO_3$ 粉末溶于 40ml 水中，再加水至 50ml。$NaHCO_3$ 溶解缓慢，可适当加热。

消毒：121℃10min 高压消毒

保存：4℃

（三）1‰酚红液

用途：作溶液的指示剂

配制：100ml

称量：酚红 1g

步骤：

（1）在 2ml 1mol/L NaOH 溶液中溶解酚红；酚红溶解较为困难，所以要在研钵中，不断研磨至溶解。

（2）溶解后片刻，再加入 1ml 1mol/L NaOH。

（3）加水至 100ml，配制完毕。

消毒：加入其他溶液中一起高压灭菌

保存：4℃

（四）青、链霉素原液

浓度：1 万单位青霉素、1Mg 链霉素或 1 万单位链霉素 1mg/ml。

配制：无菌环境中操作

（1）将 80ml 水于 121℃10min 高压灭菌。

（2）于 80ml 水中溶解 80 万单位的青链霉素

分装：1～2ml 小分装

保存：－20℃

使用：以 1%（体积/体积）加入溶液中，青链霉素终浓度 1 万单位/ml。

（五）L-谷氨酰胺液

浓度：30mg/ml

配制：10ml

称量：将 L-谷氨酰胺 0.3g，溶于 10ml PBS 液中。

消毒：过滤除菌

保存：小分装存于－20℃

使用：用时终浓度为 0.3mg/ml。培养基（含血清)/L-谷氨酰胺＝100ml/1ml。

注意：解冻后需混匀。

（六）无 Ca^{2+}、Mg^{2+} PBS

用途：①配制 EDTA、胰酶、胶原酶；②冲洗组织和细胞。

配制：500ml（ddH_2O）

称量：NaCl 4g，KCl 0.1g，$Na_2HPO_4 \cdot 12H_2O$ 1.445g，KH_2PO_4 0.1g。

步骤：将上述试剂依次溶解在 400ml 水中，加入 1ml 1‰酚红，然后加水至 500ml。

消毒：121℃10min 高压灭菌

保存：4℃

使用：用时以 5.6% $NaHCO_3$ 调 pH 至 7.2 左右，但有些情况可不调 pH，如配制胰酶、EDTA、胶原酶。

（七）胰蛋白酶/EDTA

用途：消化细胞

浓度：0.25%

配制：100ml

称量：胰酶粉末 0.25g

步骤：用 90ml 无 Ca^{2+}、Mg^{2+} PBS 溶解胰酶，再加该 PBS 至 100ml（胰酶不易溶解，必要时在 4℃ 过夜以便溶解）。

消毒：过滤除菌

保存：小分装于 -20℃ 保存。

使用：用时以 5.6% $NaHCO_3$ 调 pH7.2 左右。

原代消化用 0.25% 浓度；传代用 0.25% 胰酶与 0.04% EDTA 1:1 混合使用。

（八）EDTA·Na_4 盐

浓度：0.1%

配制：100ml

称量：EDTA·Na_4 0.04g

步骤：将 EDTA·Na_4 溶解在 90ml 无 Ca^{2+}、Mg^{2+} PBS 溶液，再加该 PBS 至 100ml。

消毒：121℃ 10min 高压灭菌

保存：小分装于 -20℃ 保存

（九）胶原酶

用途：用于原代细胞的消化。

浓度：0.1%

配制：100ml

称量：胶原酶 0.1g

步骤：将胶原酶溶解在 90ml 无 Ca^{2+}、Mg^{2+} PBS（或 Hanks、无血清 RPM1640）中，再加至 100ml。

消毒：100nm 过滤除菌

保存：小分装于 -20℃ 保存

（十）干粉培养基配制

配制：500ml（ddH_2O）

称量：培养基粉 5g

步骤：以 400ml ddH_2O 溶解培养基粉，$NaHCO_3$（粉剂）调 pH 至 7.0 左右，再加水至 500ml。

消毒：过滤除菌

保存：保存于 4℃ 或 -20℃（4℃ 保存不超过 30 天；-20℃ 保存不超过 100 天）。

（十一）0.25% 柠檬酸胰酶

用途：用于细胞传代培养

配制：1000ml

称量：胰酶 2.5g，柠檬酸钠 2.96g。

步骤：以 PBS 溶解，调 pH 至 6.9~7.2。

消毒：过滤除菌

保存：-20℃

（孙鹂）

实验五　细胞计数和密度换算

一、实验目的和原理

（一）目的

在细胞进行接种或铺板前通常需要对细胞密度进行计数，按照实验要求以 10^4 或 10^5 进行铺板或细胞接种，此时需要对细胞进行计数和密度换算。

（二）原理

当待测细胞悬液中细胞分布均匀时，通过在计数池中显微镜下计数一定体积悬液中的细胞数目，即可换算出每毫升细胞悬液中细胞的数目。

二、实验材料

（1）血球计数板一套。

（2）0.4％台盼蓝：称取 4g 台盼蓝，加入少量的蒸馏水充分研磨，加双蒸水定容至 100ml，滤纸过滤后，4℃保存。使用时用 PBS 稀释至 0.4％即可使用。

（3）0.01mol/L，pH7.2 PBS：称取 NaCl 8g，KCl 0.2g，Na_2HPO_4 1.44g 和 KH_2PO_4 0.24g，加蒸馏水至 800ml 溶解后，调 pH 值至 7.2，最后定容至 1000ml。

三、实验方法（步骤）

（1）取一瓶贴壁生长的传代细胞，用 0.25％的胰蛋白酶消化，PBS 洗涤后，加入新的 PBS 或培养液，将细胞吹打混匀制备成细胞悬液。若是悬浮细胞，可直接离心收集细胞，弃培养液，加入新的 PBS 或培养液将细胞重新制备成细胞悬液。

（2）用微量加样器吸取 $100\mu l$ 细胞悬液，加入 $100\mu l 0.4$％台盼蓝，将细胞悬液 2 倍稀释；或者按照 1∶9 比例将细胞悬液 10 倍稀释，可以根据个人的计数习惯进行调整。因活细胞细胞膜完整，台盼蓝不能进入细胞内，故活细胞不会被染色，死亡细胞被染成蓝色。加入染液后，可以在显微镜下区别活细胞和死细胞。

（3）将细胞混合悬液吹打混匀，然后用微量加样器吸取少量细胞悬液沿盖玻片边缘缓缓滴入，要保证盖玻片下面充满悬液并且不能有气泡。注意，不能让悬液流入旁边槽中。

（4）将血球计数板放于显微镜的高倍镜下，移动观察计数板找到计数方格，数出 4 个大方格中的活细胞数目；或者找到有刻度的中间大方格计数四个角小方格和中间小方格共 5 个方格中的活细胞总数。

四、实验结果

（1）计数四个大方格，按照下面公式计算细胞密度换算：

$$细胞数/ml＝（四个大格子的细胞总数/4）\times 稀释倍数\times 10^4$$

（2）计数 5 个小方格按下面公式计算细胞密度换算：

$$细胞数/ml＝5 个小方格的细胞总数\times 5\times 稀释倍数\times 10^4$$

五、注意事项

（1）细胞计数时要求悬液中细胞数目不低于 10^4 个/ml。如果细胞数目过少，则要求重新离心后将细胞悬浮于少量培养液中。

（2）细胞悬液中要求细胞分散良好，否则会影响计数的准确性。

（3）取样计数前要充分混匀细胞悬液。

（4）细胞计数原则：只数完整的细胞，发现有细胞聚集成团时，只按照一个细胞计算。计数压线细胞时，应遵循数上不数下、数左不数右的原则。

（狄春红）

实验六　乳鼠肾细胞原代培养

一、实验目的和原理

（一）目的

本实验通过原代培养获得纯度较高的乳鼠肾脏细胞，初步掌握乳鼠肾脏细胞的原代培养方法。

（二）原理

直接把乳鼠肾脏取出，经酶消化处理，使分散成单个细胞，然后在人工条件下培养，使其不断地生长和繁殖。利用原代培养技术可以在体外进行各种类型细胞的增殖、遗传、变异、分化和脱分化、恶变与去恶变等研究。

二、实验材料

（一）器械

超净工作台、CO_2 孵箱、普通显微镜、倒置相差显微镜、水浴箱、离心机、酒精灯、吸管、镊子、烧杯、培养瓶、离心管、解剖剪、眼科剪、血球计数板等。

（二）培养用品

RPMI 1640 培养液（含 10％小牛血清及 100u/ml 青霉素、100u/ml 链霉素）、0.25％胰蛋白酶、冷冻培养液、75％酒精。

（三）动物细胞

新生小鼠乳鼠。

三、实验步骤

（一）单层细胞培养法

培养用品消毒后，移入超净工作台内，紫外线消毒，做好洗手等准备工作。点燃酒精灯，用品按布局放置，安装吸管等。

1. 取材

取新生乳鼠一只，引颈处死，放在 75％酒精烧杯中消毒数秒，取出后背朝上平放于消毒平皿内，移入超净台。解剖取出肾脏，去除肾包膜和肾盂，将肾脏组织块放入平皿中用 PBS 清洗 2～3 遍至血水完全干净。将肾脏组织块移入青霉素小瓶中，用眼科剪反复剪切至组织块呈糊状，用吸管吸取 PBS 液或无血清培养液加入其中，反复轻轻吹打片刻。低速离心去上清，剩下的组织块即可用于消化培养。

2. 消化

将上述洗净的离心组织块移入消毒小瓶中，用眼科剪反复剪切组织直至 0.5mm³ 大小，加入 5～8 倍量（体积）的 0.25％胰蛋白酶，盖好，37℃消化 20～30min，注意应每隔 5min 振摇一次。当组织块变得疏松、颜色略白时，转移至超净工作台内，用吸管反复吹打组织块，使大部分组织块分散成细胞团或单个细胞状态。加入 1～2ml 完全培养液终止消化，静置片刻让未消化完的组织块自然下沉后，将上部的组织悬液移入消毒离心管中，800～1000r/min 离心 5min。吸弃上清液加入 3～5ml 培养液，在倒置相差显微镜下观察细胞分散情况后并计数，调整细胞密度不低于 10^4 个/ml，转移至培养瓶，置 37℃孵箱中培养。

3. 原代培养细胞的观察

每天要对接种培养的细胞做常规性检查，主要观察培养物是否污染、细胞生长状态、pH（通过培养液颜色变化）。

24h 左右可见细胞贴壁良好，3～4 天时，细胞生长繁殖，数量增加，可见细胞形成孤立小片（细胞岛），逐渐扩展。细胞透明，颗粒少，界线清楚，状态佳。此时若液体呈黄色，可换液一次。

4. 注意事项

（1）将新生乳鼠引颈处死，放在 75％酒精烧杯的时间不宜过长，以免酒精进入影响组织活性。

（2）消化单层细胞时，细胞务求分散良好，制成单细胞悬液，否则会影响细胞计数结果。

（3）取样计数前，应充分混匀细胞悬液，在连续取样计数时尤应注意这一点。否则，前后计数结果会有很大误差。

（二）组织块培养法

组织切成 0.5～1mm³ 的小块后，由于组织块体积很小，在不加任何黏着剂的情况下，它们也能直接贴附于瓶壁上，然后细胞从组织块边缘向外长出生长晕，最后连接成片而形成单层细胞。此方法程序简化，是常用的原代细胞培养方法。

1. 实验步骤

取材同单层细胞培养法。将洗净的组织块移入消毒平皿中，也可用小瓶代替。用眼科剪反复剪成 0.5～1mm³ 小块，用吸管滴加几滴培养液，轻轻吹打混匀。用吸管分次吸取小碎块悬液，注意吸在吸管前端部，以免吸得过高，使组织小块黏附于管壁而丢失。将组织碎块在培养瓶底部散开摇匀。然后，翻转培养瓶，加入适量培养液盖好，标记，置 37℃孵箱中培养 2～3h。待组织小块略干燥、能牢固贴在瓶壁时，慢慢翻转培养瓶，使培养液浸泡组织块，静置培养。操作过程中动作一定要轻，减少振动，否则会使组织块脱落，影响贴壁培养。

2. 原代培养细胞的观察

（1）静置培养 3 天后开始观察，注意检查是否污染。应在显微镜下观察组织小块边缘有无细胞。

（2）一般最先出现的是形态不规则的游走细胞，接着是成纤维细胞或上皮细胞。

（3）当细胞分裂、细胞数量增多时，在组织块周围可见到生长晕。随后，细胞生长分裂加快，呈放射状向外扩展，逐渐连成一片。

3. 注意事项

（1）可根据培养液颜色，更换培养液。

（2）10～15 天后，细胞可长成单层，即可传代培养。

四、实验结果

观察肾细胞的形态、培养细胞贴壁时间。

（刘小玲）

实验七　乳鼠心肌细胞原代培养

一、实验目的和原理

（一）目的

本实验通过原代培养获得纯度较高的乳鼠心肌细胞，观察心肌细胞的搏动，初步掌握乳鼠心肌细胞的日常培养方法。

（二）原理

直接把乳鼠心脏取出，经酶消化处理，使分散成单个细胞，然后在人工条件下培养，使其不断地生长和繁殖。利用原代培养技术可以在体外进行各种类型细胞的增殖、遗传、变异、分化和脱分化、恶变与去恶变等研究。

二、实验材料

（一）试剂

75％酒精，D-Hanks液，混合消化液（0.125％胰蛋白酶＋0.1％Ⅱ型胶原酶），DMEM培养液（含10％FBS和抗生素）。

（二）动物

1～3天的SD大鼠。

（三）器械

普通剪，眼科剪3把（高温灭菌），200目的尼龙网筛，10ml离心管，吸管，6孔培养板，37℃恒温水浴箱，超净工作台，5％CO_2孵箱，离心机，倒置相差显微镜，荧光显微镜，计数板和手动计数器。

三、实验步骤

（1）将1～3天的SD大鼠引颈法处死，浸入盛有75％酒精中消毒1～2min。

（2）将大鼠取出置于解剖盘中，用普通手术剪和手术镊暴露胸壁，用1号眼科剪无菌操作，迅速取出心脏的心尖部分（基于组织块比较小，可同时取4只这样的大鼠做相同的处理），4℃D-Hanks液漂洗3遍后取出，放入青霉素小瓶，用2号眼科剪将其剪成1mm³的小块。

（3）往瓶中加入混合消化液2ml，于37℃恒温水浴箱中消化3min，然后弃上清。

（4）向沉淀中加入混合消化液2ml，置37℃恒温水浴箱消化8～10min，期间来回摇晃2～3次。

（5）静置5min后将上清液移入10ml离心管中，用4ml含10％FBS的DMEM培养液终止消化。

（6）重复步骤（4）和步骤（5），至组织块基本消化完毕。

（7）收集各次终止消化后所得培养液，将其通过200目的尼龙网筛，制备细胞悬液。

（8）离心（1000r/min，8min），弃上清液，并向其中加入12ml培养液，用吸管轻轻吹打混匀，采用差速60min一次贴壁分离法去除心肌成纤维细胞（其原理是根据成纤维细胞的贴壁速度明显快于心肌细胞的贴壁速度，故可将细胞悬液接种在适当大小的培养瓶中，静置一定时间后，轻轻振摇倾出尚未贴壁的心肌细胞重新接种，而原培养瓶中的贴壁细胞几乎全部为成纤维细胞），将心肌细胞悬液吸出，取样计数，调整细胞密度为$3 \times 10^4 \sim 5 \times$

10^4 个/ml，接种于 6 孔培养板，每孔加入 2ml 培养液。

（9）将培养瓶置于 37℃、5％CO_2 孵箱中培养。48h 后首次换液（心肌细胞贴壁慢，为避免未贴壁活的心肌细胞随换液而被丢弃），4～6 天后即可铺满，贴壁后呈梭形，在 100 倍视野下可见 4～6 个细胞搏动。

四、实验结果

观察 SD 大鼠心肌细胞的形态、培养细胞贴壁时间及原代心肌细胞搏动情况。

五、实验注意事项

（1）消化培养法可得到大量的原代细胞用于培养，操作过程中注意无菌操作，防止细菌、霉菌、支原体等污染。

（2）原代培养时，用小容器接种细胞，提高细胞密度和细胞生存力；用 4℃ D-Hanks 液漂洗收集组织细胞，抑制离体细胞的代谢；用低浓度胰蛋白酶，减少酶对细胞的损伤。

（3）在组织消化过程中，要随时观察组织，发现组织已分散成细胞团或单个细胞时，应立即终止消化，避免消化过度而影响细胞贴壁情况。

（4）心肌细胞培养过程中易出现成纤维样细胞，比心肌细胞易贴壁，若需长时间培养心肌细胞，应用 BudR（5-溴脱氧尿嘧啶核苷 0.1mmol/ml）处理，使成纤维样细胞 DNA 复制错误，停止增殖。

（黄晓慧）

实验八　培养细胞的观察

一、实验目的和原理

通过本次实验，学会使用显微镜观察培养细胞，熟悉培养细胞生长状态的判定。在倒置显微镜下，体外培养生长良好的细胞，透明度大，折光性强和轮廓不清。若细胞生长状态不良，可见细胞轮廓增强，细胞折光性变弱，细胞胞质中出现空泡、脂滴和其他颗粒状物质，细胞形态不规则，甚至失去原有细胞的特点，变圆缩脱落，有时细胞表面及周围出现丝絮状物。

二、实验材料

XDS-300 倒置显微镜

三、实验步骤

（1）开机：打开主机电源开关和镜头开关，通过调节聚光镜下面的光栅来调节光源的大小。

（2）准备：选择合适倍数的物镜；更换并选择合适的目镜，并调节双目目镜以舒适为宜，调整载物台，选择观察视野。

（3）观察：将待观察的细胞培养瓶或培养板置于载物台上，旋转三孔转换器，选择较小的物镜。调节物镜焦距，使被观察物清楚，注意物镜镜头不要接触样品，然后调换高倍物镜。从目镜观察细胞，待细胞清楚后，调节操作杆，进行细胞观察，并通过相机或电脑进行拍照。

（4）观察完毕后，推拉光源亮度调节器至最暗，将培养瓶或培养板放回培养箱。

（5）关闭镜体下端的开关，并断开电源。

（6）电脑关机，收拾台面。

四、实验结果

根据镜下观察情况，判断细胞生长状态是否良好。

五、注意事项

（1）显微镜尽可能不要移动，若需移动，应轻拿轻放，避免碰撞，微调操作时，要缓慢，不可动作过大。

（2）当镜头表面落有灰尘时，可用吸耳球吹去，也可用软毛刷轻轻掸掉。

（3）当镜头表面沾有油污或指纹时，可用脱脂棉蘸少许无水乙醇和乙醚的混合液（3∶7）轻轻擦拭。

（4）不能用棉团、干布块或干镜头纸擦试镜头表面，否则会刮伤镜头表面。

（何平）

实验九　培养细胞的传代

一、实验目的和原理

体外培养的原代细胞或细胞株要在体外持续地培养就必须传代，以便获得稳定的细胞株或得到大量的同种细胞，并维持细胞种的延续。因为在细胞培养过程中，当细胞生长到一定时间或密度达到一定程度，细胞会发生接触性生长抑制，或因营养不足和代谢物积累而不利于生长或发生中毒。细胞接种或传代以后，实验者每天或隔天要对细胞进行常规性观察和检查。根据细胞动态变化，做换液或传代处理。一般以1∶2或1∶3以上的比率转移到另外的容器中进行培养。

本次实验以INS-1细胞为例进行培养细胞的传代，学习并掌握动物细胞培养中最常用的消化方法和细胞传代培养技术。

二、实验材料

RPMI 1640细胞培养液（配制方法详见第二章第二节），胎牛血清（FBS），PBS，0.25%胰蛋白酶，75%酒精，25ml细胞培养瓶3个，25ml烧杯1个，吸管、移液管和1ml枪头若干，乳胶头1个，移液器一把，酒精灯和打火机各1个，镊子1把，1ml微量加样器1把，高压灭菌锅，倒置相差显微镜，超净工作台。

三、实验步骤

（一）消毒准备

（1）用75%酒精擦洗生物安全柜或超净工作台工作面。

（2）将移液枪、废液缸等物品放置在工作台的指定位置，打开紫外灯灭菌30min以上。

（3）将需要传代的细胞、培养液、胰酶、PBS等实验用品酒精喷洒后，移入生物安全柜或超净工作台。

（二）操作

（1）将培养瓶瓶盖打开，用吸管吸出旧的培养液移入废液缸，用1ml PBS轻漂洗培养物1遍，将残余培养液洗净后弃去PBS。

（2）加入1ml 0.25%胰酶，置入37℃烘箱约1min，显微镜下观察细胞突起缩回近似圆形、细胞之间的间隙增大时，加入2ml含10%血清培养液中止消化。

（3）反复吹打培养瓶内的液体，将已经消化的细胞分离培养瓶底壁，尽量吹散细胞团成单个细胞。

（4）将上述细胞液移入离心管内，1000r/min，离心5min，弃去上清液。

（5）用新鲜的培养液将离心后细胞重新悬浮，计数并根据实验需要调整细胞密度。将细胞放入新的培养瓶继续培养。

（6）清理物品和无菌工作台。

四、实验结果

在倒置相差显微镜下观察细胞，判定接种细胞的密度和均匀程度。

五、注意事项

（1）细胞没有生长到足以覆盖瓶底壁的大部分表面（如70%~80%）以前，不要急于传代。过早传代细胞数量少，过晚传代会影响细胞的健康状态。

（2）整个操作过程要遵循无菌原则，并防止细胞之间交叉污染。

（3）为减少对细胞造成机械性损伤，吹打细胞时动作要轻柔。

（4）用胰酶消化细胞时要把握好消化时间，消化不充分，则较难把细胞吹打下来；消化过度，又会影响细胞健康状态。

（5）传代后每天观察细胞生长情况，包括培养液颜色变化，细胞形态改变，是否污染，细胞是否健康生长。

（何平）

实验十　细胞冻存技术

长期传代的细胞株或细胞系在暂时不用的时候可以用低温冷冻的方法进行保存，复苏后仍然可保持原有生物学特性和增殖活性，不同的细胞冻存条件和方法有所不同，本实验以Hela细胞为例介绍细胞冻存的一般方法。

一、实验目的和原理

（一）目的

掌握细胞冻存的基本原则，了解细胞冻存的基本过程。

（二）原理

如果直接冻存细胞，细胞内外环境中的水会形成冰晶，细胞内发生如机械损伤、电解质升高、渗透压改变、脱水、pH值改变、蛋白质变性等一系列变化，导致细胞死亡。如果在培养液中加入甘油或二甲基亚砜等保护剂，可使冰点降低，在缓慢冻结的条件下，细胞内水分在冻结前析出细胞外，使细胞免受冰晶的损伤。

目前最常用的保护剂为二甲基亚砜（DMSO）和甘油，它们对细胞无毒性，分子量小、溶解度大，易穿透细胞。使用浓度以5%~15%为宜，一般使用10%浓度。

细胞悬液以每分钟下降1℃的冻结速度降至−20℃，可获得满意的效果。采用液氮保存法，温度可达−100℃以下，能长期保存。

二、实验材料

（一）器材

同细胞培养，液氮罐、无菌冷冻管。

（二）试剂

PBS液、二甲基亚砜（DMSO）溶液或甘油溶液、生长培养基（血清浓度可达50%，或用纯血清）、0.25％胰蛋白酶溶液。

三、实验步骤

（1）在显微镜下观察细胞形态，取生长旺盛的细胞（指数生长期）进行冻存。

（2）弃去培养液，加入适量 PBS 液，轻轻摇动洗涤细胞，然后用吸管移去。

（3）加入适量 0.25％胰蛋白酶溶液，消化分散细胞（同传代培养）。

（4）弃去消化液，加入 3ml 含 10％血清的培养液，终止胰蛋白酶的消化作用。

（5）吹打分散细胞，用细胞计数器计数，调整细胞数到 $2 \times 10^6 \sim 2 \times 10^7/ml$。

（6）移入离心管中，800r/min 离心 5min，弃上清液。

加入下列任一种细胞保护剂到上述生长培养基中：① 10％～20％的二甲基亚砜（DMSO）；② 20％～30％甘油。

（7）将配制好的冻存液按 1：1 比例稀释至细胞浓度为 $1 \times 10^6 \sim 1 \times 10^7/ml$。

（8）分装入预先做好标记的冻存管（标明细胞株名称、日期、浓度、保存人等）中，盖上盖子，拧紧，密封。

（9）进行冻存时一般以 1℃/min 的降低速率进行冷冻为宜。可用程序冷冻控制仪控制，如果没有该设备，可用以下方法冻存。将冷冻管先放置于 4℃冰箱 2～4h，然后移至 -70℃超低温冰箱 1～24h，立即投入液氮罐中。

四、实验结果

检查细胞的冻存效果：复苏冻存的细胞、检查细胞有无污染及其活细胞数，以及贴壁细胞复苏培养时的贴壁情况。

五、注意事项

（1）DMSO 可高压灭菌，也可直接用无菌吸管在超净工作台内操作，由于微生物不会在 DMSO 中生长，只要无菌操作得当，不会发生污染。

（2）DMSO 是有机溶剂，要避免与皮肤接触，因为它是一种很强的皮肤穿透剂。也不可与橡胶接触，因为 DMSO 甚至能穿透橡胶手套而进入血液循环，要小心谨慎。

六、思考题

1. 细胞冻存的基本原则是什么？
2. 影响细胞冻存活性的因素是什么？

（曹亦非）

实验十一　细胞的复苏和活力检测

一、实验目的和原理

（一）目的

掌握细胞复苏的基本过程，掌握细胞活力检测方法，了解细胞复苏的基本原则。

（二）原理

冷冻状态的细胞在复苏过程中，在 -5～0℃条件下，细胞内外的冰在融解过程中对细胞会造成损伤，降低存活率。因此，在细胞复苏过程中要求快速融解，使之迅速通过 -5～0℃，使细胞免受伤害，提高存活率。

MTT（二甲基噻唑二苯基四唑溴盐）能被各种活细胞（除红细胞外）摄取，在线粒体内被脱氢酶还原，由黄色可溶性溶液转变为不可溶性的蓝紫色甲臜（formazan）颗粒，用一定的裂解液裂解细胞并溶解甲臜，再通过测定溶液的吸光值就可以测定细胞的存活率和增殖程度。死亡细胞无此活性。

二、实验材料

（一）器材

培养瓶、离心管、吸头、单道及八道移液枪、96 孔板、细胞计数板、显微镜、酶标仪等。

（二）试剂

MTT、DMSO、DMEM 培养液、PBS、胰蛋白酶。

三、实验步骤

（一）细胞的复苏

（1）迅速将冷冻管从液氮罐中取出，立即投入 38～40℃ 水浴锅中，并充分摇动，使其迅速融化，一般 1min 左右即可完成。

（2）在超净工作台内将上述细胞悬液转移至事先加好 3～5ml 培养液的离心管中，1000r/min 离心 5min，弃上清，加入 5ml 培养液，用吸管轻轻吹打悬浮细胞，制成单细胞悬液。

（3）将细胞悬液转移入培养瓶中，置 37℃ CO_2 培养箱中培养。次日更换培养液，继续培养。

（二）MTT 测定细胞活力实验

1. 种板

（1）将已培养好的细胞（处于指数生长期）用胰蛋白酶消化，转移到 5ml 离心管中，1000r/min 离心 5min。

（2）吸去上清，加入 3ml 新鲜培养基，轻轻吹打制成单细胞悬液，从中取出 20μl 稀释到 200μl，然后从中取出 10μl 加到细胞计数板上进行细胞计数，所得的数据乘以 10 即为细胞的浓度。

（3）以 96 孔板上每孔 $1×10^4$ 个细胞，每孔 150μl 计算细胞浓度，将细胞悬液稀释到所需的浓度，放到排槽中，用八道移液枪加样，注意：为了消除边缘效应，周围一圈的孔都不加样，而倒数第二排加入培养基作为对照。

（4）细胞加好后，轻轻晃动培养板使细胞分布均匀，然后在周围一圈的孔中加入 200μl PBS，在显微镜下观察后，置入培养箱中。

2. 加药

细胞在培养箱中培养 24h 后加药诱导。

（1）配药：根据实验需要，按浓度梯度使用 1.5ml EP 管配制不同浓度的药物。

（2）加药：用移液枪将配好的药物加入培养板中，每孔 50μl，然后放入培养箱中。

3. 显色

诱导 24h 后加 MTT 显色。

（1）准备工作：配制 MTT 溶液（用 PBS 将 MTT 配成 5mg/ml 溶液，注意避光）。

（2）将配好的 MTT 溶液，以每孔 20μl 的量加入到培养板中，再放入培养箱中。

（3）4h 后将板中的培养基倒掉，每孔加入 200μl DMSO，在酶标仪上震荡 30s，570nm 波长下测定每孔的吸光度。

4. 数据处理

B~F 行的值减去本列中 G 行的值即为每孔 MTT 的吸光度，每列取平均值，将每列的值除以未加药列的数值，即为相应诱导浓度的细胞存活率。

四、实验结果

观察复苏的细胞，检查细胞有无污染及其活细胞数，以及贴壁细胞复苏培养时的贴壁情况，根据 MTT 检测结果计算细胞存活率。

五、注意事项

（1）细胞培养过程中，边孔的水分蒸发很快，培养液及其中的药物会出现浓缩现象，细胞的状况比较复杂，有些人称之为"边缘效应"，因此最好不用边孔数据。

（2）对与 MTT 有反应的药物来说，可以在加 MTT 前吸去培养基，再加入 MTT。

（3）测定时也可以测 492nm 和 630nm 下的值，$OD_{492} \sim OD_{630}$ 即为所需要的值。

（4）测定的 OD 值不宜过大，一般在 0.8~1.2 之间最好。太小，检测误差占的比例较多；太大，吸收值可能已经超出线性范围。

六、思考题

1. 复苏的基本原则是什么？
2. MTT 测定细胞活力的原理。

（曹亦菲）

实验十二　异体动物接种成瘤实验

一、实验目的和原理

（一）目的

掌握异体动物接种成瘤实验的原理和技术。

（二）原理

裸小鼠先天无毛、无胸腺，T 淋巴细胞功能完全缺乏，对异种移植不产生排斥反应，故特别适用于异种动物组织的移植。异种移植后的肿瘤在裸小鼠体内仍保持其原有的组织形态、免疫学特点、特有的染色体组型以及对抗癌药和电离辐射的原有特性。因此，肿瘤-裸鼠系统是研究肿瘤较为理想的模型系统。

二、实验材料

（一）器材

①CO_2 培养箱，显微镜，离心机；②眼科剪，眼科弯镊，手术刀，套管针头；③培养皿，10ml 离心管，血球计数板，1ml 注射器并带 6 号针头。

（二）试剂材料

①0.25% 胰蛋白酶消化液，无血清 RPMI-1640 培养液，磷酸盐缓冲液（PBS，pH7.4）；②裸鼠数只。

三、实验步骤

（一）取材

1. 肿瘤组织块标本

在无菌条件下，取适当大小的肿瘤组织，及时放入无血清 RPMI-1640 培养液中。然后在超净工作台内，去除脂肪、结缔组织及坏死瘤组织，选择生长良好、无坏死、呈淡黄色、鱼肉状瘤组织，剪成 1mm³ 大小的瘤组织块，备用。或者将肿瘤组织块加 PBS 研磨后，经 100 目网筛过滤制成单细胞悬液，进行活细胞计数备用。

2. 癌性胸、腹水标本

用穿刺针抽取 10～30ml 的胸、腹水直接以 1200r/min 离心 5min，然后用无血清 RPMI-1640 培养液离心洗涤 2 次，重新悬浮于适量 PBS 中，进行活细胞计数。

3. 培养的瘤细胞系

贴壁生长的癌细胞可用 0.25% 胰蛋白酶消化液使细胞脱壁、分散，1000r/min 离心 5min，然后用无血清 RPMI-1640 培养液洗涤 2 次，细胞计数并调整其密度，悬浮于 PBS 中，备用。悬浮生长的瘤细胞可按胸、腹水的处理方法制备瘤细胞悬液。

（二）接种

1. 瘤组织块法

接种前，用碘酊和酒精消毒接种部位的皮肤。用无菌套管针头抽吸一小瘤块，在小鼠的腋下、腹股沟部或背部肩胛区皮下进行接种。也可在裸鼠背部外侧皮肤剪一个长约 5mm 的小口，将组织块送入切口皮下。

2. 瘤细胞悬液法

用带 6 号针头的注射器抽取含 $1×10^6$～$1×10^7$ 细胞/ml 的悬液 0.2ml 接种于裸鼠的腋下或背部皮下。

（三）观察与测量

接种瘤细胞后，将裸鼠放在无特殊病原体饲养室饲养，定期观察小鼠精神、饮食及排便等状况，称量小鼠体重。一个月左右（最短在 3 天后），可见注射的局部有肿瘤出现，甚至有转移瘤（通常在肺部）。一般用游标卡尺测量肿瘤结节的长度、宽度和高度，按公式求出肿瘤近似体积。

四、实验结果

一般来说，肿瘤的初代移植成活率为 30%～40%。移植后经不同潜伏期（10 天至 3 个月），可见肿瘤生长。

五、思考题

1. 为什么裸鼠适用于异种动物组织的移植？
2. 瘤组织块法与瘤细胞悬液法哪种肿瘤移植成活率高？

（吴宝金）

实验十三　肿瘤细胞的软琼脂集落实验

一、实验目的和原理

培养的肿瘤细胞生长成形态单一的细胞群体后，无论是为实验研究还是建立细胞系，都需要进行一系列生物学检测，如形态学观察、细胞生长特性、核型分析、软琼脂培养、异体动物接种等。现将双层软琼脂培养检测法叙述如下。

二、实验材料

琼脂、三蒸水、平皿、培养箱、高压蒸汽灭菌器、细胞计数器、天平、水浴锅。

三、实验步骤

（1）琼脂制备：用三蒸水分别制备 1.2% 和 0.7% 两个浓度的低熔点琼脂糖溶液，67.6kPa 高压灭菌后，维持在 40℃ 水浴中。

（2）将 2×DMEM 培养基（含有 2 倍抗生素和 20% 小牛血清）保存在 37℃ 水浴中。

（3）制备琼脂糖底层按 1:1 混合 1.2% 琼脂和 2×DMEM 培养基。然后，取 3ml 注入直径约 6cm 的平皿中，待其凝固，置 5%CO₂ 培养箱中备用。

（4）制备琼脂顶层按 1:1 混合 0.7% 琼脂和 2×DMEM 培养基，然后加入待检测的细胞悬液，使其细胞终浓度为每毫升约含 350 个待检测细胞。充分混匀后，向含有 1.2% 琼脂底层的平皿中加入 3ml，使其形成双琼脂层。待上层琼脂凝固后，置 37℃、5%CO₂ 培养箱中培养 10～14 天。

（5）观察细胞集落：集落形成率＝形成集落数/接种细胞数×100%。

四、实验结果

观察细胞集落情况，并通过公式计算集落形成率。

五、注意事项

（1）为了获得确切的细胞集落，接种时一定要接种单细胞悬液；

（2）琼脂与细胞混合要均匀；琼脂温度不宜超过 40℃，以免烫伤细胞；

（3）接种细胞密度以 35 个/cm² 为宜。

（吴宝金）

实验十四　动物细胞融合

细胞融合是在自发或人工诱导下，两个不同基因型的细胞或原生质体融合形成一个杂种细胞。在自然情况下，受精过程及某些病变组织中的多核细胞均属于融合现象。理论上说，任何细胞都有可能通过体细胞杂交而成为新的生物资源，对种质资源的开发和利用具有深远的意义。细胞融合方法包括物理法、化学法和生物法。较为常用的是化学法 PEG 诱导细胞融合。

一、实验目的和原理

（一）目的

了解细胞融合的原理及初步掌握细胞融合的方法。

（二）原理

细胞融合过程，首先是在诱导物（如仙台病毒、聚乙二醇等）的作用下出现细胞凝集，然后在细胞粘连处发生融合，而成为多核细胞，最后经有丝分裂，细胞核进行融合，遂成新的杂种细胞。细胞融合所用的亲本细胞，其中一个常选用能在体外增殖但有酶缺陷的细胞，如缺乏次黄嘌呤鸟嘌呤核糖基转移酶或核苷激酶；另一亲本细胞则选用离体后不能再生增殖的细胞。将这两种细胞进行融合后，用 HAT 培养基培养后一种亲本未融合细胞和同核体由于离体后不能生长而死亡。前一种亲本未融合细胞和同核体（离体细胞能在全营养培养基中生长增殖），由于 HAT 培养基中所含的氨基蝶呤可阻断其 DNA 合成的主要途径，而这种细胞又因为缺乏 HPRT 和 TK 不能利用培养基中的外源核苷酸原料（次黄嘌呤）而死亡。只有经过融合的异核体（杂种细胞），由于酶的补偿作用，能在 HAT 培养基中生存，从而被筛选出来。

二、实验材料

仪器：离心机，培养箱，显微镜，水浴锅，细胞计数板。

材料：离心管，细胞培养板，滴管，载玻片，PEG，脾细胞悬液，骨髓瘤细胞 SP2/0，HAT 筛选培养基，1640 培养液，胎牛血清，甲醇，Giemsa 染液。

三、实验步骤

（一）亲本细胞

将脾细胞悬液和骨髓瘤细胞 SP2/0 分别计数，按照 10 : 1 的比例混匀，同时取 0.2ml 混合液用生理盐水稀释 5 倍，作为阴性对照。

（二）细胞融合

将上述细胞混合液 1000r/min 离心 10min，弃上清，轻拍融合管使细胞松散，将融合管置于 37℃ 水浴中，在 1min 内缓慢加入 37℃ 预热的 50% 聚乙二醇溶液 1ml，边滴边转动融合管，静置 90s，再缓慢滴入不含血清的 1640 培养液 5ml，随后补加培养液至 20ml 使融合剂彻底稀释。1000r/min 离心 7min，弃上清，将细胞沉淀轻悬于含 20% 胎牛血清的 HAT 培养液中，混合均匀后，分装到 96 孔细胞培养板中，100μl/孔，5% CO_2、37℃ 培养。同时，取出 0.4ml 细胞悬液做观察用。

（三）制片观察

将两种亲本细胞的混合液和融合后的细胞悬液分别涂片迅速干燥，甲醇固定，Giemsa 染液进行染色、水洗、干燥。镜检，观察融合细胞。先观察对照组，从形态上识别两种亲本细胞并观察其中有无融合细胞。此后观察实验组，找出融合后的多核细胞、双核细胞，并区分同种融合与异种融合细胞。

（四）筛选检测

融合后的细胞每 3～5 天更换一次培养液，采用半换液方式。融合 7 天内用 HAT 培养液，之后换 HT 选择培养基进行半换液。15 天后用含 20% 胎牛血清的培养液。待杂交瘤细胞长满孔底 1/4～1/3 时，吸出上清进行 ELISA 检测。同时用 SP2/0 上清做阴性对照，并设阴阳性小鼠血清对照，以 P/N≥2.0 作为阳性判定标准。

四、实验结果

两种细胞融合后，可观察到以下类型的细胞：①异核细胞，非同源细胞的融合体；②多核细胞，含有双亲不同比例核物质的融合体。

五、思考题

1. 简述细胞融合的过程。
2. 做细胞融合实验时，应注意哪些问题？
3. 简述融合细胞的筛选检测。

相关链接

动物细胞融合：http://shiyan.ebioe.com/heterocaryonshomocaryons.htm

（陈功星）

实验十五　细胞克隆

细胞克隆，是将一个单细胞从细胞群中分离出来单独培养，使之重新繁衍成一个新的单一细胞群的培养技术。未经克隆化的细胞具有异质性，经过克隆得到的是均一细胞集团。这里以 T 细胞为例介绍克隆方法。

一、实验目的和原理

用限度稀释克隆形成法制备 T 细胞克隆时，并非依赖细胞的特性，而是将 T 细胞在细胞培养板上稀释到统计学的浓度，即从理论值上达到每孔一个细胞，其中加入 IL-2 和 PHA 可增强细胞的生长，而加入的同种异体 PBMC 作为饲养细胞，在这种体系中，单个 T 细胞可增殖生长成细胞集团，即 T 细胞克隆。

二、实验材料

（1）取 PBMC，用含 10％小牛血清的 RPMI-1640 培养液将细胞配成 $2\times10^7/0.5$ml。将特异性抗 T 细胞单克隆抗体与磁性小珠形成免疫磁珠（immunomagnetic beads），用这种免疫磁珠从 PBMC 中结合 T 细胞。在磁场中，结合 T 细胞的免疫磁珠固定了，未结合的 B 细胞和其他细胞被洗脱下来。再从免疫磁珠上洗脱 T 细胞。

（2）饲养细胞（以 50GY γ 射线照射）：从两个不同供者获得的同种异体 PBMC 从理论上认为两者的每一演变均不同。

（3）培养基：RPMI-1640 培养液（RPMI-1640 液＋1mmol/L 丙酮酸钠＋2mmol/L 谷氨酰胺＋100u/ml 青霉素和 100u/ml 链霉素）再加入热灭活的 10％的 AB 型血清。

（4）按试剂说明书所述，将 PHA-A 溶于双蒸水中。

（5）含有 10^4u/ml IL-2 的 PBS 液中加入 1％牛血清白蛋白（BSA）。

（6）器皿、仪器：96 孔 U 型低细胞培养板及 24 孔细胞培养板，垂直气流超净台，CO_2 孵箱，倒置显微镜等。

三、实验步骤

（一）培养板的准备

（1）应用典型的有限稀释克隆形成法，以 0.5 个/孔、1 个/孔、5 个/孔等三种不同细胞浓度准备三块 96 孔 U 型培养板，以及半块为 10 个/孔浓度的 96 孔培养板。

（2）准备含有 5×10^5/ml 饲养细胞（经 γ 射线照射）的 RPMI1640 培养液，并加入 20u/ml 的 IL-2 和 1μg/ml PHA-A。

（3）在 3 块半 96 孔板上，每孔均加入 100μl 饲养细胞（50000 个）。

（4）准备稀释 T 细胞的培养。

（5）如实图 15-1 所示，准备 3 支 15ml 试管，内含 5ml 细胞培养液（CM）加 20u/ml IL-2，将 4 支试管分别稀释并接种 96 孔板，步骤包括：①第 1 管加 50μl 稀释液 C，相当 50 个细胞，混匀后加在 96 孔板上，50μl/孔，此板为 0.5 个细胞/孔；②第 2 管加 100μl 稀释液 C，相当 100 个细胞，混匀后加在 96 孔板上，50μl/孔，此板为 1 个细胞/孔；③第 3、4 管各加 500μl 稀释液 C，相当 500 个细胞，第 3 管为 500 个细胞/5ml CM，混匀后加在 96 孔板上，50μl/孔，此板为 5 个细胞/孔，第 4 管为 500 个细胞/2.5ml CM，混匀后仅够加半个板，50μl/孔，此板为 10 个细胞/孔。4 块 96 孔板上有 50μl 不同浓度 T 细胞悬液加到含有 100μl 饲养细胞的各孔中（IL-2 的终浓度应为 20u/ml）。

（二）T 细胞克隆培养

（1）如实图 15-2 所示，每隔 2～3 天吸弃 50μl 培养上清液，加入 50μl 含有 IL-2 的新鲜培养液，使其终浓度达 20u/ml；每隔 10～15 天吸弃 50μl 培养上清液，加入 50μl 含有新鲜饲养细胞（50000/孔）、IL-2（终浓度达 20u/ml）和 PHA-A（终浓度达 1μg/ml）的培养液。

（2）经 21～25 天后出现克隆细胞生长孔，首先在 10 个细胞/孔的板上出现，当在 1 个

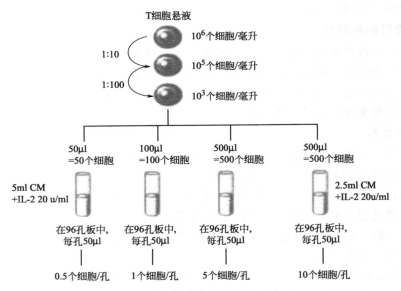

实图 15-1　T 细胞有限稀释克隆法操作

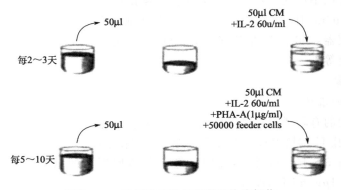

实图 15-2　T 细胞克隆培养期间换液操作

细胞/孔的板上出现克隆生长时，即可将 5 个细胞/孔和 10 个细胞/孔的两块板丢弃。

（3）当 0.5 个细胞/孔和 1 个细胞/孔两板上长出的细胞克隆变大时，将该孔的 $100\mu l$ 培养液悬浮混匀，分装于 96 孔板 2 个孔内，$50\mu l$/孔，而且每孔已预先加有上述饲养细胞（50000/孔）。

（4）随着细胞的继续生长，用同法可将同一克隆细胞分装扩充为 4 孔，当分装成 8 孔时，可汇总这 8 孔的细胞转移至 24 孔板的 1 孔内。

（5）T 细胞克隆可在如此条件下维持其生长，即每隔 2～3 天更换含有 IL-2（20u/ml）的新鲜培养液，每隔 10～15 天更换含有新鲜饲养细胞、IL-2（20u/ml）和 PHA（$1\mu g$/ml）的培养液，其中加入饲养细胞的比率应为 T 细胞克隆细胞数 $0.5\times10^{5}\sim1\times10^{6}$ 细胞需 1×10^{6} 饲养细胞。

四、注意事项

（1）细胞克隆的性能可用抗 TCR Vβ 片段的抗体在流式细胞仪上进行检测，或用分子生物学方法（如 RT-PCR）去检测 TCR Vβ 转录产物。

（2）最好在一检出阳性克隆时就开始进行亚克隆。

（3）某些 T 淋巴细胞亚群不能在这一系统（如饲养细胞＋PHA 环境）中增殖，但此系统对获得克隆的总体要比接种细胞的数量更为有效。

（4）必须使饲养细胞受到充分照射，以保证长出的细胞是 T 细胞克隆而不是饲养细胞。

相关链接

T 细胞克隆的制备：http://www.bbioo.com/experiment/18-2316-1.html

（陈功星）

实验十六　电穿孔法转染细胞

一、实验目的和原理

电穿孔转染法是基于细胞在接受一定强度的电流刺激后，其细胞膜表面会在短期内形成许多小孔的现象，预先将 DNA 或 RNA 以适当的浓度稀释在电穿孔缓冲液中，电击后使其自动通过膜上的小孔进入胞浆的方法。电穿孔法操作步骤简便，转染效率高，且适用的细胞种类多。但其对细胞造成的损伤较大，往往转染后有大量的细胞死亡。

二、实验用品

（1）含血清的无抗生素全细胞培养基（预热至 37℃）；

（2）经预冷的电穿孔缓冲液；对于不同种类的细胞，往往采用不同的缓冲液。常用缓冲液包括无钙、镁的 PBS、Hanks、无血清细胞培养基以及磷酸盐蔗糖缓冲液（含 272mmol/L 蔗糖、7mmol/L $MgCl_2$ 的 K_2HPO_4 溶液，用磷酸调 pH 至 7.4），也可购买商品化的电穿孔转染试剂盒（如 Lonza Nucleofector Kit）；

（3）经纯化（不含内毒素）的 DNA 或 RNA；

（4）经灭菌的 Eppendorf 管和移液器枪头；

（5）离心机；

（6）电源、电穿孔装置（如 Bio-Rad）以及电击池（无菌，冰上预冷）。

三、实验步骤

（1）实验前确保所需细胞处于指数生长期，状态良好。

（2）实验时收集细胞，对于贴壁细胞，需用胰酶充分消化以避免细胞呈团块状聚集。计数，收集适当量的细胞（见 4 中所述），200r/min 离心 5min，弃上清。

（3）用经过预冷的电穿孔缓冲液 0.5ml 重悬细胞，使得细胞终浓度为 $1 \times 10^7 \sim 8 \times 10^7$ 个/ml。加入 10～40μg 的 DNA 或 100～600pmol 的 siRNA，与细胞充分混匀。

（4）将电击池放入电穿孔装置，按一定的电压及电容值进行一次或若干次的电击。具体的参数设定需要根据细胞及缓冲液的种类，以及操作时细胞的状态作条件优化。需反复摸索而达到一个最佳的组合。

（5）电击完毕，取出电击池，至于冰上 10min 以降温。

（6）将缓冲液及其中的细胞转移至 15ml 离心管，并用 10ml 预热至 37℃ 的全细胞培养基进行稀释，37℃ 孵育 15 分钟后低速离心（100～150r/min）3～5min，弃上清，将管底细胞转移至 6 孔板中培养。

（7）培养 48～60h 后检测转染效果。

四、实验结果

若转染 DNA 片段或 siRNA，则可采用 Western Blot 法检测该 DNA 的编码蛋白或 siRNA 靶基因编码蛋白的表达情况。用未转染组做对照，转染 DNA 组目标蛋白表达增强，而转染 siRNA 组目标蛋白表达降低。如果用绿色荧光蛋白（GFP）作为转染阳性对照，则可以在荧光显微镜下直接观察，若见到胞内有绿色荧光出现，则表明转染成功。

五、注意事项

（1）电穿孔实验成败的关键在于细胞的活性。务必使用处于指数生长期的细胞进行实验。

（2）由于细胞团块的存在会使位于团块中心的细胞失去与核酸接触的机会，导致无效的转染，所以消化贴壁细胞时必须保证消化的效果。

（3）离心收集细胞时，在保证有效沉淀细胞的前提下，尽量降低离心力以维护细胞活性。

（4）转染质粒 DNA 对细胞造成的损伤比 siNRA 大，故在保证 DNA 转染量的前提下，因尽可能减少质粒的用量。

（5）对于不同种类的细胞，电穿孔的合适参数会有较大的不同，因此需要作多次的尝试。

（朱梁）

实验十七　阳离子脂质体介导真核细胞转染

一、实验目的和原理

阳离子脂质体分子通常由三个部分构成：头部的阳离子、尾部的疏水烃基以及中部的连接键。阳离子和疏水烃基分别为结合核酸和膜磷脂的结构，而中部的连接键则决定了阳离子脂质体分子的稳定性。

阳离子脂质体转染法的基本原理是利用这种分子中带正电的阳离子基团与带负电的 DNA、RNA 和寡核苷酸等以静电力结合。同时分子中另一部分疏水烃基则与细胞膜的磷脂层相作用，使得吸附了核酸的阳离子脂质体分子透过细胞膜而进入胞浆，为下一步外源基因的真核表达提供条件。

二、实验材料

（1）无菌水：高温灭菌，分装；

（2）专用于脂质体转染的无血清培养基（如 Life Technologies 公司的 opti-MEM）；

（3）含血清的完全培养基（无抗生素）；

（4）经纯化，不含内毒素的待转染外源性核酸（如质粒 DNA，siRNA 等）；

（5）阳离子脂质体；

（6）经灭菌的 Eppendorf 管和移液器枪头。

三、实验步骤

（1）转染前一天，将所培养的细胞胰酶消化并计数，接种到培养板中，待其生长至70%～95%；

（2）在 Eppendorf 管中用 opti-MEM 等转染培养基稀释适量的质粒 DNA 或 siRNA（以 Lipofectamine2000 为例，其参考用量见实表17-1）；

（3）在另一 Eppendorf 管中用 opti-MEM 稀释一定量的阳离子脂质体，并在室温下孵育一定时间（取决于阳离子脂质体类型，如 Lipofectamin2000，需孵育 5～30min，具体参考实表 17-1），使其形成 DNA-脂质体复合物；

（4）将稀释后的核酸与经孵育的阳离子脂质体混匀，室温孵育 15～20min；

（5）将旧的细胞培养液吸出，PBS 清洗 1～2 遍，换一定体积的转染培养基（参考实表17-1）；

实表 17-1　阳离子脂质体转染法推荐的试剂用量

培养规格	表面积/cm²	DNA/μg	RNA/pmol	培养基/μl	稀释培养基/μl	Lipofectamine 2000/μl
96 孔板	0.3	0.05～0.2	1～5	100	各 25	0.25～0.5
24 孔板	2	0.1～0.8	4～20	500	各 50	1～2
12 孔板	4	0.4～1.6	10～40	10^3	各 100	2～4
6 孔板	10	0.8～4.0	50～100	2×10^3	各 250	5～10
60mm 平板	20	1.0～8.0	100～400	5×10^3	各 500	10～20
10cm 平板	60	5.0～24.0	300～800	1.5×10^4	各 1.5×10^3	30～60

注：此表格中数据根据 Lipofectamine 2000 商品说明书进行优化。

（6）加入 DNA-脂质体复合物，与细胞培养体系混匀，常规培养条件下孵育 5～8h，有必要时可以过夜；

（7）撤去含 DNA-脂质体复合物的细胞培养体系，添加常规的含血清细胞培养基；

（8）24～48h 后提取细胞总蛋白或对细胞进行免疫荧光染色观察外源基因的表达或 siRNA 对于基因表达抑制的效果。

四、实验结果

实验结果的检测方法同实验十六。

五、注意事项

（1）细胞转染实验成败的关键在于转染前细胞的活性。在转染前务必使细胞处于指数生长期。

（2）在培养板上接种细胞时，务必使细胞分布均匀，且尽量减少相互粘连在一起的细胞团。

（3）阳离子脂质体与核酸形成的复合物的稳定事件是有限的，必须在其稳定期之内对细胞进行转染。稳定时间长短视脂质体种类而定，由各试剂供应商提供具体数据。

（4）阳离子脂质体对于细胞具有毒性作用，因此需要在转染后一定时间，待大部分脂质体-核酸复合物进入胞浆后，更换新鲜的细胞培养基以确保细胞的活性。

（5）对于非稳定转染的细胞，所导入的外源核酸的作用只能维持一定的时间，故需要在转染后一定时间之内对转染效果进行检测（通常为72h以内）。

（朱梁）

实验十八　饲养细胞的制备和饲养层细胞培养

一、实验目的和原理

虽然许多小鼠胚胎干细胞系在提供高浓度 LIF 的情况下可以在不含饲养层细胞的培养皿中生长，但目前大部分的胚胎干细胞特别是人的胚胎干细胞的日程培养仍然采用小鼠胚胎成纤维细胞（MEF）作为饲养层细胞。研究表明，MEF 可以分泌多种因子，用于支持胚胎干细胞的多能性、良好的增殖能力及不分化的状态。

本实验将通过小鼠 MEF 细胞的获得、传代、冻存及失活等实验操作，熟悉和基本掌握胚胎干细胞饲养层细胞制备的整套流程。

二、实验材料

仪器：生物安全柜、CO_2 培养箱、低速离心机、液氮罐、普通显微镜、移液器、电动移液器、真空吸泵、梯度降温盒、37℃水浴锅、培养液及其他试剂、成纤维细胞培养液（每1000ml 含 900ml DMEM，100ml 胎牛血清、成纤维细胞冻存液（每 10ml 含 8ml 成纤维细胞培养液，2ml DMSO）、0.25％胰酶、0.1％明胶、PBS 缓冲液。

其他材料：孕鼠（怀孕 12～14 天），培养皿，6 孔板，透气培养瓶，2、5、10、25ml移液管，15ml 和 50ml 离心管，冻存管，无菌枪头。

三、实验步骤

（一）从胎鼠获得小鼠胚胎成纤维细胞（MEF）

（1）拉断颈椎处死怀孕 12～13 天的 CF-1 小鼠，浸入 70％的酒精中消毒。

（2）将小鼠放在超净台无菌的解剖盘中，在腹中线处做一横向切口。

（3）剪开的皮肤拉向切口的上下两侧，提起腹膜，将其剪开，充分暴露腹腔。

（4）找出子宫，一只手用无菌钝口镊子轻轻提起子宫，另一只手持无菌镊子小心分离子宫周围的结缔组织。当两侧子宫都与其相连的组织分离好后，用剪刀将左右两侧的子宫在输卵管与子宫角的衔接处剪下，小心剪下子宫的联体部分，置于无菌的 60mm 培养皿中。

（5）用无菌的剪刀在子宫头与子宫尾分别剪去输卵管及子宫角部分。

（6）将子宫置于 15ml 离心管中，用 10ml PBS 洗 3 遍。

（7）用尖镊子撕开子宫壁和胎膜，取出胎鼠，放在新的培养皿中。

（8）用 8ml PBS 将胎鼠洗 3 遍。

（9）用灭菌的眼科剪刀去除胎鼠的胚囊，释放胚胎，并胚胎计数。

（10）将胚胎移到干净的培养皿中，PBS 洗 3 次。

（11）用镊子小心的去除胚胎的头和肝脏，PBS 洗 3 次。

（12）将胚胎转移至新的培养皿中，用无菌剪刀将组织充分剪碎，加入 0.25％胰酶同时吹打几分钟，使其消化均一并彻底酶解。

（13）用同样体积的 MEF 完全培养基中和胰酶。

（14）一个 T75 瓶加 10ml MEF 完全培养基，按照每 2～3 个胚胎一个 T75 瓶，将已消化的胚胎加入培养瓶中，放在 5％CO_2 培养箱中培养，培养瓶注明细胞名称、代数及日期。

（二）MEF 的传代

（1）将 T75 瓶中的 MEF 培养基吸出。

（2）加入大约 3ml 胰酶，于 37℃的 CO_2 培养箱中放置 3～5min。

（3）取出瓶子，轻轻晃动，可以看见白色的细胞层开始从瓶子的底壁掉落。确保瓶盖是拧紧的。用手掌根轻拍瓶侧 3～5 次。在灯下观察细胞是否已从瓶子上脱落。

（4）加入同等体积（3ml）的 MEF 培养基，混匀，吹打几次以形成单细胞悬浮液（这一培养基是包含血清的，将会完全抑制胰酶的活性）。

（5）补加 42ml MEF 培养基到瓶子中，使总体积达到 50ml，混匀。

（6）将上述细胞悬浮液均分至 5 个新的 T75 瓶子中，每瓶 10ml。

（7）放在 5％CO_2 培养箱中培养，逐日观察。

（三）MEF 的冻存

（1）吸去培养液，加 3ml 0.25％胰酶至完全覆盖瓶底（以 T75 为例）。

（2）CO_2 培养箱中孵育 3～5min，不时轻拍瓶壁，使细胞层脱落。

（3）加入同等体积的 MEF 培养液中和胰酶，吹打混匀。

（4）将其转移至 15ml 离心管，用电子计数器进行细胞计数后，以 1000r/min 的速度离心 5min。

（5）移去上清，用少量新鲜的 MEF 培养液重悬细胞沉淀。

（6）缓慢加入等量的 MEF 细胞冻存液（2×）并混匀。

（7）分装上述细胞悬液于 2ml 冻存管中，每管 0.25ml。

（8）在冻存管上注明细胞名称、代数、数目、冻存时间。

（9）将冻存管放到冻存盒中，－80℃冰箱过夜。

（10）最后将冻存管转移至液氮罐中，以便长期保存。

（四）MEF 的失活

（1）MEF 传代到 3～5 代时，当细胞铺满培养瓶后（以 T75 为例），加 3ml 0.25％胰酶，放入 37℃的 CO_2 培养箱孵育 3～5min。

（2）加入同等体积的 MEF 培养液中和胰酶，用移液枪吹打几次以形成单细胞悬浮液。

（3）将所有细胞悬液混合到一个 50ml 离心管中，补加适量新鲜的 MEF 培养液。

（4）取 0.5ml 上述细胞悬液，转移至新的 15ml 离心管中，用 4.5ml 培养液稀释，混匀。

（5）用电子计数器计数细胞。

（6）将原来的 50ml 离心管封口，使用 γ 射线辐照仪，50～80 戈雷辐照。

（7）辐照完后，以 1000r/min 的速度离心 5min。

（8）移去上清，用适量新鲜的 MEF 培养液重悬细胞。用于培养小鼠胚胎干细胞的饲养层细胞标准浓度是 60000 细胞/cm²。按照此标准铺板。具体铺板步骤请见饲养层细胞的准备。对于暂时不用的细胞，将其冻存，需要时复苏。具体冻存步骤请见 MEF 的冻存。

四、实验结果

（1）获得原代培养的饲养层细胞，细胞形态见参考图片（见实图 18-1）。

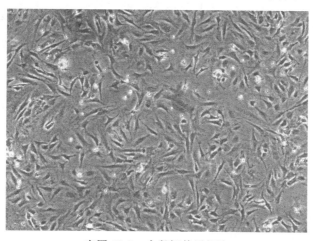

实图 18-1 小鼠饲养层细胞

（2）得到冻存的饲养层细胞。

五、注意事项

（1）由于小鼠 MEF 是原代培养的细胞，其分泌细胞因子的能力会随着传代次数的增加而减少。一般来说，不推荐使用 P5 代以后的 MEF 作为胚胎干细胞的饲养层细胞。

（2）使用丝裂霉素 C 使 MEF 失活时，由于其细胞毒性，需要摸索丝裂霉素 C 处理的浓度及时间，并用 PBS 清洗尽量减少丝裂霉素 C 的残留，以降低其对后续实验的影响。

（3）通常情况下，在胚胎干细胞传代前 2～3 天铺制 MEF 细胞，MEF 细胞铺制 10 天之后不再推荐使用。

（成璐）

实验十九　小鼠胚胎干细胞培养

一、实验目的和原理

（一）目 的

本实验将通过小鼠胚胎干细胞的培养、传代、冻结等操作，初步掌握小鼠胚胎干细胞的日常培养方法。

（二）原 理

胚胎干细胞是从早期胚胎的内细胞团分离出来的多潜能细胞系。如果把这种细胞注入胚胎，就能参与各种组织器官的生长发育，形成嵌合体。通过 ES 细胞途径建立转基因小鼠，特别是运用同源重源原理对 ES 细胞进行基因打靶，这些精细的体外操作使基因与动物个体得到了直接结合，因此 ES 细胞在培养的细胞水平和个体发育之间架起了桥梁。

二、实验材料

（一）仪 器

生物安全柜、CO_2 培养箱、低速离心机、液氮罐、普通显微镜、移液器、电动移液器、真空吸泵、梯度降温盒、37℃水浴锅

培养液及其他试剂：小鼠胚胎干细胞培养液（每 1000ml 含 850ml Knockout DMEM，150ml 胚胎干细胞级胎牛血清，10ml 非必需氨基酸，10ml L-谷氨酸；终浓度 0.1mmol/L 的 β-巯基乙醇，终浓度 1000u/ml 的 LIF）、成纤维细胞培养液（每 1000ml 含 900ml DMEM，100ml 胎牛血清）、小鼠胚胎干细胞冻存液（每 10ml 含 8ml 小鼠胚胎干细胞培养液，2ml DMSO，冻存当天新鲜配制，并置于冰上）、0.25%胰酶、0.1%明胶。

（二）其他材料

24 孔板，透气培养瓶，2、5、10、25ml 移液管，15ml 和 50ml 离心管，冻存管，无菌枪头。

三、实验步骤

（一）MEF 的准备

（1）加入足量的 0.1%明胶均匀铺到瓶（或孔板或皿）底部，以能覆盖全部底部为准，譬如 T25 透气培养瓶以超过 0.5ml 为宜。

（2）37℃培养箱放置至少 30min。

（3）从培养箱中取出瓶（或孔板或皿），轻轻推送板子将未被明胶覆盖的地方再次覆盖，然后立即吸弃明胶。

（4）加入适量成纤维细胞完全培养基（37℃预孵育超过 10min），譬如 T25 透气培养瓶以加入 4ml 为宜。

（5）从液氮中取出冻存的失活过的 MEF 细胞，立即投入 37℃水浴中，迅速解冻（1min 之内）。

（6）根据预实验将相应数量的饲养层细胞加到之前已经准备好的瓶（或孔板或皿）中，混匀。推荐的饲养层细胞密度为 6 万细胞/cm^2。

（二）小鼠胚胎干细胞的复苏

（1）解冻小鼠胚胎干细胞，从液氮中取出冰冻的小鼠胚胎干细胞冻存管，立即投入 37℃水浴中快速的旋转以迅速解冻（控制在 1min 之内），水不要淹没瓶盖。

（2）当只有一片冰晶存在时，从水中取出冻存管。用消毒酒精棉将冻存管外壁擦拭一遍，以去除微生物。

（3）将细胞转移到一个预装有 2ml 小鼠胚胎干细胞完全培养基的 15ml 离心管中，混匀。1000r/min 离心 5min。

（4）吸弃上清液。用 2ml 的小鼠胚胎干细胞完全培养基重悬细胞沉淀。

（5）1000r/min 离心 5min，吸弃上清液。用 4ml 的小鼠胚胎干细胞完全培养基重悬细胞沉淀。

（6）转移悬浮液到一个预铺有饲养层细胞的 T25 瓶中（该瓶中原来的培养液要吸弃，然后用 1ml 的小鼠胚胎干细胞完全培养基洗涤一次），补加小鼠胚胎干细胞完全培养基至总体积为 5ml。

（7）将瓶放入 37℃的 CO_2 培养箱中，观察细胞每天的生长情况。

（三）小鼠的胚胎干细胞传代（以 T25 培养瓶为例）

（1）从培养瓶中吸出旧的小鼠胚胎干细胞培养液，加入 1～2ml PBS 溶液洗涤细胞一次。

（2）吸弃 PBS 溶液，立即加入 0.5～1ml 的 0.25％ Trypsin-EDTA 溶液到瓶中，轻轻地摇晃培养瓶使之覆盖所有的细胞。

（3）将 T25 瓶重新放回 37℃培养箱中，放置约 5min。

（4）消化期间可以处理预铺了饲养层细胞准备用来传代的新的培养瓶，处理如下：吸弃里面的成纤维细胞完全培养基，加入 1ml PBS 溶液洗涤 feeder（只要将瓶底盖过），吸弃，然后加入 4～5ml 新的小鼠胚胎干细胞完全培养基，以备传代。

（5）待克隆消化下来后，取出培养瓶，将瓶中液体连同脱落的克隆转移到 15ml 离心管里。加入 2ml 的小鼠胚胎干细胞完全培养基，混匀。

（6）用移液器吹打数次，直至成单细胞悬浮液。

（7）1000r/min 离心 5min。

（8）吸弃上清，再次洗涤，离心。

（9）加入 2ml 新鲜的小鼠胚胎干细胞完全培养基重悬细胞，并用移液枪吹打重悬，然后根据自己需要按比例传代至新的饲养层细胞上。一般来说，按 1：6～1：8 传代。

（10）轻轻摇匀，放入 37℃培养箱中培养。

（四）小鼠胚胎干细胞的冻存（以 T25 瓶为例）

（1）当细胞生长良好时，消化细胞（具体步骤同上述传代过程）。

（2）将消化下的细胞洗涤 2 遍。

（3）用 2ml 新鲜的小鼠胚胎干细胞培养基重悬细胞。

（4）离心后，吸弃上清。

(5) 加入 0.25ml 新鲜的小鼠胚胎干细胞培养基重悬细胞。

(6) 加入 0.25ml 小鼠胚胎干细胞冻存液（2×），快速混匀。

(7) 将上述 0.5ml 细胞悬液转移至 2ml 冻存管中。

(8) 迅速将冻存管放入冻存盒中，－80℃冰箱过夜。

(9) 最后将冻存管转移至液氮罐中以便长期保存。

四、实验结果

(1) 复苏获得小鼠胚胎干细胞，细胞形态见参考图片（见实图 19-1）。

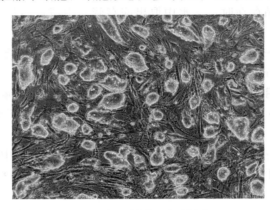

实图 19-1　小鼠胚胎干细胞

(2) 得到冻存的小鼠胚胎干细胞。

五、注意事项

(1) 饲养层细胞需在小鼠胚胎干细胞复苏或传代前 2～3 天准备。饲养层细胞的密度需达到 100％，太密或太稀疏都容易使干细胞分化。

(2) 复苏的次日起开始即需更换培养液，每天更换一次。复苏后 2～3 天可以看见微小的克隆出现，之后逐渐长大。

(3) 传代比例通常为 1∶6 或 1∶8。传代后的第一天起更换新的培养液，并每天换液。若细胞生长至后期，溶液 pH 值改变较快，也需及时更换培养液。传代周期为 2～3 天，但要视细胞状态而定，传代可以改善细胞状态。

（成璐）

实验二十　小鼠成纤维细胞培养

一、实验目的和原理

成纤维细胞之所以被广泛应用于细胞和分子生物学的研究中，其主要原因是成纤维细胞是最容易被培养的细胞之一，其良好的耐受性使该细胞培养广泛应用于细胞结构的研究，尤其是免疫荧光技术的研究中。体外培养的成纤维细胞的用途极为广泛，小鼠原代胚胎成纤维细胞、STO（一种已建系的小鼠胚胎成纤维细胞）等经常用来制作饲养层，饲养层细胞能够分泌 LIF 和 α-FGF、β-FGF 等生长因子，具有同化培养液，改善接种细胞生长环境和抑制细胞分化的作用。成纤维细胞是核移植供体的很好的来源，也可用于转基因。其外形呈梭形，生长方式主要受密度的影响，通常在培养液中约有 50 代的有限生命周期。实验过程中可以用其释放的因子，如Ⅰ型胶原等，作为其标记物。因此，胶原合成试验有助于确认成纤维细胞。

二、实验材料

（一）实验动物

12～18天胎龄的昆明小鼠（或大约一半足孕时间的小鼠）。

（二）主要仪器设备

CO_2培养箱1台，倒置显微镜1台，移液器，超纯水仪，流式细胞仪，培养平皿或培养瓶3套，手术小直剪刀3把，眼科直镊3把，眼科弯镊2把，小烧杯（20ml）2个，玻璃吸管和胶帽若干，超净工作台，酒精灯1个，电磁搅拌器1个，锥形烧杯（100ml）1个，不锈钢筛（孔径$100\mu m$，$20\mu m$）各1个或200目尼龙滤网，普通台式离心机1台，计数器1个，50ml、15ml离心管和手术刀片，以上物品均需要高压灭菌或其他相应方法消毒处理。

（三）主要药品及试剂

1. PBS

1L三蒸水中分别加入10.0g NaCl，0.25g KCl，1.44g $Na_2HPO_4 \cdot 12H_2O$和0.25g KH_2PO_4，调pH值至7.2，然后将其分装，高压灭菌，4℃贮存。

2. 0.25% Trypsin（胰蛋白酶）-0.04% EDTA

1L三蒸水中分别溶解2.5g Trypsin粉末，0.4g EDTA，7.0g NaCl，0.3g $Na_2HPO_4 \cdot 12H_2O$，0.24g KH_2PO_4，0.37g KCl，1.0g D-glucose（葡萄糖），3.0g Tris，1.0ml phenolred（酚红），调pH值至7.2，过滤除菌，分装，-20℃贮存。

3. 青-链霉素（100倍浓度）

将青霉素1.0×10^6IU，链霉素1g溶于100ml PBS，过滤除菌，分装，-20℃贮存。

4. 200mmol/L谷氨酰胺（100倍浓度）

将2.922g谷氨酰胺溶于100ml三蒸水中，过滤除菌，分装，-20℃贮存。

5. DMEM/F12培养液

将一小袋DMEM/F12培养液干粉用三蒸水溶解后，加入2.438g $NaHCO_3$，定容至1000ml，调pH值至7.2，过滤除菌，分装，4℃贮存。

6. 胎牛血清（fetal bovine serum，FBS）

购成品试剂。

三、实验步骤

（一）取材

选取经自然交配，妊娠12～18天的昆明小鼠，引颈处死。立即在无菌超净台内用70%酒精擦洗整个动物，置紫外线下照射5min。用无菌的镊子和剪刀在前腿作一腹部水平切口，用无菌镊子将皮肤扯向后腿，暴露出腹膜。用另一无菌的剪刀和镊子切开腹壁，暴露出子宫角，取出含有胚胎的子宫角，置于无菌的培养皿上，用不含Ca^{2+}，Mg^{2+}的PBS洗3次。用无菌剪刀剪开每一侧的胚囊，暴露并剔除胚胎的周围的包膜，将胚胎放于无菌的含有无菌PBS的烧瓶中。漂洗胚胎，去掉PBS。继续用PBS漂洗胚胎直至清洗液清亮为止。用同样的方法操作下一只老鼠，方法如实图20-1。

（二）原代培养

（1）将6～8个胚胎转移至一个小的无菌广口烧杯中，用新的无菌剪刀小心地剪碎胚胎，用PBS漂洗。

1.引颈法处死小鼠　2.70%乙醇消毒　3.水平切开上腹部皮肤　4.将皮肤扯向后腿

5.切开腹壁曝露双角子宫　6.取出双角子宫　7.分离出胚胎并用PBS漂洗　8.细剪后进行原代培养

实图 20-1　胎胚分离示意

（2）在无菌状态下，将剪碎的胚胎转移于一个 500ml 的无菌的有搅拌棒的烧杯中，加入 200～300ml 0.25％ Trypsin-0.04％ EDTA，在温暖的环境中或置于 37℃培养箱中轻轻搅动 15min。

（3）让存留的组织块在重力作用下慢慢沉降，将含有悬浮细胞的液体转移至一个无菌大容积的离心管中，该管内按照每 10ml 上清加入 1ml 牛血清的比例加入牛血清以灭活胰蛋白酶。

（4）再次将含有残留未消化组织块的 500ml 烧杯中加入 200～300ml 0.25％ Trypsin-0.04％EDTA，重复步骤（2）、（3）。

（5）离心混合的细胞悬液，1200r/min，5min，弃上清。

（6）用新鲜的无菌 PBS 重悬沉淀的细胞，按上一步骤再次离心。

（7）用 PBS 反复洗涤细胞直至上清液清亮为止。

（8）用含有 10％牛血清和抗生素（如青霉素、链霉素）的 DMEM/F12 培养液 10ml 悬沉淀，并使终体积为 100ml，让残留的大块未破碎的组织或特殊颗粒物质沉降。也可采用数层无菌纱布过滤悬液以去除所有残留的细胞块。

（9）为确定现有细胞浓度，加 0.2ml 细胞悬液于 1.8ml1％醋酸溶液中以裂解红细胞，用血细胞计数器进行细胞计数。

（10）按每 $10mm^2$ 平皿 1×10^7～4×10^7 细胞的数量接种于 10ml 组织培养液中，在饱和湿度的 37℃、CO_2 培养箱中孵育至细胞铺满。

（11）当细胞长满后，去除培养液，用 PBS 洗涤细胞层 2 次。

（12）弃 PBS，加入相同体积的温暖 0.25％ Trypsin-0.04％ EDTA。37℃孵育 5min。

（13）用无菌吸管轻轻吸散细胞，并转移至一含 1～2ml 牛血清的无菌管中。

（14）离心，1200r/min，弃上清。

（15）再悬沉淀于 5ml 培养液中，另加入 15ml 培养液中，分装于 2 个 100ml 平皿中。置 37℃饱和湿度 CO_2 培养箱中培养细胞，直至细胞长满，继续步骤（11）～（14）按 1:5 传代细胞。

（16）细胞再次长到覆盖率 80%～90%，将其消化后，常规冻存（冻存液要现配）。

四、实验结果

实验结果如实图 20-2。此种方式培养的细胞传代多次均生长良好，在几次传代后，仅成纤维细胞可存活，可采用胶原合成试验判断其是否为成纤维细胞，确定无误后，然后将其进行冻存。冻存后生存能力有限，如果不冻存，体外存活十代左右。

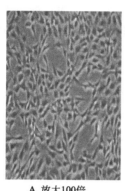  

A. 放大100倍　　　　B. 放大400倍　　　　C. 纯化后放大100倍

实图 20-2　小鼠胚胎成纤维细胞（倒置显微镜）

五、注意事项

（1）原代培养，一定要避免污染。

（2）不可用碘酊消毒，因碘对细胞有毒性，可使细胞不易生长。

（3）胚胎周围的包膜需剔除干净，否则会影响细胞的生长。

（4）加入的培养液不宜过多，否则会使组织块受液体轻微的波动脱落下来。

（5）消化细胞时间不要过长。

（6）冻存后复苏的细胞只能传代一次，因为这些细胞繁殖能力有限。

（宋维芳）

实验二十一　磷酸钙法转染 HEK293T 细胞

一、实验目的和原理

由于钙、镁等离子能与细胞膜上的蛋白结合导致膜结构的松弛，使质粒能穿过细胞膜进入细胞内，从而使质粒上携带的目的基因在细胞内表达，并对细胞内的一些活动产生影响。

二、实验材料

（一）无菌水

高温灭菌，分装。

（二）2×HBS

280mmol/L NaCl，10mmol/L KCl，1.5mmol/L Na_2HPO_4，12mmol/L glucose，50mmol/L HEPES。用 10N NaOH 调 pH 值至 7.45，再加双蒸水至终体积。过滤灭菌，分装。

（三）2mol/L $CaCl_2$

无菌，分装。

三、实验步骤

（1）铺细胞：选择状态良好的细胞传代 $2\times10^5\sim3\times10^5$ 个细胞/35 平皿。

（2）20～24h 后，待细胞长至铺满瓶底约 70% 的时候，进行转染。下面以 35 平皿为例，采用以下转染体系：

双蒸水 105μl，质粒 2μg（如 0.5μg/μl，即用 4μl），2mol/L $CaCl_2$ 16.5μl，2×HBS 125μl。

（3）按上述顺序，往 Eppendorf 管中依次加入上述四种试剂，先将前三者混匀。

最后加 2×HBS。加 2×HBS 时要逐滴加入，吹打至微现乳白色，立即均匀滴入培养皿，轻轻摇匀后置于培养箱中，6～8h 后换液。

四、实验结果

（1）24h 后观察转染效率。若质粒有荧光标记如 GFP，则观察时有部分细胞呈 GFP 阳性，计算 GFP 阳性占总细胞数的比例。

（2）72～96h 后收集细胞，检测目的基因的表达情况。

五、注意事项

（1）转染时的细胞密度要控制在 70% 左右，若太低，则转染后质粒对细胞的伤害较大，很多细胞会死亡；若太高，则转染后效率较低，GFP 阳性占总细胞数的比例低。

（2）2×HBS 一定要放在最后加，并逐滴加入，边加边混匀，否则会影响 DNA-磷酸钙复合物的形成，从而导致转染效率低下。

（吴昭）

实验二十二　病毒包装及病毒滴度测定

一、实验目的和原理

本实验主要目的为学会如何在 HEK293T 细胞中包装病毒，并对包装出的病毒滴度进行测定。

二、实验材料

明胶，胰酶，293T 细胞培养液，转染试剂，质粒，DAPI。

三、实验步骤

（1）用明胶包被 T75，每瓶 T75 加 1.5～2ml 明胶，置于 37℃ 培养箱 20～30min，吸弃明胶，即可使用。

（2）胰酶消化 293T 细胞，并计数，铺被入上述包被过的 T75 瓶中。

（3）转染当天观察细胞密度，80%～90% 满即可进行转染。转染前无需换培养基。

（4）做脂转 complex，转染每瓶 T75 的 complex 成分如下：含 cDNA 的 lv（lenti-virus，慢病毒）质粒 10μg，pVSVG 5μg，delta8.91 7.5μg，opti MEM 补足至 1ml 后，用 1ml 枪混匀，正常吹打 5～6 次，加入 56μl Fugene 转染试剂。

（5）转染后 12～24h，将 T75 瓶中的培养基弃去，加入 10% DMEM 10ml，即开始收集病毒。

（6）收集 24～48h 病毒上清，收集后置于 4℃ 冰箱保存。

① 此时即可用病毒上清测病毒滴度（悬浮感染）。

　　a. 在 24 孔板中测定病毒滴度，先用明胶包被 24 孔板 20～30min。

　　b. 消化 293T 细胞，24 孔板每孔加入 15 万细胞然后加入助转剂 Polybrene 使终浓度达到 $10\mu g/ml$，混匀。

　　c. 将病毒上清 4000r/min 离心 5min 或者用 $0.45\mu m$ 的过滤膜过滤，去除细胞碎片。取 $5\mu l$ 病毒上清至上述步骤中转入 15 万细胞/孔的 24 孔板一孔中，摇匀；48h 后即可在荧光显微镜下观察其滴度。

　　② 病毒滴度测定。

　　a. 15 万 293T 细胞 48h 即可刚好长至 90％～100％满，此时即可固定细胞，计数确定病毒滴度。

　　b. 将培养基用真空泵吸去部分溶液，用 PBS 清洗 3 次。加入 4％ PFA，24 孔板每孔 $200\mu l$ 室温固定 30min。

　　c. 用 PBS 洗 2 次，每次 3min。

　　d. 用 PBS 将 DAPI 稀释 1000 倍，每孔加入 $200\mu l$，避光室温静置 5min。

　　e. PBS 洗 2 次，每次 5min，即可在荧光显微镜下计数，取 2～3 处取平均值。

　　f. 病毒滴度（IU/ml）＝荧光细胞占总细胞数的百分比÷$5\times1.5\times10^5\times10^3$。

　　（7）收集 48～72h 病毒上清，收集后置于 4℃冰箱保存。滴度测定同步骤（5）。

　　（8）收集 72～96h 病毒病毒上清，收集后置于 4℃冰箱保存。滴度测定同步骤（5）。

　　（9）停止收集病毒上清，用 75％酒精加入瓶中处理后方可弃去瓶子。

　　（10）病毒在感染目的细胞前用 $0.45\mu m$ 滤膜过滤后，预热方可使用。

四、实验结果

在荧光显微镜下计数总细胞数和荧光细胞数，根据上述公式计算病毒滴度。

五、注意事项

　　（1）传代当天记为第一天，若第二天进行转染，铺 900 万～1000 万/T75；若第三天转染，铺 350 万～400 万/T75。每瓶 T75 加 10ml 10％ DMEM 培养基。

　　（2）Opti MEM 需在 37℃水浴中预热，Fugene 转染试剂需恢复至室温方可使用，使用前需摇匀。

　　（3）在加入转染试剂前务必先将其他成分混匀充分，加入转染试剂后要立即混匀，以免影响转染复合物的形成。

　　（4）由于 293T 细胞易漂浮，固定及 DAPI 染色整个过程请务必保持 293T 细胞处于液面之下。

（吴昭）

实验二十三　小鼠 iPS 细胞的诱导

一、实验目的和原理

本实验旨在通过四种转录因子的导入使小鼠体细胞重编程为小鼠 iPS 细胞。

二、实验材料

含转录因子（Oct4，Sox2，C-Myc，Klf4）的慢病毒，小鼠成纤维细胞（MEF 或 TTF），AP 染色试剂盒，其他常见耗材及试剂。

三、实验步骤

（1）复苏一支 P0-P2 的小鼠成纤维细胞（129/C57 等品系）于 T25 培养瓶中。

（2）隔日为复苏的小鼠成纤维细胞换液，观察密度和增殖状况。

（3）待小鼠成纤维细胞长满后消化下来，按 4×10^5 的密度铺于 10 厘米的培养皿中，准备 20h 后感染。

（4）同时准备 5 盘饲养层细胞。

（5）铺盘后 20h，按每盘小鼠成纤维细胞加入每种病毒 1×10^7 TU 进行感染（感染复数为 $1 : 25$）。

（6）感染后 24h，将病毒上清除去，更换为 DMEM 培液，8～10ml。

（7）感染后 36h 观察细胞增殖状况及 GFP 表达，决定是否需要重复感染。

（8）感染后 48h，如一切正常，每盘细胞按 $1 : 5$ 的比例铺于滋养层细胞上，确保每盘的细胞量相同，更换为小鼠胚胎干细胞培液培养，以后每隔 24h 换液，每培养皿 8ml。

（9）待感染后 4 天即可看到细胞形态的变化以及克隆逐渐开始形成。

（10）一般于感染后 14 天左右挑克隆，在挑之前一般先取其中一孔做碱性磷酸酶染色。

（11）对照碱性磷酸酶染色结果，将与碱性磷酸酶阳性克隆形态类似的克隆分别挑至两块预铺有滋养层细胞的 96 孔板中（即一个克隆要消化后平均分至两个孔中）。

（12）待 3～4 天后克隆长大，挑其中一块板进行碱性磷酸酶染色，然后将另一块板中相应的碱性磷酸酶阳性孔内的细胞继续传代培养，进行后续干细胞指标的筛查。

四、实验结果

根据实验记录，详细描述实验结果。

五、注意事项

（1）在感染体细胞之前一定要确认细胞状态是否健康，生长速度是否正常。

（2）病毒最好是新鲜包装，若病毒在 4℃ 冰箱中放置超过 1 个月，推荐不再使用。

（吴昭）

附录 细胞培养技术常用术语中英文对照

A

aberration 畸变

accessory chromosome 副染色体

acridine orange（AO） 吖啶橙

adenosine diphosphate（ADP） 二磷酸腺苷

adenosine monophosphate（AMP） 一磷酸腺苷

adenosine triphosphate（ATP） 三磷酸腺苷

agar 琼脂

alkaline phosphatase 碱性磷酸酶

alleles exclusive phenomenon 等位基因排斥现象

allotypic antigen（allogeneic antigen） 同种异型抗原

allopolyploid 异源多倍体

American Tissue Culture Collection（ATCC） 美国组织培养库

amitosis（复 amitoses） 无丝分裂

anchorage-dependent 贴壁依赖性、锚着依赖性、附着依赖性

anchorage-independent 非贴壁依赖性、非锚着依赖性、非附着依赖性

anchorage-dependent cell 锚着（附着、贴壁）依赖性细胞

aneuploid 非整倍体

antibody-dependent cellular cytotoxic reaction（ADCC） 抗体介导的细胞毒杀伤作用

aseptic technique 无菌技术

attachment efficiency 贴壁率

autopolyploid 同源多倍体

autocrine cell 自分泌细胞

B

balanced salt solution（BSS） 平衡盐溶液

base sequence 碱基顺序

basic medium 基础培养基

B cell differentiation factor B细胞分化因子

bioreactor 生物反应器

bone marrow mesenchymal stem cell 骨髓间充质干细胞

bovine serum albumin 牛血清白蛋白

bromodeoxyuridine（Brdu） 5-溴脱氧尿苷

C

cell agglutination　细胞黏着

cell culture　细胞培养

cell cycle　细胞周期

cell density　细胞密度

cell differentiation　细胞分化

cell division　细胞分裂

cell division cycle gene　细胞分裂周期基因

cell generation time　细胞一代时间

cell hybridization　细胞杂交

cell line　细胞系

cell matrix　细胞基质

cell membrane　细胞膜

cell recognition　细胞识别

cell strain　细胞株

cell surface receptor　细胞表面受体

cell suspension culture　细胞悬浮培养

chemically defined medium　合成培养基

chromatid　染色单体

clone　克隆

cloning efficiency　克隆形成率

complementation　互补作用

confluence　汇合

constitutive heterochromatin　结构异染色质

contact inhibition　接触抑制

continuous cell line or cell strain　连续细胞系或细胞株

cybrid　胞质杂种

cytochalasin B（CB）　松胞菌素 B

cytochrome　细胞色素

cyto-differentiating agent　分化诱导剂

cytokine　细胞因子

cytokinesis　胞质分裂

cytomembrane　细胞质膜

cytophotometer　细胞光度计

cytoplasm　细胞质

cytoplasmic ground substance　细胞质基质

cytoplasmic inheritance　细胞质遗传

cytoplast　胞质体

cytosine diphosphate（CDP）　二磷酸胞苷

cytosine monophosphate（CMP）　一磷酸胞苷

cytoskeleton　细胞骨架

cytotoxic T lymphocyte　细胞毒性 T 淋巴细胞

cytotrophoblast　细胞滋养层

D

denaturation　变性

density gradient centrifugation　密度梯度离心

density-dependent inhibition of growth　生长的密度依赖性抑制

density inhibition　密度抑制

deoxyribonucleic acid（DNA）　脱氧核糖核酸

differentiated　分化的

diploid　二倍体

direct division　直接分裂

DNA polymerase　DNA 聚合酶

DNA replication　DNA 复制

doubling time　倍增时间

drug-resistance　抗药性

drug-resistant gene　抗药基因

E

embryo culture　胚胎培养

embryogenesis　胚胎发生

embryonic stem cell（ESC）　胚胎干细胞

endocrine cell　内分泌细胞

endothelial cell growth factor（ECGF）　内皮细胞生长因子

enucleation　去核作用

epidermal growth factor（EGF）　表皮生长因子

epigenetic variation　后生的（外遗传）变异

epithelial-like　上皮细胞样的

ethylene diamine tetraacetic acid（EDTA）　乙二胺四乙酸

ethyl nitrosouria（ENU）　乙基亚硝基脲

eukaryotic chromosome　真核染色体

euploid　整倍体

explant　外植块（移植块）

explant culture　外植块培养

extracellular matrix　细胞外基质

F

fetal bovine serum（FBS）　胎牛血清

feedback　反馈

feeder layer　滋（饲）养层

fermentor　发酵器

Feulgen staining　富尔根染色

fibroblast growth factor（FGF）　成纤维细胞生长因子

fibroblast-like　成纤维细胞样的

filtration sterilization　过滤除菌

finite cell line　有限细胞系

flow cytometry（FCM）　流式细胞术

fluorescein isothiocynate（FITC）　异硫氰酸荧光素

fluorescence microscope　荧光显微镜

Fluorescence-antibody technique　荧光抗体技术

5-Fluorouracil　5-氟尿嘧啶

G

gene mutation　基因突变

generative cell　生殖细胞

genetic code　遗传密码

germicides　杀菌剂

generation time　世代时间

genotype　基因型

glutaraldehyde　戊二醛

glycocalyx　【细胞被膜】多糖-蛋白质复合物

glycosaminoglycan（GAG）　氨基聚糖

gram stain　革兰氏染色

granulo-macrophage stem cell　粒细胞-巨噬细胞系干细胞

growth curve　生长曲线

growth factor　生长因子

growth medium　生长培养基（液）

H

habituation　驯化

haploid　单倍体

heterochromatin　异染色质

heteroploid　异倍体

histiotypic　组织型的

homeothermic　恒温的

homokaryon　同核体

homograft（allograft）　同种［异体］移植物

homeotic mutant　同源异型突变体

homologous chromosome　同源染色体

hormone regulatory elements（HRE）　激素调节成分

human genetic mutant repository　人基因突变库

hybrid cell　杂交细胞

hybridization of nucleic acid　核酸杂交

hybridoma　杂交瘤

hypoploid　亚倍体

hypoxanthine guanine phosphoribosyl transferase（HGPRT）　次黄嘌呤鸟嘌呤磷酸核糖转移酶

I

ideogram　组型图

idiophase　分化期

immortalization　无限增值，永久性，不死性

Immume response　免疫应答

immunocytochemistry　免疫细胞化学

immunoglobulin（Ig）　免疫球蛋白（Ig）

immunologically competent cell　免疫活性细胞

immunotolerance　免疫耐受性

inactivation　失活

inclusion　内含物

incorporation　掺入

indirect division　间接分裂

individuality of chromosomes　染色体个性

induced mutation　诱导突变

induction　诱导，诱发

inheritance　遗传

inhibition　抑制作用

inoculation　接种

inosine monophosphate（IMP）　一磷酸次黄苷

insulin-like growth factor（IGF）　胰岛素样生长因子

integration　整合

interferon（IFN）　干扰素

interphase　分裂间期

intercellular junctional complex　胞间联结复合体

intranucleolar DNA　核仁内 DNA

intravital staining　活体染色

inversion　倒位

invert microscope　倒置显微镜

in vitro malignant neoplastic transformation　体外恶性肿瘤性转化

in vitro neoplastic transformation　体外肿瘤性转化

in vitro propagation　体外繁殖

in vitro transformation　体外转化

isoelectric point　等电点

isoenzyme　同工酶，同功酶

isolation　分离，隔离

K

karyenchyma　核液

karyokinesis　有丝分裂，核分裂

karyolymph　核液，核淋巴

karyoplasm　核质，非染色体物质

karyoplasmic ratio　核质比率

karyoplast　核体

karyotype　核［类］型，染色质组型

L

lactate dehydrogenase（LDH）　乳酸脱氢酶

lectin　凝集素

linear growth　线性生长

liposome　脂质体

lipofection　脂质体转染

liquid nitrogen cryopreservation　液氮保藏法

liver growth fator（LGF）　肝细胞生长因子

log phase　对数期

lymphoblast　淋巴母细胞

lyophilization　冷冻真空干燥法

lysosome　溶酶体

lytic cycle　裂解周期

M

maturation division　成熟分裂

median lethal dose（LD50）　半致死剂量

median effective dose（ED50）　半有效剂量

membrane potential　膜电位

mercaptopurine（MP）　六巯基嘌呤

meiosis　减数分裂

metabolic stage　代谢期

methyl thiazolyl tetrazolium（MTT）　甲基噻唑四唑

methotrexate（MTX）　氨甲嘌呤

methyl methanesulfonate（MMS）　甲基甲磺酸

microsome　微粒体

millipore filter　微孔滤器

minicell　小细胞

minimal medium　基本培养基

microcell　微细胞

microfilament　微丝

mitochondrial matrix　线粒体基质

mitotic cycle　有丝分裂周期

mitotic index　有丝分裂指数

mixoploid　混倍体

molecular hybridization　分子杂交

monolayer culture　单层培养

mutagen　诱变剂，诱变因素

mutant　突变型，突变体，突变种

N

natural killer cell　自然杀伤细胞

natural medium　天然培养基

negative immune response　负免疫应答

nerve growth factor　神经生长因子

neuroglia cell　神经胶质细胞

nucleolar granular cortex　核仁颗粒区

nucleolar zone　核仁区

O

oligodendrocyte　少突胶质细胞

oncogene　癌基因

organelle　细胞器

organization of cytoskeleton　细胞骨架的组织

organ culture　器官培养

organogenesis　器官发生

organotypic　器官型的

P

paracrine　旁分泌

pavement-like　［人行道］铺路石状

passage　传代、传代培养

passage number　传代数或代数

peroxidase　过氧化物酶

phagocytosis　吞噬作用

phosphate balanced solution（PBS）　磷酸缓冲液

phytohemagglutinin（PHA）　植物血凝素

plasmid　质粒

plasminogen activator（PA）　纤溶蛋白激活物

platelete derived growth factor（PDGF）　血小板衍生生长因子

plating efficiency　接种率（集落形成率）

pleuropneumonia-like organism　支原体

polyploid　多倍体

polyethylene glycol（PEG）　聚乙二醇

population density　群体密度

population doubling time　群体倍增时间

population doubling level　群体倍增水平

positive immune response　正免疫应答

primary culture　原代培养

promotor gene　启动基因

propidium iodide（PI）　磺化丙锭

pseudodiploid　假二倍体

pure culture　纯系培养

Q

quinacrine dihydrochloride（QD）　盐酸阿的平

quinacrine mustard（QM）　芥子阿的平

R

reassociation　重新组合

receptor　受体

reconstituted cell　重建细胞

reexpression　再表达

regulatory gene　调节基因

reinoculation　再接种

resolving power　分辨率

reversion　回复突变

ribonuclease（RNAase）　核糖核酸酶

ribonucleic acid（RNA）　核糖核酸

S

saturation density　饱和密度

seeding efficiency　贴壁率

secondary culture　传代培养

selective medium　选择性培养基

segmentation mutation　分节突变

semisolid medium　半固体培养基

semisynthetic medium　半合成培养基

shake cultivation　振荡培养

signal recognition particle（SRP）　信号识别颗粒

simian virus40（SV40）　猿猴病毒 40

sister chromatid exchange（SCE）　姐妹染色单体互换

slide medium　玻片培养物

solid medium　固体培养基

somatic cell hybrid　体细胞杂交

somatic mitosis　体细胞有丝分裂

somatomedins（SM）　生长调节素

spontaneous fusion　自发融合

streptolysion O　链球菌溶血素 O

subculture　传代培养

substrain　亚株

substrate　底物

super clean bench　超净台

suspension culture　悬浮培养

synchronous culture　同步培养

synchronous division　同步分裂

syncytium　合胞体

synthetase　合成酶

T

thymidine diphosphate（TDP）　二磷酸胸苷

thymidine monophosphate（TMP）　一磷酸胸苷

tissue culture　组织培养

totipotency　全能

transfection　转染

transfer RNA（tRNA）　转移 RNA

transformation　转化

transforming growth factor　转化生长因子

Tris hydroxymethyl aminomethane　Tris 三羟甲基氨基甲烷

V

viral transformation　病毒转化

viability　活力

（袁红）

参 考 文 献

[1] 吴燕峰，黎阳主编. 实用医学细胞培养技术. 广州：中山大学出版社，2010.
[2] 陈电容，朱照静主编. 生物制药工艺学. 北京：人民卫生出版社，2009.
[3] 陈誉华主编. 医学细胞生物学. 北京：人民卫生出版社，2008.
[4] 赛利斯等. 细胞生物学实验手册（1 细胞和组织培养相关技术病毒抗体免疫细胞化学第 3 版导读版）.
     北京：科学出版社，2008.
[5] R. I. 弗雷谢尼著，章静波，徐存拴等译. 动物细胞培养基本技术指南，第五版. 北京：科学出版
     社，2008.
[6] 赛利斯（Celis, J.）主编. 细胞生物学实验手册. 第三版. 第一卷：英文/影印本. 北京：科学出版
     社，2008.
[7] 司徒镇强，吴军正主编. 细胞培养. 北京：世界图书出版公司，2007.
[8] 兰蓉，周珍辉主编. 细胞培养技术. 北京：化学工业出版社，2007.
[9] 张元兴. 动物细胞培养工程. 北京：化学工业出版社，2007.
[10] 程宝鸾主编. 动物细胞培养技术. 广州：中山大学出版社，2006.
[11] 周珍辉. 动物细胞培养技术. 北京：中国环境科学出版社，2006.
[12] 陈宝鸾. 动物细胞培养技术. 广州：中山大学出版社，2006.
[13] 周际昌，谢惠民主编. 新编抗肿瘤药物临床治疗手册. 北京：中国协和医科大学出版社，2005.
[14] 克莱尔·怀斯主编，段恩奎，王莉译. 上皮细胞培养指南. 北京：科学出版社，2005.
[15] 张卓然主编. 培养细胞学与细胞培养技术. 上海：上海科学技术出版社，2004.
[16] 王捷. 动物细胞培养技术与应用. 北京：化学工业出版社，2004.
[17] [美] 斯佩克特等著，黄培堂译. 细胞实验指南. 北京：科学出版社，2003.
[18] 蔡文琴. 现代实作细胞与分子生物学实验技术. 北京：人民军医出版社，2003.
[19] 李玲，李雪峰. 细胞生物学实验. 长沙：湖南科学技术出版社，2003.
[20] 金伯泉主编. 细胞和分子免疫学实验技术. 西安：第四军医大学出版社，2002.
[21] 郑志竑，林玲著. 神经细胞培养理论与实践. 北京：科学出版社，2002.
[22] 史景全主编. 肿瘤分子细胞生物学. 北京：人民军医出版社，1998.
[23] 方开云，石明隽，肖瑛等. 原代肾小管上皮细胞的培养和鉴定 [J]. 贵阳医学院学报，2008，2
     （33）：136-138.
[24] 叶媚娜，陈红风. 正常人乳腺上皮细胞的原代培养 [J]. 基础医学与临床，2007，1（27）：81-84.
[25] 邹俊，卢奕，褚仁远. 体外培养人胚晶状体上皮细胞生长特性的研究 [J]. 山东大学耳鼻喉眼学报，
     2008，5（22）：453-456.
[26] 刘德敏，赵慧茹，杨莉丽等. 大鼠肝细胞的原代培养及鉴定 [J]. 天津医药，2006，5（34）：
     322-323.
[27] 李素婷，杨鹤梅，周晓慧. 新生小鼠肝细胞原代培养方法的改良 [J]. 承德医学院学报，2006，2
     （26）：164.
[28] 孙海梅，李凤清，赵天德等. 鼠胚脑皮质及海马神经元原代培养方法的改进 [J]. 首都医科大学学
     报，2000，21（3）：230.
[29] 郝晶，高英茂，管英俊等. 胚胎神经细胞的培养方法及应用 [J]. 细胞生物学杂志，2000，1（22）：
     31-34.

［30］ 王大永，李建珉. 端粒酶活性检测方法及研究现状［J］. 齐鲁医学检验，2005，16（5）：1-3.

［31］ Lovelock JE，Bishop MWH. Prevention of freezing damage to living cells by dimethyl sulphoside. Nature 1959，183：1394-1395.

［32］ Leibo SP，Mazur P. The role of cooling rates in low-temperature preservation. Cryobiology. 1971，8：447-452.

［33］ Harris LW，Griffiths JB. Relative effects of cooling and warming rates on mammalian cells from different species. Nature 1977，205：640-646.

［34］ Hay RJ. Cell line preservation and characterization. In Masters. J. R. W. (ed.). Animal cell culture，a practical approach. Oxford，U. K.，IRL Press at Oxford University Press，2000，pp. 95-148.

［35］ Macdonald AM，Cobb J，Solomon AK. Radioautograph Technique With C14. Science. 1948，107 (2786)：550-552.

［36］ Bayley ST. Autoradiography of single cells. Nature. 1947，159 (4058)：193.

［37］ Killmann SA. Flow-cytometry. Ugeskr Laeger. 1978，140 (4)：185-6.1

［38］ Deng YH，Alex D，Huang HQ，Wang N，Yu N，Wang YT，Leung GP，Lee SM. Inhibition of TNF-α-mediated endothelial cell-monocyte cell adhesion and adhesion molecules expression by the resveratrol derivative，trans-3,5,4′-trimethoxystilbene. Phytother Res. 2011，25：451-457.

［39］ Hwang SJ，Ballantyne CM，Shrrett AR，et al. Circulating adhesion milecules VCAM-1，ICAM-1 and E-selectin in carotid atherosclerosis and incidentcoronary heart disease cases：The Atherosclerosis Risk In Communities（ARIC）study. Circulation. 1997，96（12）：4219-4225.

［40］ Welder AA. A primary culture system of adult rat heart cells for the evaluation of cocaine toxicity. Toxicology，1992，72：175-187.

［41］ Wan JB，Lee SM，Wang JD，Wan N，He CW，Wang YT，Kang JX. Panax notoginseng reduces atherosclerotic lesions in apoE-deficient mice and inhibits TNF-a-induced endothelial adhesion molecule expression and monocyte adhesion. Journal of Agricultural and Food Chemistry. 2009 57：6692-6697.

［42］ Mahin Maines（Editor-in-Chief），Lucio G. Costa，Donald J. Reed，Shigeru Sassa，I. Glenn Sipes. Current protocols in toxicology. Edited by：Published by John Wiley & Sons，Inc. 1999.

［43］ Weissman IL，Anderson DJ，Gage F. Stem and progenitor cells：origins，phenotypes，lineage commitments，and transdifferentiations. Annu Rev Cell Dev Biol. 2001，17：387-403.

［44］ Smith AG. Embryo-derived stem cells：of mice and men. Annu Rev Cell Dev Biol. 2001，17：435-462.

［45］ Takahashi，K. and S. Yamanaka Induction of pluripotent stem cells from mouse embryonic and adult fibroblast cultures by defined factors. Cell. 2006，126（4）：663-676.

［46］ Yu J，Vodyanik MA，Induced pluripotent stem cell lines derived from human somatic cells. Science 2007，318：1917-1920.

［47］ Takahashi K，Tanabe K，et al. Induction of pluripotent stem cells from adult human fibroblasts by defined factors. Cell，2007，131：861-872.

［48］ Osawa M，Hamada K，et al. Long-term lymphohematopoietic reconstitution by a single CD34 low/negative hematopoietic stem cell. Science，1996，273：242-245.

［49］ Goodell MA，Brose K，et al. Isolation and functional properties of murine hematopoietic stem cells that are replicating in vivo. J Exp Med. 1996，183：1797-1806.

［50］ Goodell MA，Rosenzweig M，et al. Dye efflux studies suggest that hematopoietic stem cells expressing low or undetectable levels of cd34 antigen exist in multiple species. Nat Med. 1997，3：1337-1345.

［51］ Gammaitoni L，Bruno S，et al. Ex vivo expansion of human adult stem cells capable of primary and secondary hemopoietic reconstitution. Exp Hematol. 2003，31：261-270.

［52］ Mckay R. Stem cells in the central nervous system. Science. 1997，276：66-71.

［53］ Brignier AC，Gewirtz AM. Embryonic and adult stem cell therapy. J Allergy Clin Immunol. 2010，125：S336-344.

［54］ Lo Celso C，Wu JW，Lin CP. In vivo imaging of hematopoietic stem cells and their microenvironment. J Biophotonics. 2009，2：619-631.

［55］ Wang Y，Yates F，et al. Embryonic stem cell-derived hematopoietic stem cells. Proc Natl Acad Sci U S A. 2005，102：19081-19086.

［56］ Cai J，Y Zhao，et al. Directed differentiation of human embryonic stem cells into functional hepatic cells. Hepatology 2007，45：1229-1239.

［57］ Freshney R I，Stacey GN，Jonathan M Auerbach. Culture of Human Stem Cell. Copyright @ 2007 by John Wiley & Sons.

［58］ Evans M J and M H Kaufman. Establishment in culture of pluripotential cells from mouse embryos. Nature 1981，292：154-156.

［59］ Buehr M，S. Meek，et al. Capture of authentic embryonic stem cells from rat blastocysts. Cell 2008，135：1287-1298.

［60］ Aasen T，Raya A，Barrero MJ，et al. Efficient and rapid generation of induced pluripotent stem cells from human keratinocytes. Nat Biotechnol. 2008，26：1276-1284.

［61］ Aoi T，Yae K，Nakagawa M，et al. Generation of Pluripotent Stem Cells from Adult Mouse Liver and Stomach Cells. Science. 2008.

［62］ Carey BW，Markoulaki S，Hanna J，et al. Reprogramming of murine and human somatic cells using a single polycistronic vector. Proc Natl Acad Sci U S A. 2009，106：157-162.

［63］ Chin MH，Mason MJ，Xie W，et al. Induced pluripotent stem cells and embryonic stem cells are distinguished by gene expression signatures. Cell Stem Cell. 2009，5：111-123.

［64］ Dimos JT，Rodolfa KT，Niakan KK，et al. Induced pluripotent stem cells generated from patients with ALS can be differentiated into motor neurons. Science. 2008，321：1218-1221.

［65］ Ebert AD，Yu J，Rose FF，Jr.，et al. Induced pluripotent stem cells from a spinal muscular atrophy patient. Nature. 2009，457：277-280.

［66］ Esteban MA，Wang T，Qin B，et al. Vitamin C Enhances the Generation of Mouse and Human Induced Pluripotent Stem Cells. Cell Stem Cell. 2009.

［67］ Feng B，Jiang J，Kraus P，et al. Reprogramming of fibroblasts into induced pluripotent stem cells with orphan nuclear receptor Esrrb. Nat Cell Biol. 2009，11：197-203.

［68］ Feng B，Ng JH，Heng JC，et al. Molecules that promote or enhance reprogramming of somatic cells to induced pluripotent stem cells. Cell Stem Cell. 2009，4：301-312.

［69］ Hanna J，Markoulaki S，Schorderet P，et al. Direct reprogramming of terminally differentiated mature B lymphocytes to pluripotency. Cell. 2008，133：250-264.

［70］ Hanna J，Wernig M，Markoulaki S，et al. Treatment of sickle cell anemia mouse model with iPS cells generated from autologous skin. Science. 2007，318：1920-1923.

［71］ Hochedlinger K，Plath K. Epigenetic reprogramming and induced pluripotency. Development. 2009，136：509-523.

［72］ Hockemeyer D，Soldner F，Cook EG，et al. A drug-inducible system for direct reprogramming of human somatic cells to pluripotency. Cell Stem Cell. 2008，3：346-353.

［73］ Ichida JK，Blanchard J，Lam K，et al. A small-molecule inhibitor of tgf-Beta signaling replaces sox2 in reprogramming by inducing nanog. Cell Stem Cell. 2009，5：491-503.

［74］ Judson RL，Babiarz JE，Venere M，et al. Embryonic stem cell-specific microRNAs promote induced pluripotency. Nat Biotechnol. 2009，27：459-461.

[75] Kaji K, Norrby K, Paca A, et al. Virus-free induction of pluripotency and subsequent excision of reprogramming factors. Nature. 2009, 458: 771-775.

[76] Kang L, Wang J, Zhang Y, et al. iPS cells can support full-term development of tetraploid blastocyst-complemented embryos. Cell Stem Cell. 2009, 5: 135-138.

[77] Kim D, Kim CH, Moon JI, et al. Generation of human induced pluripotent stem cells by direct delivery of reprogramming proteins. Cell Stem Cell. 2009, 4: 472-476.

[78] Kim JB, Greber B, Arauzo-Bravo MJ, et al. Direct reprogramming of human neural stem cells by OCT4. Nature. 2009, 461: 649-643.

[79] Kim JB, Sebastiano V, Wu G, et al. Oct4-induced pluripotency in adult neural stem cells. Cell. 2009, 136: 411-419.

[80] Lee G, Papapetrou EP, Kim H, et al. Modelling pathogenesis and treatment of familial dysautonomia using patient-specific iPSCs. Nature. 2009, 461: 402-406.

[81] Li C, Zhou J, Shi G, et al. Pluripotency can be rapidly and efficiently induced in human amniotic fluid-derived cells. Hum Mol Genet. 2009, 18: 4340-4349.

[82] Li W, Wei W, Zhu S, et al. Generation of rat and human induced pluripotent stem cells by combining genetic reprogramming and chemical inhibitors. Cell Stem Cell. 2009, 4: 16-19.

[83] Liao J, Cui C, Chen S, et al. Generation of induced pluripotent stem cell lines from adult rat cells. Cell Stem Cell. 2009, 4: 11-15.

[84] Liao J, Wu Z, Wang Y, et al. Enhanced efficiency of generating induced pluripotent stem (iPS) cells from human somatic cells by a combination of six transcription factors. Cell Res. 2008, 18: 600-603.

[85] Maherali N, Ahfeldt T, Rigamonti A, et al. A high-efficiency system for the generation and study of human induced pluripotent stem cells. Cell Stem Cell. 2008, 3: 340-345.

[86] Maherali N, Hochedlinger K. Guidelines and techniques for the generation of induced pluripotent stem cells. Cell Stem Cell. 2008, 3: 595-605.

[87] Marson A, Foreman R, Chevalier B, et al. Wnt signaling promotes reprogramming of somatic cells to pluripotency. Cell Stem Cell. 2008, 3: 132-135.

[88] Okita K, Ichisaka T, Yamanaka S. Generation of germline-competent induced pluripotent stem cells. Nature. 2007, 448: 313-317.

[89] Okita K, Nakagawa M, Hyenjong H, et al. Generation of mouse induced pluripotent stem cells without viral vectors. Science. 2008, 322: 949-953.

[90] Park IH, Arora N, Huo H, et al. Disease-specific induced pluripotent stem cells. Cell. 2008, 134: 877-886.

[91] Raya A, Rodriguez-Piza I, Guenechea G, et al. Disease-corrected haematopoietic progenitors from Fanconi anaemia induced pluripotent stem cells. Nature. 2009, 460: 53-59.

[92] Shao L, Feng W, Sun Y, et al. Generation of iPS cells using defined factors linked via the self-cleaving 2A sequences in a single open reading frame. Cell Res. 2009, 19: 296-306.

[93] Shi Y, Do JT, Desponts C, et al. A combined chemical and genetic approach for the generation of induced pluripotent stem cells. Cell Stem Cell. 2008, 2: 525-528.

[94] Silva J, Barrandon O, Nichols J, et al. Promotion of reprogramming to ground state pluripotency by signal inhibition. PLoS Biol. 2008, 6: e253.

[95] Soldner F, Hockemeyer D, Beard C, et al. Parkinson's disease patient-derived induced pluripotent stem cells free of viral reprogramming factors. Cell. 2009, 136: 964-977.

[96] Stadtfeld M, Nagaya M, Utikal J, et al. Induced pluripotent stem cells generated without viral integration. Science. 2008, 322: 945-949.

[97] Takahashi K，Tanabe K，Ohnuki M，*et al*. Induction of pluripotent stem cells from adult human fibroblasts by defined factors. Cell. 2007，131：861-872.

[98] Takahashi K，Yamanaka S. Induction of pluripotent stem cells from mouse embryonic and adult fibroblast cultures by defined factors. Cell. 2006，126：663-676.

[99] Wernig M，Lengner CJ，Hanna J，*et al*. A drug-inducible transgenic system for direct reprogramming of multiple somatic cell types. Nat Biotechnol. 2008，26：916-924.

[100] Woltjen K，Michael IP，Mohseni P，*et al*. piggyBac transposition reprograms fibroblasts to induced pluripotent stem cells. Nature. 2009，458：766-770.

[101] Wu Z，Chen J，Ren J，*et al*. Generation of pig induced pluripotent stem cells with a drug-inducible system. J Mol Cell Biol. 2009，1：46-54.

[102] Ying QL，Wray J，Nichols J，*et al*. The ground state of embryonic stem cell self-renewal. Nature. 2008，453：519-523.

[103] Yu J，Hu K，Smuga-Otto K，*et al*. Human induced pluripotent stem cells free of vector and transgene sequences. Science. 2009，324：797-801.

[104] Yu J，Vodyanik MA，Smuga-Otto K，*et al*. Induced pluripotent stem cell lines derived from human somatic cells. Science. 2007，318：1917-1920.

[105] Zhao XY，Li W，Lv Z，*et al*. iPS cells produce viable mice through tetraploid complementation. Nature. 2009，461：86-90.

[106] Zhao Y，Yin X，Qin H，*et al*. Two supporting factors greatly improve the efficiency of human iPSC generation. Cell Stem Cell. 2008，3：475-479.

[107] Zhou H，Wu S，Joo JY，*et al*. Generation of induced pluripotent stem cells using recombinant proteins. Cell Stem Cell. 2009，4：381-384.

[108] Zou J，Maeder ML，Mali P，*et al*. Gene targeting of a disease-related gene in human induced pluripotent stem and embryonic stem cells. Cell Stem Cell. 2009，5：97-110.